U0250350

此防伪页系专门制造

全国高等教育自学考试指定教材
建筑工程专业（独立本科段）

结构力学（二）

（附：结构力学（二）自学考试大纲）

全国高等教育自学考试指导委员会　组编

主编　张金生

武汉大学出版社

图书在版编目(CIP)数据

结构力学.2/全国高等教育自学考试指导委员会组编;张金生主编.—武汉:武汉大学出版社,2007.9
全国高等教育自学考试指定教材　建筑工程专业(独立本科段)
ISBN 978-7-307-05724-1

Ⅰ.结…　Ⅱ.①全…　②张…　Ⅲ.结构力学—高等教育—自学考试—教材　Ⅳ.O342

中国版本图书馆 CIP 数据核字(2007)第 130463 号

责任编辑:史新奎　　　责任校对:黄添生　　　　版式设计:支　笛

出版:**武汉大学出版社**(430072　武昌　珞珈山)
　　(电子邮件:wdp4@whu.edu.cn　网址:www.wdp.com.cn)
印刷:北京市荣盛彩色印刷有限公司
开本:787×1092　1/16　印张:16.75
版次:2007 年 9 月第 1 版　2018 年 3 月第 14 次印刷
字数:397 千字
ISBN 978-7-307-05724-1/O·365　定价:25.50 元

组 编 前 言

当您开始阅读本书时,人类已经迈入了 21 世纪。

这是一个变幻难测的世纪,这是一个催人奋进的时代。科学技术飞速发展,知识更替日新月异。希望、困惑、机遇、挑战,随时随地都有可能出现在每一个社会成员的生活之中。抓住机遇,寻求发展,迎接挑战,适应变化的制胜法宝就是学习——依靠自己学习、终生学习。

作为我国高等教育组成部分的自学考试,其职责就是在高等教育这个水平上倡导自学、鼓励自学、帮助自学、推动自学,为每一个自学者铺就成才之路。组织编写供读者学习的教材就是履行这个职责的重要环节。毫无疑问,这种教材应当适合自学,应当有利于学习者掌握、了解新知识、新信息,有利于学习者增强创新意识、培养实践能力、形成自学能力,也有利于学习者学以致用、解决实际工作中所遇到的问题。具有如此特点的书,我们虽然沿用了"教材"这个概念,但它与那种仅供教师讲、学生听,教师不讲、学生不懂,以"教"为中心的教科书相比,已经在内容安排、形式体例、行文风格等方面都大不相同了。希望读者对此有所了解,以便从一开始就树立起依靠自己学习的坚定信念,不断探索适合自己的学习方法,充分利用已有的知识基础和实际工作经验,最大限度地发挥自己的潜能,以达到学习的目标。

欢迎读者提出意见和建议。

祝每一位读者自学成功。

全国高等教育自学考试指导委员会
1999 年 10 月

编 者 的 话

全国高等教育自学考试指导委员会土建类专业委员会在 2007 年对高等教育自学考试建筑工程专业(独立本科段)的结构力学课程自学考试大纲作了修订。本教材就是按新大纲要求编写的。

本教材的编写原则是,在保证内容科学性的前提下,力求循序渐进、由浅入深、由简入繁,便于自学使用。

考虑到参加自学考试人员的多样性,为使更多的人能使用本教材,我们合理安排内容,不以学完专科《结构力学》作为本教材的起点。只要具有材料力学或工程力学(理论力学和材料力学)知识的读者都可使用本教材。教材中的一些内容虽然与专科教材《结构力学》有重复,但不是简单的重复,而是有所加深和拓宽。建议学过专科《结构力学》的自学者不要跳过教材前面那些学过的内容而只学后面的新内容,这对全面掌握结构力学是有好处的。

为方便自学,书中安排了较多的习题。习题有三种类型,选择题、填空题和分析计算题,所有习题均有参考答案。

学习指导安排在小节后或介绍完一个知识点后,学习指导中指明各知识点的学习要求,并给出掌握这些知识点所需要做的习题的编号。

预祝参加自学考试的人员通过自己的努力掌握结构力学并顺利通过自学考试。

本教材的主审为雷钟和教授(清华大学),审稿人有刘世奎教授(北京建筑工程学院)和王淑清教授(哈尔滨工业大学)。对他们提出的宝贵意见表示衷心感谢。

编　　者

2007 年 6 月

目　　录

第1章　绪论 ·· 1

1-1　结构力学的内容及与其他学科的关系 ··· 1

1-2　结构的计算简图 ·· 2

1-3　杆件结构的分类 ·· 3

第2章　结构的几何组成分析 ··· 5

2-1　基本概念 ·· 5

2-2　静定结构的组成规则 ·· 8

2-3　几何组成分析方法 ··· 10

习题2 ·· 12

参考答案 ··· 13

第3章　静定结构的内力计算 ··· 15

3-1　静定梁 ·· 15

3-2　静定刚架 ··· 22

3-3　静定平面桁架 ·· 28

3-4　组合结构 ··· 34

3-5　三铰拱 ·· 36

3-6　静定结构的一般性质 ·· 39

习题3 ·· 40

参考答案 ··· 45

第4章　静定结构的位移计算 ··· 49

4-1　概述 ··· 49

4-2　变形体虚功原理 ··· 49

4-3　荷载引起的位移计算 ·· 54

4-4　图乘法 ·· 57

4-5　支座位移引起的位移计算 ··· 63

4-6　温度变化引起的位移计算 ··· 64

4-7　线弹性体系的互等定理 ··· 66

习题4 ·· 68

参考答案 ⋯⋯⋯⋯⋯⋯⋯⋯⋯⋯⋯⋯⋯⋯⋯⋯⋯⋯⋯⋯⋯⋯⋯⋯⋯ 71

第 5 章　超静定结构的内力与位移计算 ⋯⋯⋯⋯⋯⋯⋯⋯⋯⋯⋯ 72
5-1　概述 ⋯⋯⋯⋯⋯⋯⋯⋯⋯⋯⋯⋯⋯⋯⋯⋯⋯⋯⋯⋯⋯⋯⋯ 72
5-2　力法 ⋯⋯⋯⋯⋯⋯⋯⋯⋯⋯⋯⋯⋯⋯⋯⋯⋯⋯⋯⋯⋯⋯⋯ 72
5-3　位移法 ⋯⋯⋯⋯⋯⋯⋯⋯⋯⋯⋯⋯⋯⋯⋯⋯⋯⋯⋯⋯⋯⋯ 82
5-4　力矩分配法 ⋯⋯⋯⋯⋯⋯⋯⋯⋯⋯⋯⋯⋯⋯⋯⋯⋯⋯⋯ 96
5-5　对称性利用 ⋯⋯⋯⋯⋯⋯⋯⋯⋯⋯⋯⋯⋯⋯⋯⋯⋯⋯⋯ 108
5-6　超静定结构的位移计算 ⋯⋯⋯⋯⋯⋯⋯⋯⋯⋯⋯⋯⋯ 115
5-7　计算结果的校核 ⋯⋯⋯⋯⋯⋯⋯⋯⋯⋯⋯⋯⋯⋯⋯⋯ 117
5-8　超静定结构的特性 ⋯⋯⋯⋯⋯⋯⋯⋯⋯⋯⋯⋯⋯⋯⋯ 118
习题 5 ⋯⋯⋯⋯⋯⋯⋯⋯⋯⋯⋯⋯⋯⋯⋯⋯⋯⋯⋯⋯⋯⋯⋯⋯ 118
参考答案 ⋯⋯⋯⋯⋯⋯⋯⋯⋯⋯⋯⋯⋯⋯⋯⋯⋯⋯⋯⋯⋯⋯⋯ 124

第 6 章　移动荷载作用下的结构计算 ⋯⋯⋯⋯⋯⋯⋯⋯⋯⋯⋯ 127
6-1　移动荷载和影响线的概念 ⋯⋯⋯⋯⋯⋯⋯⋯⋯⋯⋯ 127
6-2　静力法作静定梁影响线 ⋯⋯⋯⋯⋯⋯⋯⋯⋯⋯⋯⋯ 129
6-3　机动法作静定梁影响线 ⋯⋯⋯⋯⋯⋯⋯⋯⋯⋯⋯⋯ 133
6-4　机动法作连续梁影响线 ⋯⋯⋯⋯⋯⋯⋯⋯⋯⋯⋯⋯ 137
6-5　固定荷载作用下利用影响线求内力和支座反力 ⋯ 139
6-6　确定最不利荷载位置 ⋯⋯⋯⋯⋯⋯⋯⋯⋯⋯⋯⋯⋯⋯ 141
习题 6 ⋯⋯⋯⋯⋯⋯⋯⋯⋯⋯⋯⋯⋯⋯⋯⋯⋯⋯⋯⋯⋯⋯⋯⋯ 146
参考答案 ⋯⋯⋯⋯⋯⋯⋯⋯⋯⋯⋯⋯⋯⋯⋯⋯⋯⋯⋯⋯⋯⋯⋯ 148

第 7 章　矩阵位移法 ⋯⋯⋯⋯⋯⋯⋯⋯⋯⋯⋯⋯⋯⋯⋯⋯⋯⋯ 151
7-1　矩阵位移法分析过程概述 ⋯⋯⋯⋯⋯⋯⋯⋯⋯⋯⋯ 151
7-2　矩阵位移法分析连续梁 ⋯⋯⋯⋯⋯⋯⋯⋯⋯⋯⋯⋯ 152
7-3　矩阵位移法分析刚架 ⋯⋯⋯⋯⋯⋯⋯⋯⋯⋯⋯⋯⋯⋯ 165
习题 7 ⋯⋯⋯⋯⋯⋯⋯⋯⋯⋯⋯⋯⋯⋯⋯⋯⋯⋯⋯⋯⋯⋯⋯⋯ 180
参考答案 ⋯⋯⋯⋯⋯⋯⋯⋯⋯⋯⋯⋯⋯⋯⋯⋯⋯⋯⋯⋯⋯⋯⋯ 185

第 8 章　结构动力计算 ⋯⋯⋯⋯⋯⋯⋯⋯⋯⋯⋯⋯⋯⋯⋯⋯⋯ 187
8-1　概述 ⋯⋯⋯⋯⋯⋯⋯⋯⋯⋯⋯⋯⋯⋯⋯⋯⋯⋯⋯⋯⋯⋯ 187
8-2　单自由度体系的自由振动 ⋯⋯⋯⋯⋯⋯⋯⋯⋯⋯⋯ 194
8-3　简谐荷载作用下单自由度体系的强迫振动 ⋯⋯⋯ 201
8-4　多自由度体系自由振动分析 ⋯⋯⋯⋯⋯⋯⋯⋯⋯⋯ 207
8-5　多自由度体系在简谐荷载作用下的强迫振动 ⋯⋯ 219

2

8-6　用能量法计算结构的基本频率 ·· 223

习题 8 ··· 228

参考答案 ·· 233

主要参考书目 ·· 235

附录：结构力学（二）自学考试大纲 ·· 237

第1章 绪 论

1-1 结构力学的内容及与其他学科的关系

1. 结构力学的研究对象

在实际工程中,人们将建筑物中承受荷载、传递荷载起到骨架作用的部分称为工程结构,图 1-1(a) 所示即为由基础、柱、梁等构成的工业厂房结构。

结构一般分为杆件结构、板壳结构和实体结构。其中杆件结构为结构力学的研究对象,另两类结构由弹性力学研究。杆件结构是指由杆件组成的结构,如梁、柱这样的构件即为杆件。墙、楼板不是杆件,但在建筑结构的计算简图中通常被简化成杆件。

2. 结构力学的任务

建筑设计的目标是:坚固、功能、经济和美观。坚固是指结构要满足一定的安全性。要使设计的结构达到安全要求,必须对结构作受力分析,以使结构具有一定的强度、刚度和稳定性,即具有一定的抵抗破坏、抵抗变形和失稳的能力。结构力学的任务是研究结构在各种外部因素作用下的受力分析方法。结构力学的内容包括:结构的组成规律、结构的内力计算、结构的位移计算和结构的临界力计算等。

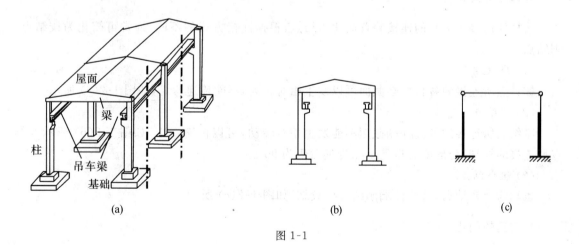

(a)   (b)   (c)

图 1-1

3. 结构力学与其他相关学科的关系

结构力学与理论力学、材料力学关系密切。理论力学研究物体运动的一般规律,尽管不涉

1

及物体的变形,但由其得到的一般规律仍可用于结构力学,尽管结构力学研究的是变形体。材料力学也是变形体力学,研究一个杆件的刚度、强度和稳定性。结构力学在材料力学基础上研究由多个杆件组成的结构。

结构力学与钢筋混凝土结构、钢结构、建筑结构抗震设计等后续课程关系密切,结构力学的计算结果将直接用于这些结构的设计中。

1-2 结构的计算简图

结构力学是通过计算简图来对结构进行研究的。结构的计算简图是指用于代替实际结构进行结构分析的计算模型或图形,是根据要解决的问题而对实际结构作了某些简化和理想化的结果。确定计算简图的原则有两点:

(1)计算简图要能反映实际结构的主要受力性能,满足结构设计需要的足够精度。

(2)便于计算分析。

对于工程中常见的结构,已有成熟的计算简图可以利用。对于新型结构,确定其计算简图需要进行实验、实测和理论分析,并要经受多次实践的检验。下面简要说明从实际结构到计算简图的简化要点和结果。

1. 体系的简化

实际结构都是空间结构,多数情况下,为了简化计算可以将其分解为平面结构。如图1-1(a)所示工业厂房,其主体结构排架(图1-1(b))的计算简图如图1-1(c)所示。

2. 杆件的简化

在计算简图中,杆件用其轴线表示。

3. 结点的简化

将杆件连接在一起的连接装置简化为结点,根据连接方式的不同,通常可简化为铰结点、刚结点、组合结点等。

(1)铰结点

铰结点所连接的各杆杆端截面可以发生相对转动,不能传递弯矩,如图1-2(a)所示。

(2)刚结点

刚结点所连接的各杆杆端截面不能发生相对转动,可以传递弯矩。如图1-2(b)所示的结点所连接的杆端,变形前夹角是 $90°$,变形后仍为 $90°$。

(3)组合结点

也称为半铰结点,有些杆端刚结有些铰结,如图1-2(c)所示。

4. 支座的简化

将结构与地面或支承物连接在一起的装置简化为支座。根据连接方式的不同有固定支座、固定铰支座、可动铰支座、定向支座等,如图1-3所示。

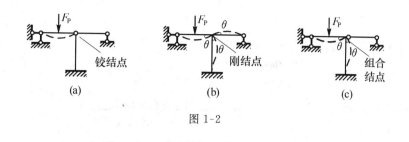

图 1-2

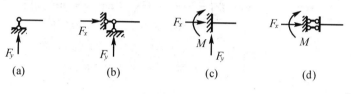

图 1-3

（1）可动铰支座

可动铰支座连接的杆端可沿水平方向自由移动,可自由转动,但不能竖向移动,可产生竖向支座反力,如图 1-3(a) 所示。

（2）固定铰支座

固定铰支座连接的杆端可自由转动,但不能发生移动,可产生水平和竖向支座反力,如图 1-3(b) 所示。

（3）固定支座

固定支座连接的杆端既不能移动也不能转动,可产生水平和竖向支座反力及支座反力矩,如图 1-3(c) 所示。

（4）定向支座

定向支座连接的杆端不能转动,可沿一个方向移动,可产生一个支座反力和支座反力矩,如图 1-3(d) 所示。

1-3 杆件结构的分类

根据结构计算简图的特征和受力特点,可将结构分为 5 类:

1. 梁

在竖向荷载作用下不能产生水平反力的结构,杆轴通常为直线,图 1-4(a) 所示结构为连续梁。

2. 拱

在竖向荷载作用下能产生水平反力的结构,杆轴通常为曲线,图 1-4(b) 所示结构为两铰拱。

3. 桁架

结点均为铰结点,内力只有轴力的结构,如图 1-4(c) 所示。

4. 刚架

由梁柱组成的结点通常为刚结点的结构,如图 1-4(d) 所示。

5. 组合结构

由梁式构件和桁架构件组合而成的结构,如图 1-4(e) 所示。

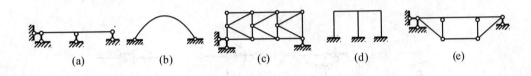

图 1-4

学习指导:通过本章学习,了解结构力学的任务和内容,了解结构的计算简图,理解各种结点和支座的约束特点,了解结构的分类。

第2章 结构的几何组成分析

结构可以分成静定结构和超静定结构,它们的计算方法不同。为了选择计算方法,需确定结构属于静定结构还是超静定结构,这与结构的几何组成有关。此外,结构的受力分析过程也会用到结构组成的一些知识。

本章假定:所有杆件均为刚体,即不能变形的物体。

2-1 基 本 概 念

1. 几何可变体系、几何不变体系

几何形状和位置不能发生变化的体系称为几何不变体系。图 2-1(a) 所示体系形状不变,支座保证其不能上下、左右移动和转动,故为几何不变体系。几何形状或位置能发生变化的体系称为几何可变体系。图 2-1(b)、(c) 所示体系均为几何可变体系。

几何不变体系在荷载作用下能平衡,故几何不变体系可作为结构;几何可变体系在一般荷载作用下不能平衡,故不能作为结构。

结构在荷载作用下会产生内力,杆件会发生变形。这种变形一般是微小的,在研究一个体系能否作为结构时可以不考虑,故在本章中把杆件均看成刚体。

2. 自由度

确定一个体系的位置所需要的独立坐标的个数称为体系的自由度。平面上的一个点有两个自由度,如图 2-2(a) 所示;平面上的一个刚片(平面上的刚体) 有三个自由度,如图 2-2(b) 所示。

几何不变体系的自由度等于零,几何可变体系的自由度大于零。

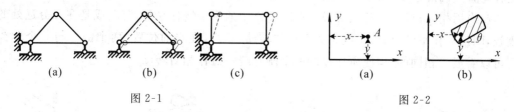

| (a) | (b) | (c) | (a) | (b) |

图 2-1   图 2-2

3. 约束

能减少自由度的装置称为约束。常见的约束有:铰、链杆、刚性连接等。

（1）铰

铰也称为铰链,是用销钉将两个或多个物体连在一起的一种连接装置。将连接两个刚片的

铰称为单铰,连接两个以上刚片的铰称为复铰。

①单铰

图 2-3(a) 所示体系是用一个单铰将两个刚片连在一起组成的。未加铰之前,两个刚片在平面上可自由移动,有 6 个自由度;加铰后,两刚片不能发生相对水平移动和相对竖向移动,只能发生整体的水平、竖向平动和转动以及两刚片间的相对转动,有 4 个自由度。因此一个单铰能减少两个自由度,相当于两个约束。

②复铰

图 2-3(b) 所示体系是三个刚片用一个复铰连接而成的体系。未加铰之前,三个刚片在平面上有 9 个自由度;加铰后有 5 个自由度。该复铰能减少 4 个自由度,相当于 4 个约束。复铰上连接的刚片越多,相当的约束数就越多。若一个复铰连接了 N 个刚片,该复铰相当于有 $(N-1) \cdot 2$ 个约束,或相当于 $(N-1)$ 个单铰。

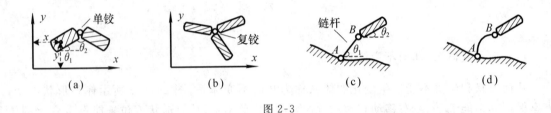

| (a) | (b) | (c) | (d) |

图 2-3

(2)链杆

两端用铰与其他物体相连的杆件称为链杆,图 2-3(c) 中的 AB 杆即为链杆。未加链杆时,刚片相对于地面可以自由移动和转动,有 3 个自由度;加链杆后刚片相对于地面沿 AB 方向不能移动,只能沿与垂直 AB 杆的方向移动和转动,只有两个自由度,故一个链杆能减少一个自由度,相当于一个约束。如果把链杆 AB 换成曲杆或折杆,如图 2-3(d) 所示,则其约束作用与直杆相同。

一个单铰能减少两个自由度,两个链杆也能减少两个自由度,那么一个单铰的作用是否与两个链杆的作用相同呢?连接两个刚片的两个链杆有图 2-4(b)、(c)、(d) 所示的三种情况。图 2-4(b) 中两个链杆的作用与图 2-4(a) 中的单铰相同。图 2-4(c) 中两个链杆的上端可以发生沿链杆垂直方向的移动,故刚片可发生绕瞬心 A 的转动,因此在当前位置,两个链杆与一个在 A 点的铰作用相同,将 A 点称为虚铰。图 2-4(d) 中的两个链杆平行,可看成是在无穷远处的一个虚铰,刚片可作平动,相当于绕无穷远点作转动。总之,在当前位置,两个链杆与一个单铰的作用可以看成是相同的,均使所连接的两个刚片绕一点作相对转动。

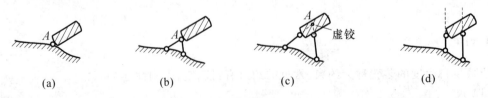

| (a) | (b) | (c) | (d) |

图 2-4

（3）刚性连接

刚性连接有刚结点和固定端支座。连接两个刚片的刚结点和固定端支座均相当于3个约束,作用与三个不平行也不交于一点的链杆相同,也与一个单铰和一个不通过铰的链杆相同,如图2-5所示。

图 2-5

4. 多余约束、必要约束

将能起到减少自由度作用的约束称为必要约束,不能起到减少自由度作用的约束称为多余约束。图 2-6(a) 中的水平链杆去掉后,体系会发生水平平动,如图 2-6(b) 所示,因此图 2-6(a) 中的水平链杆为必要约束;图 2-6(a) 中 b 链杆若去掉,体系会发生转动,如图 2-6(c) 所示,故 b 链杆为必要约束。图 2-6(d) 中的 a 链杆,无论它是否存在,体系均为几何不变,它并不减少体系的自由度,故 a 链杆是多余约束。

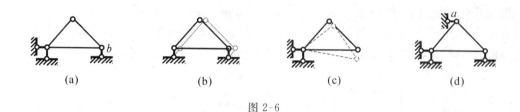

(a)   (b)   (c)   (d)

图 2-6

一个几何不变体系,若其上的所有约束均为必要约束,则称其为无多余约束的几何不变体系,否则称为有多余约束的几何不变体系。图 2-7(a) 所示简支梁为无多余约束的几何不变体系;图 2-7(b) 所示梁称为连续梁,为有多余约束的几何不变体系。

5. 静定结构、超静定结构

仅由静力平衡条件可以求出所有约束力和内力的结构为静定结构,仅由静力平衡条件不能求出所有约束力和内力的结构为超静定结构。

图 2-7(a) 所示简支梁为无多余约束的几何不变体系,由一根杆件三个约束组成,荷载作用下产生三个约束力。取梁为隔离体,可列三个平衡方程,可求解三个约束力,故简支梁为静定结构。如果一个无多余约束的几何不变体系是由 N 个杆件组成的,未加约束时共有 $3N$ 个自由度,因为所有约束均为必要约束,故约束个数为 $3N$,在荷载作用下会产生 $3N$ 个约束力。分别取 N 个杆件为隔离体,可以列出 $3N$ 个平衡方程,解出所有 $3N$ 个约束力。约束力求出后,再用截面法即可用平衡条件求出内力。因此无多余约束的几何不变体系为静定结构,或者说无多余约束并且几何不变是静定结构的几何特征。

图 2-7(b) 所示连续梁为有多余约束的几何不变体系,荷载作用下产生四个约束力。取梁为隔离体,可列三个平衡方程,不能求出所有四个约束力,故连续梁为超静定结构。对于有多余

约束的几何不变体系,所能列出的独立平衡方程的个数少于约束个数,故不能用平衡条件求出所有约束力,因此有多余约束的几何不变体系为超静定结构。有多余约束并且几何不变是超静定结构的几何特征。若要确定超静定结构的约束力和内力,还需考虑变形条件。

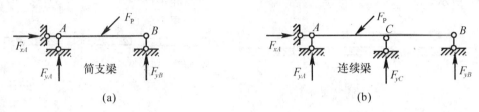

图 2-7

2-2　静定结构的组成规则

根据静定结构和超静定结构的几何特征,在静定结构上加约束即为超静定结构,减约束即为几何可变体系。因此掌握了静定结构的组成规则即可判定一个体系是静定结构、超静定结构还是几何可变体系。同时也可以确定哪些约束可看成是必要约束,哪些约束可看成多余约束。

根据几何公理,两个杆用铰与地面组成的三角形是几何不变的,如图 2-8(a)所示。未加约束时有 6 个自由度,三个铰相当于 6 个约束,所有约束都是必要的,故这样组成的体系是无多余约束的几何不变体系,为静定结构。在此基础上有下面 3 个组成规则。

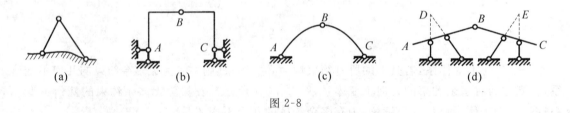

图 2-8

1. 三刚片规则

三刚片用三个不共线的铰两两相连,构成一个静定结构。图 2-8(b)、(c)、(d)所示体系均为静定结构,它们均是由 AB、BC 和大地三个刚片用不在一条直线上的三个铰连接而成的,其中图 2-8(c)有两个虚铰。

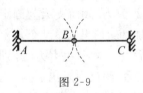

图 2-9

如果三个铰共线,则不能作为结构。图 2-9 所示体系是三刚片用在一条直线上的三铰组成的,图中虚线为 AB、BC 杆无铰相连时可以发生的杆端运动轨迹,在图示位置,B 点可上下移动;加铰后,铰 B 并不约束 B 点的竖向运动,该竖向运动仅受刚性杆杆长不变的约束。若杆件可以伸长,可以证明当 B 点的竖向位移为微量时,杆的伸长量为二阶微量,若不计二阶微量,则在杆长不变条件下 B 点可发生竖向微量位移。当 B 点偏离原位置后,两个杆与地面构成三角形成为几何不变体系。将这样的在原位置上可以发生微小运动,运动后成为几何不变的体系称为瞬变体系。瞬变体系在较小的荷载作用下会产生较大的内力,不能作为结构。在任意位置均能运动的体系称为常变体系,图

2-6(b)、(c) 所示体系为常变体系。

2. 二刚片规则

二刚片用一个铰和一个不通过该铰的链杆相连构成静定结构。这是因为链杆也可看成刚片，这样组成的体系与三刚片规则的组成是相同的。由于两个链杆相当于一个单铰，故二刚片用不全平行也不交于一点的三根链杆相连也构成静定结构。一个刚性连接相当于三根链杆，因此两个刚片用一个刚性连接也构成静定结构。图 2-10 所示体系均为静定结构。

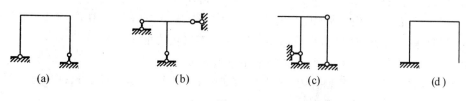

图 2-10

链杆通过铰，三杆平行或三杆交于一点，体系为瞬变或常变体系。图 2-11(a) 为瞬变体系，绕 A 点作微小转动后，链杆不再通过铰 A；图 2-11(b) 为瞬变体系，绕 A 点发生微小转动后，三链杆不再交于一点；图 2-11(c) 为瞬变体系，发生微小平动位移后，三链杆不再平行；图 2-11(d) 为常变体系，在任何位置三个链杆均是平行的。

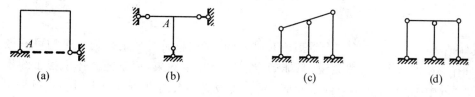

图 2-11

3. 二元体规则

在一个体系上加一个二元体不影响原体系的自由度。二元体是用两个不共线的链杆连接一个新结点的装置，图 2-8(a) 即可看成是在地面上增加一个二元体构成的。在体系上增加一个点，新增两个自由度，同时又增加两个链杆将新增的自由度消除了，故增加二元体既不会增加自由度，也不会增加多余约束。同样道理，在体系上减二元体也不会对自由度和多余约束数产生影响。图 2-12(b) 所示结构即是由图 2-12(c) 所示静定结构加二元体构成的，仍为静定结构；图 2-12(a) 所示结构是在图 2-12(b) 上加二元体构成，仍为静定结构。

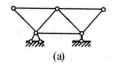

图 2-12

学习指导:请做习题 2-1,2-2,2-3。

2-3 几何组成分析方法

下面通过例题介绍几何组成分析的方法。

1.当体系与地面仅用三根不平行也不交于一点的链杆相连时,可只分析去掉链杆后的部分

例题 2-1 试对图 2-13(a)所示体系作几何组成分析。

解 体系与地面用 3 根支杆相连,去掉支杆后如图 2-13(b)所示。图 2-13(b)为三刚片用不共线的三铰相连,为静定结构,与地面用三链杆相连后仍为静定结构。

例题 2-2 试对图 2-14(a)所示体系作几何组成分析。

解 体系与地面用 3 支杆相连,去掉支杆后如图 2-14(b)所示。图 2-14(b)为二刚片用四链杆相连,几何不变,有一个多余约束,故原体系为超静定结构。

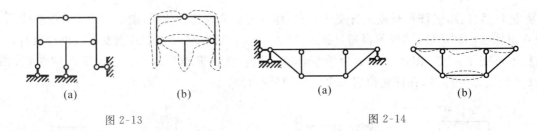

(a)	(b)	(a)	(b)
图 2-13		图 2-14	

具体把哪一个约束作为多余约束不是唯一的,这四根链杆中的任何一个均可看做多余约束,但只有一个多余约束。即是说,只能确定有 1 个多余约束,而不能具体说哪个约束是多余的。在图 2-6 中,为了理解多余约束而把 *a* 链杆说成是多余约束,实际上图中 6 根链杆中的任意一个均可看成多余约束。

2.当体系中有二元体时,应先将二元体去掉后分析

例题 2-3 试对图 2-15(a)所示体系作几何组成分析(注:图中斜杆的交叉点不是刚结点,两个杆在此处只是叠放,并不相连)。

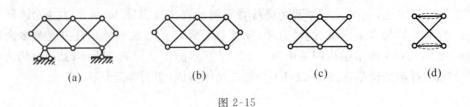

(a)	(b)	(c)	(d)

图 2-15

解 体系与地面用 3 支杆相连,去掉后如图 2-15(b)所示。将图 2-15(b)两侧的二元体去掉,得图 2-15(c)所示体系,再去掉两个二元体得图 2-15(d)所示体系。图 2-15(d)所示体系为二刚片二链杆相连,几何常变。故原体系为常变体系。

3.从一个几何不变部分开始组装,逐步扩大刚片的范围

例题 2-4 试对图 2-16(a)所示体系作几何组成分析。

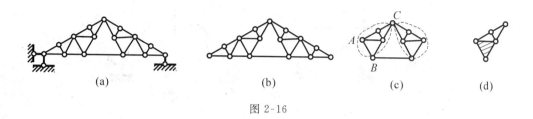

图 2-16

解 去掉支座,如图 2-16(b)所示。去掉二元体,如图 2-16(c)所示。图 2-16(c)中的 ABC 部分是在一个铰结三角形上两次加二元体构成的无多余约束的刚片,如图 2-16(d)所示。则图 2-16(c)是二刚片由一铰和一链杆组成的,是静定结构,故原结构为静定结构。

例题 2-5 试对图 2-17(a)所示体系作几何组成分析。

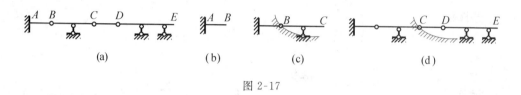

图 2-17

解 AB 杆与地面用固定端支座相连为静定结构,如图 2-17(b)所示;将 AB 看成地面的一部分,再用一铰和一链杆连接刚片 BC,仍为静定结构,如图 2-17(c)所示;再将 BC 部分看成地面的一部分,然后用三链杆与刚片 DE 相连,如图 2-17(d)所示,为静定结构。因此原体系为静定结构。

例题 2-6 试对图 2-18(a)所示体系作几何组成分析。

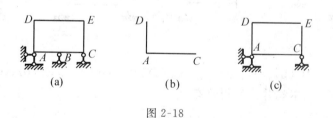

图 2-18

解 取刚片 AC,用刚结点将其与刚片 AD 相连为几何不变体系,如图 2-18(b)所示;再用刚结点连接 CE 和 DE,然后用三杆与地面相连,如图 2-18(c)所示,为静定结构。原体系与图 2-18(c)相比,在 E 点多了一个刚结点,在 B 点多了一个链杆,故原体系为有 4 个多余约束的超静定结构。

4.将只用两个铰与其他部分相连的刚片用连接这两个铰的链杆代替

例题 2-7 试对图 2-19(a)所示体系作几何组成分析。

解 将 AB、CD 分别用等效链杆代替,如图 2-19(b)所示。图 2-19(b)体系是二刚片用 1、2、3 链杆相连,三链杆交于一点,故体系为瞬变体系。

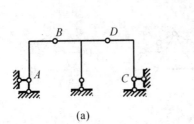 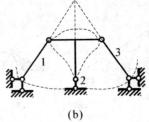

(a)   (b)

图 2-19

学习指导:理解静定结构和超静定结构的几何特征,掌握结构的几何组成分析,能区分一个结构是静定结构还是超静定结构。请做习题:2-4,2-5,2-6。

习 题 2

一、选择题

2-1 图示体系中,静定结构有( )。

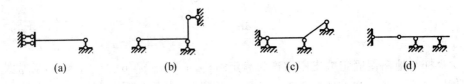

(a)   (b)   (c)   (d)

A.(b)、(d) B.(b)、(c)、(d) C.(a)、(b)、(d) D.(b)、(c)

2-2 图示体系中,超静定结构有( )。

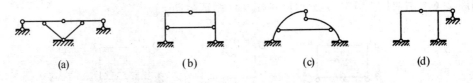

(a)   (b)   (c)   (d)

A.(b)、(d) B.(b)、(c)、(d) C.(a)、(b)、(d) D.(b)、(c)

2-3 图示体系中,不能作为结构的有( )。

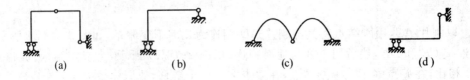

(a)   (b)   (c)   (d)

A.(b)、(c) B.(b)、(c)、(d) C.(a)、(b)、(d) D.(a)、(b)、(c)

2-4 下面说法中错误的一项是( )。

A.多余约束是从对体系的自由度是否有影响的角度看是多余的

B.有多余约束并且几何不变是超静定结构的几何特征

C.将超静定结构中的多余约束去掉即得静定结构

D. 在一个由 4 根直杆用刚结点连接而成的封闭框上加一个铰相当于减少 2 个约束

2-5　下面说法中正确的一项是(　　)。

A. 三刚片用三个单铰两两相连组成一个静定结构

B. 只要体系与地面三杆相连即可将三杆去掉来分析

C. 只要是用单铰连接的两个刚片,即可将其作为二元体

D. 在地面上用两个不重合的单铰连接一个刚片构成有一个多余约束的超静定结构

二、分析题

2-6　试对图示体系作几何组成分析。若是几何不变体系,指明是静定结构还是超静定结构;若是超静定结构,指明多余约束的个数。

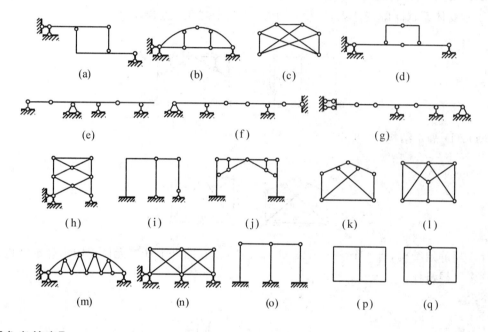

（a）　　　　（b）　　　　（c）　　　　（d）

（e）　　　　　　（f）　　　　　　（g）

（h）　　（i）　　（j）　　（k）　　（l）

（m）　　（n）　　（o）　　（p）　　（q）

【参考答案】

2-1　(C)。4 个体系均为二刚片体系,三杆相连为静定。

2-2　(A)。均为三刚片体系,不共线三铰相连为静定,(b)、(d) 中各多一个链杆。

2-3　(D)。(a)、(b) 常变;(c) 瞬变。

2-4　(D)。相当于减少一个约束。

2-5　(D)。A 错:应为不共线的三铰;B 错:必须是不平行也不交于一点的三杆;C 错:必须是只有两个铰与其他部分相连的刚片。

2-6　(a)、(b)、(c) 静定结构;

(d) 常变体系,上侧为二元体;

(e) 静定结构,两侧为二元体;

(f) 瞬变体系,二刚片三杆交于一点。

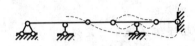

(g) 瞬变体系,二刚片三杆平行。

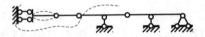

(h) 静定结构,去掉支座后减二元体。

(i) 常变体系;(j) 瞬变体系,三铰(1 个实铰,2 个虚铰)重合。

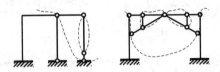

(k)、(l) 静定结构,三刚片三铰。

(m) 超静定结构,有 4 个多余约束。去掉支座后,在曲杆上加二元体得图示静定结构,原结构比它多 4 根链杆。

(n) 超静定结构,有 3 个多余约束(内部两个,外部一个)。图示体系是静定结构。

(o) 超静定结构,有 1 个多余约束。二刚片两铰。

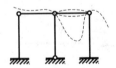

(p) 超静定结构,6 个多余约束。切断位于两侧的两个杆后为静定结构。

(q) 超静定结构,2 个多余约束。左右两刚片用两铰和一根链杆相连。

第3章 静定结构的内力计算

静定结构的内力计算是结构力学的基础,是学好后续内容的关键。下面按结构类型介绍静定结构的内力计算方法。

3-1 静 定 梁

静定梁分为单跨静定梁和多跨静定梁。单跨静定梁已在材料力学中详细讲述,因为它是多跨梁和刚架计算的基础,在介绍其他类型结构的内力计算之前,先作单跨梁计算的复习是必要的。

1. 单跨梁

单跨梁的计算包括支座反力的计算、指定截面的内力计算和内力图的绘制。

（1）支座反力计算

单跨梁分为简支梁、悬臂梁和外伸梁,如图 3-1 所示。无论哪种梁,取整体做隔离体均暴露出 3 个支座反力,它们与外荷载构成平面一般力系,由隔离体的 3 个平衡方程即可求出。

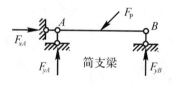
简支梁
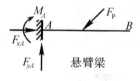
悬臂梁
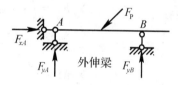
外伸梁

图 3-1

例题 3-1 试求图 3-2 所示外伸梁的支座反力。

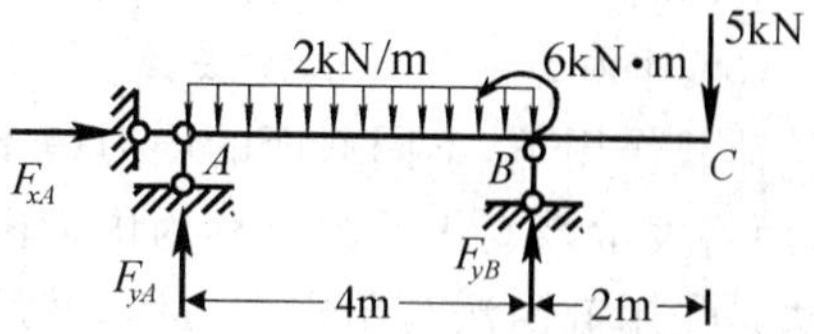

解 假设反力方向,如图 3-2 所示。取杆件 AC 做隔离体,隔离体图可不必另画,但要知道取隔离体后,支座已经去掉并暴露出反力。列平衡方程:

图 3-2

$$\sum F_x = 0: F_{xA} = 0$$

$$\sum M_A = 0: 2\text{kN/m} \cdot 4\text{m} \cdot 2\text{m} - 6\text{kN} \cdot \text{m} + 5\text{kN} \cdot 6\text{m} - F_{yB} \cdot 4\text{m} = 0$$

$$F_{yB} = 10\text{kN}(\uparrow)$$

$$\sum M_B = 0: F_{yA} \cdot 4\text{m} - 2\text{kN/m} \cdot 4\text{m} \cdot 2\text{m} - 6\text{kN} \cdot \text{m} + 5\text{kN} \cdot 2\text{m} = 0$$

$$F_{yA} = 3\text{kN}(\uparrow)$$

求出的反力值为正,表示反力方向与假设的相同。后一个力矩方程也可以用竖向投影方程代替,但列出的 3 个平衡方程中至少要有一个力矩方程,求某力的力矩方程的矩心一般选在其他未知力通过的点。

(2) 指定截面内力的计算

计算截面内力采用截面法,即用假想的横截面将杆件切断,暴露出截面上的内力,取出一部分做隔离体,由隔离体的平衡条件计算内力。列平衡方程的方法与求支座反力相同。梁中的内力一般有轴力、剪力和弯矩,规定轴力以拉力为正,剪力以绕作用面顺时针转为正,弯矩以使下侧受拉为正,正的内力如图 3-3 所示。注意,若将表示弯矩的旋转箭头的凹向在杆件外侧对着杆端,则箭头尾部对着受拉侧。

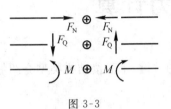

图 3-3

例题 3-2 试计算图 3-4(a) 所示简支梁跨中点截面的内力。

解 结构的支座反力为:$F_{xA} = 0$,$F_{yA} = ql/2$ ($\uparrow$),$F_{yB} = ql/2$($\uparrow$)。

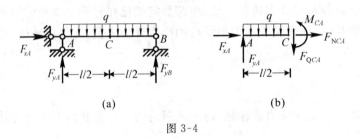

(a)   (b)

图 3-4

取隔离体如图 3-4(b) 所示,截面内力的下角标 CA 表示该内力为 AC 杆 C 端的截面内力。由隔离体的平衡,得

$$\sum F_x = 0 : F_{NCA} = 0$$

$$\sum F_y = 0 : F_{yA} - q \cdot \frac{l}{2} - F_{QCA} = 0, F_{QCA} = 0$$

$$\sum M_C = 0 : F_{yA} \cdot \frac{l}{2} - q \cdot \frac{l}{2} \cdot \frac{l}{4} - M_{CA} = 0, M_{CA} = \frac{1}{8} q l^2$$

若取杆的 CB 部分做隔离体会得到相同结果。

(3) 作内力图的基本方法

荷载作用下,不同截面的内力是不同的,将表示内力随截面位置变化的表达式称为内力方程,而将表示该变化的图形称为内力图。内力图分为轴力图、剪力图和弯矩图,作内力图的基本方法是先用截面法写出内力方程,然后根据内力方程作内力图。

例题 3-3 作图 3-5(a) 所示简支梁的内力图。

解 支座反力同例题 3-2。设 A 点为坐标原点,在坐标为 x 处截断,取左侧为隔离体,标出正的内力,如图 3-5(b) 所示。由隔离体的平衡,可得内力方程

$$\sum F_x = 0 : F_N(x) = 0$$

$$\sum F_y = 0 : F_Q(x) = \frac{1}{2} q l - q x$$

$$\sum M_A = 0 : M(x) = \frac{1}{2} q (l x - x^2)$$

16

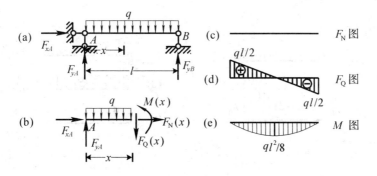

图 3-5

由内力方程作出轴力图、剪力图和弯矩图分别如图 3-5(c)、(d)、(e) 所示。轴力图和剪力图上需标出正负号,弯矩图不标正负号,但要画在受拉侧。

(4) 荷载与内力之间的微分关系和增量关系

梁通常是直杆,上面的荷载一般为横向荷载和力偶。在梁上取长度为 $\mathrm{d}x$ 的微段,如图 3-6 所示。当微段上无集中力和力偶时,由图 3-6(a) 所示微段的平衡可得

图 3-6

$$\sum F_y = 0: \frac{\mathrm{d}F_Q}{\mathrm{d}x} = -q \tag{3-1}$$

$$\sum M_A = 0: \frac{\mathrm{d}M}{\mathrm{d}x} = F_Q \tag{3-2}$$

此即为内力与荷载的微分关系。当微段上有集中力和力偶时,由图 3-6(b) 所示微段的平衡可得

$$\sum F_y = 0: \Delta F_Q = -F_P \tag{3-3}$$

$$\sum M_A = 0: \Delta M = M_0 \tag{3-4}$$

此即内力与荷载的增量关系。

由微分关系和增量关系,可得到下面一些结论。

① 无荷载作用的杆段,$q = 0$。由微分关系可知,该段杆件的剪力图为与轴线平行的直线,弯矩图为斜直线。如图 3-7(a) 所示悬臂梁,杆中间无荷载,剪力图为水平线,弯矩图为斜直线。斜直线可由杆件两端截面的弯矩画出。为求两端的截面弯矩,取隔离体如图 3-7(b) 所示,可求出杆两端的弯矩,左端截面为 $-F_P l$,右端截面为 0,弯矩图如图 3-7(c) 所示。由隔离体的平衡也可求出剪力 $F_Q = F_P$,由此画出剪力图如图 3-7(d) 所示。剪力图也可由微分关系(3-2)作出,弯矩图的斜率 $F_P l/l$ 等于剪力,剪力图正负号由将杆轴转向弯矩图的旋转方向确定,顺时

针时为正,如图 3-7(e) 所示。

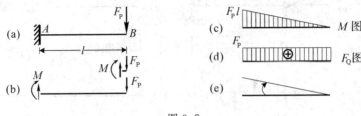

图 3-7

由此例还可得到这样的结论:当自由端无力偶作用时,自由端截面的弯矩为零。

② 均布荷载作用的杆段,$q =$ 常数。弯矩图为二次抛物线,剪力图为斜直线。抛物线顶点的斜率为 0,因为斜率等于剪力,故顶点对应截面的剪力为 0。如图 3-8(a) 所示的梁上有均布荷载,弯矩图为二次抛物线。自由端无集中力偶,弯矩为 0,左端弯矩由图 3-8(b) 所示隔离体求出为 $ql^2/2$,自由端截面的剪力为 0 是弯矩图抛物线的顶点,据此画出弯矩图如图 3-8(c) 所示。两端的剪力可用截面法求出,左端为 ql,右端为 0,据此画出剪力图如图 3-8(d) 所示。

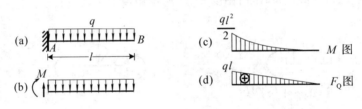

图 3-8

通过此例,有这样的结论:自由端无集中力,自由端截面剪力为 0;弯矩图曲线的凸向与分布力方向相同。这一结论也可从例题 3-3 中看到。同样也可像图 3-7 那样根据弯矩图曲线上各点的切线来确定对应截面剪力的正负号。

③ 集中力作用截面,剪力图有突变,突变量等于集中力;弯矩图有尖点,尖点方向与集中力方向相同。图 3-9(a) 所示简支梁,作弯矩图时可分两段来作。先求出支座反力,如图 3-9(a)

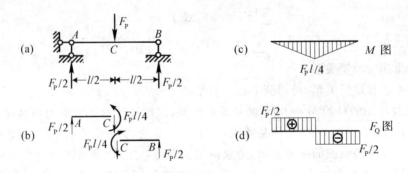

图 3-9

所示。在集中力作用点 C 的左侧临近截面切断,取左侧部分作隔离体;在 C 点右侧临近截面切断,取右部分作隔离体,如图 3-9(b) 所示。这两段内力图的作法与图 3-7 中梁的作法相同。可见弯矩图(图 3-9(c))在集中力作用点有一个与力的方向相同的向下的尖点,剪力图(图 3-9(d))有突变,突变量等于集中力。

A 截面是铰所连接的截面,当该截面无力偶作用时,该截面弯矩为 0。

④ 力偶作用截面,弯矩图有突变,突变量等于外力偶,该截面两侧的弯矩图斜率相同。图 3-10 所示梁在力偶作用下的内力图,分两段来作,作法同图 3-9。可见力偶作用截面的弯矩有突变,突变量等于力偶值,两侧的弯矩图斜线平行,剪力图是水平线。

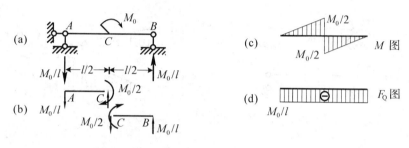

图 3-10

⑤ 根据以上结论,结合截面法可不用写出内力方程而作出内力图。

例题 3-4 作图 3-11(a) 所示外伸梁的内力图。

解 BC 杆的内力图的作法同图 3-8 悬臂梁。AB 杆上无外力,弯矩图为斜直线。A 端截面铰结,弯矩为 0;由结点 B 的平衡,如图 3-11(d) 所示,可求得 AB 杆右端截面弯矩为 $M_{BA} = ql^2/2$,将 A、B 两截面弯矩连以直线得 AB 段弯矩图。AB 段弯矩图的斜率为 $ql/2$,故 AB 段的剪力为 $ql/2$;杆轴逆时针转向弯矩图斜线,故剪力为负值。

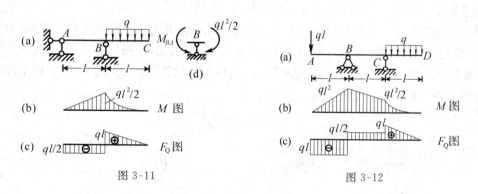

图 3-11   图 3-12

例题 3-5 作图 3-12(a) 所示外伸梁的内力图。

解 先从两端的杆件作起,作法同前面悬臂梁。BC 杆的弯矩图为斜直线,根据结点力矩平衡,BC 杆 B 端截面的弯矩等于 AB 杆 B 端截面的弯矩,C 端截面弯矩等于 CD 杆 C 端弯矩,将两端弯矩连以直线即得 BC 杆弯矩图。BC 杆弯矩图的斜率为 $(ql^2 - ql^2/2)/l$,故 BC 杆剪力为 $ql/2$,杆轴顺时针转向弯矩图,故剪力为正。

学习指导: 熟练掌握截面法计算单跨梁的支座反力、指定截面内力,熟练掌握内力图的绘制。请做习题:3-1,3-9。

（5）叠加法作弯矩图

根据叠加原理,作多个荷载作用下的弯矩图时可分别作出每个荷载单独作用下的弯矩图,然后将各弯矩图在各截面的竖标相加得最终弯矩图。

例题 3-6 作图 3-13(a)所示梁的弯矩图。

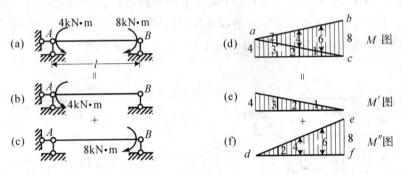

图 3-13

解 图 3-13(a)荷载是图 3-13(b)、(c)荷载相加。分别作出图 3-13(b)和图 3-13(c)情况时的弯矩图,如图 3-13(e)、(f)所示。将 M' 图和 M'' 图叠加,得原体系弯矩图,如图 3-13(d)所示。

注意:弯矩图叠加是弯矩图的竖标叠加,不是两个弯矩图图形的简单拼合。M 图中 $\triangle abc$ 即是 M'' 图,尽管形状不同但各点的竖标相同,面积也相同。

用截面法可以验证:当铰所连接的杆端有力偶作用时,杆端截面的弯矩等于力偶;无力偶作用时为零。据此可作出图 3-13(b)、(c)荷载情况的弯矩图,图 3-13(a)荷载情况的弯矩图也可将两端弯矩直接连线画出。上面没有这样作是为了说明弯矩图叠加的实质。

例题 3-7 作图 3-14(a)所示梁的弯矩图。

解 作法如图所示。M 图中抛物线和斜直线围成的面积与 M' 图的面积相同,因为竖标相同。实际作弯矩图时,图 3-14(e)和图 3-14(f)所示的 M' 图和 M'' 图不需画出,可先在结构上画出 M'' 图的斜直线,然后以该直线为基线(各点竖标为 0 的线)叠加上抛物线,将两个图形重叠部分去掉后即为最终弯矩图。

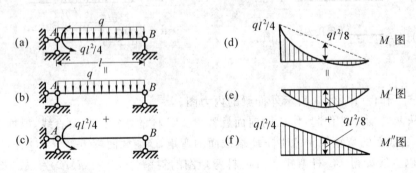

图 3-14

（6）分段叠加法作弯矩图

杆件中任意一段杆，只要两个杆端的弯矩是已知的，即可将其取出作为简支梁，用叠加法作弯矩图。

例题 3-8 试作图 3-15（a）所示梁的弯矩图。

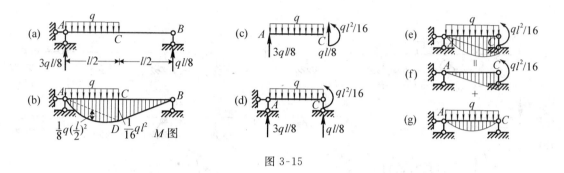

图 3-15

解 求出支座反力如图 3-15（a）中所示。分成两段作弯矩图。先作 *CB* 段，作法同前。取隔离体如图 3-15（c）所示，在隔离体上加支座如图 3-15（d）所示，用平衡条件可以验证，这两种情况的受力相同，故弯矩图也相同，作图 3-15（c）情况的弯矩图可用作图 3-15（d）的弯矩图替代。图 3-15（d）情况的弯矩图作法如图 3-15（e）、（f）、（g）所示。实际作弯矩图时可直接在结构上作，如图 3-15（b）所示，先作出 *CB* 杆弯矩图，将 *D* 点向弯矩为 0 的 *A* 截面画直线，将 *AD* 作基线把均布荷载引起的简支梁的弯矩图画在基线上。

学习指导：熟练掌握叠加法、分段叠加法作弯矩图。请做习题：3-2，3-10。

2. 多跨静定梁

公路桥梁如图 3-16（a）所示，其计算简图如图 3-16（b）所示。图 3-16（b）所示结构是由若干单跨梁组成的静定梁式结构，称为多跨静定梁。将梁上能独立承受荷载的部分称为基本部分，不能独立承受荷载的部分称为附属部分。在图 3-16（b）所示结构中，*AB* 为基本部分，若荷载是横向荷载则 *CD* 部分也为基本部分，*BC* 为附属部分。

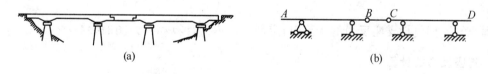

图 3-16

计算多跨静定梁的内力时，是将其拆成单跨梁计算。计算顺序是，先算附属部分，后算基本部分。

例题 3-9 试计算图 3-17（a）所示多跨静定梁，作内力图。

解 *AC* 和 *FG* 为附属部分，*CF* 为基本部分。先算附属部分，后算基本部分，如图 3-17（b）所示。作出的剪力图和弯矩图如图 3-17（c）、（d）所示。其中 *DE* 杆的弯矩图是用叠加法作出的，*DE* 杆两端的剪力可用截面法，由 *DE* 杆的平衡计算。取 *DE* 为隔离体，如图 3-17（e）所示，列平

衡方程,得

$$\sum M_D = 0: 2ql^2 + 4ql \cdot 2l + ql^2 + F_{QED} \cdot 4l = 0 \quad F_{QED} = -\frac{11}{4}ql$$

$$\sum F_y = 0: F_{QDE} - F_{QED} - 4ql = 0 \quad F_{QDE} = \frac{5}{4}ql$$

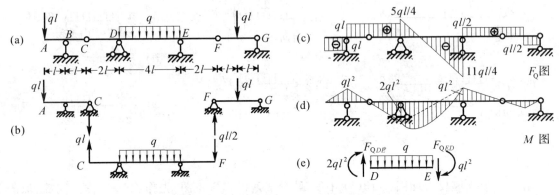

图 3-17

学习指导：掌握多跨静定梁的内力计算。请做习题：3-11,3-12。

3-2 静 定 刚 架

刚架是由梁、柱组成,具有刚结点的杆件结构,可以分成简支刚架、悬臂刚架、三铰刚架和复合刚架,如图 3-18 所示。

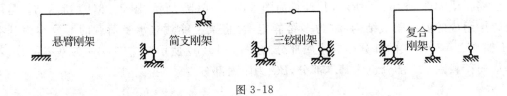

图 3-18

刚架的计算包括支座反力的计算、指定截面的内力计算和内力图的绘制。

1. 支座反力的计算

从几何组成来看,悬臂刚架和简支刚架属于二刚片体系,二刚片之间有三个约束,取一个刚片做隔离体,由隔离体的三个平衡可求解三个约束力。具体计算方法与单跨梁相同。

例题 3-10 试求图 3-19 所示刚架的支座反力。

解 假设反力方向,如图 3-19 所示。由整体的平衡条件,有

$$\sum F_x = 0: F_{xB} = 10\text{kN} \ (\leftarrow)$$

$$\sum F_y = 0: F_{yA} = 4\text{kN/m} \cdot 5\text{m} = 20\text{kN} \ (\uparrow)$$

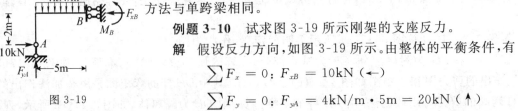

图 3-19

$$\sum M_A = 0: 4\text{kN/m} \cdot 5\text{m} \cdot 2.5\text{m} - 10\text{kN} \cdot 2\text{m} - M_B = 0$$

$$M_B = 30\text{kN} \cdot \text{m}(\searrow)$$

三铰刚架属于三刚片体系,刚片之间有 6 个约束,需取两个隔离体,列 6 个平衡方程求解约束力。

例题 3-11 试求图 3-20(a) 所示刚架的支座反力。

解 假设反力方向,如图 3-20(a) 所示。由整体平衡条件,有

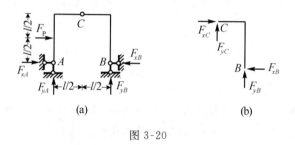

(a)   (b)

图 3-20

$$\sum M_A = 0: F_P \cdot l/2 - F_{yB} \cdot l = 0 \quad F_{yB} = F_P/2(\uparrow)$$

$$\sum F_y = 0: F_{yA} + F_{yB} = 0 \qquad\qquad F_{yA} = -F_P/2(\downarrow)$$

$$\sum F_x = 0: F_{xA} + F_P - F_{xB} = 0$$

因为整体只可以列出 3 个独立平衡方程,不能全部解出 4 个反力。再取另一个隔离体,比如取 CB 部分做隔离体,又可列出 3 个方程,与原有的 3 个方程合在一起共可列出 6 个方程,而新的隔离体上仅新增两个未知约束力,与原有的未知力合在一起共 6 个未知力。由图 3-20(b) 隔离体的平衡,有

$$\sum M_C = 0: F_{xB} \cdot l - F_{yB} \cdot l/2 = 0, \quad F_{xB} = F_P/4(\leftarrow)$$

$$\sum F_y = 0: F_{yC} + F_{yB} = 0, \qquad\qquad F_{yC} = -F_P/2(\downarrow)$$

$$\sum F_x = 0: F_{xC} - F_{xB} = 0, \qquad\qquad F_{xC} = F_P/4(\rightarrow)$$

将 $F_{xB} = F_P/4$ 代入整体方程中的第三个,可得 $F_{xA} = 3F_P/4(\leftarrow)$。

复合刚架是由前三种刚架按静定结构组成规则组成的,其中可以独立承载的部分为基本部分,不能独立承载的部分为附属部分。计算时,先算附属部分,后算基本部分。

例题 3-12 试求图 3-21(a) 所示刚架的支座反力。

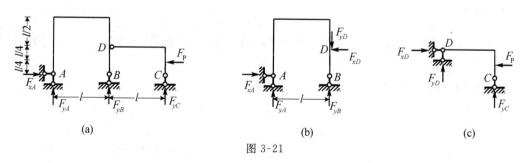

(a)   (b)   (c)

图 3-21

解 左侧为基本部分,右侧为附属部分,均为简支刚架,如图 3-21(b)、(c) 所示。先算附属部分的支座反力,为

$$F_{xD} = F_P(\rightarrow), \quad F_{yC} = F_P/4(\uparrow), \quad F_{yD} = -F_P/4(\downarrow)$$

再由基本部分算得

$$F_{xA} = F_P(\rightarrow), \quad F_{yA} = F_P/2(\uparrow), \quad F_{yB} = -3F_P/4(\downarrow)$$

因为复合刚架可拆成简支刚架、悬臂刚架和三铰刚架来计算,只要掌握了这些刚架的内力计算并能将复合刚架拆成这些刚架,即能确定复合刚架的内力。所以后面不再介绍复合刚架的内力计算。

学习指导:请做习题:3-13。

2. 指定截面的内力计算

刚架中指定截面的内力计算方法与单跨梁相同。刚架中的剪力和轴力的正负号规定与梁相同,截面弯矩不规定正负号,但需指明弯矩使哪侧受拉。

例题 3-13 试求图 3-22(a) 所示刚架的 CB 杆 C 端截面和 AC 杆 C 端截面的内力。

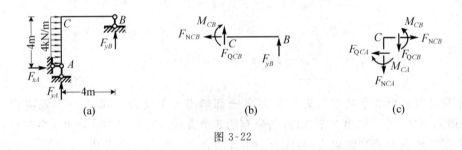

图 3-22

解 支座反力为

$$F_{xA} = -16\text{kN} (\leftarrow), \quad F_{yB} = 8\text{kN}(\uparrow), \quad F_{yA} = -8\text{kN}(\downarrow)$$

取 CB 杆作隔离体,标出截面的正号内力,如图 3-22(b) 所示。由隔离体的平衡可求出截面内力为

$$F_{NCB} = 0, \quad F_{QCB} = -8\text{kN}, \quad M_{CB} = 32\text{kN} \cdot \text{m}(下侧受拉)$$

取 C 结点作隔离体,如图 3-22(c) 所示。由结点平衡求得 AC 杆上端截面的内力为

$$F_{NCA} = -F_{QCB} = 8\text{kN}, \quad F_{QCA} = F_{NCB} = 0, \quad M_{CA} = M_{CB} = 32\text{kN} \cdot \text{m}(内侧受拉)$$

3. 作内力图

作刚架内力图的基本方法是求出每个杆两端的截面内力,按作梁的内力图的方法作每根杆的内力图。

例题 3-14 作图 3-23(a) 所示刚架的内力图。

解 已在上个例题中求出了杆端内力,如图 3-23(b) 所示。作出内力图如图 3-23(c)、(d)、(e) 所示。

由结点 C 的力矩平衡可知在连接两个杆的刚结点上若无外力偶作用,则与该结点相连的

24

两个杆端的截面弯矩等值反向,要么都使里侧受拉,要么都使外侧受拉。

3 种内力图中,弯矩图更常用一些,而且当作出弯矩图后也可方便地由其作出剪力图和轴力图,因此下面着重介绍弯矩图的做法。

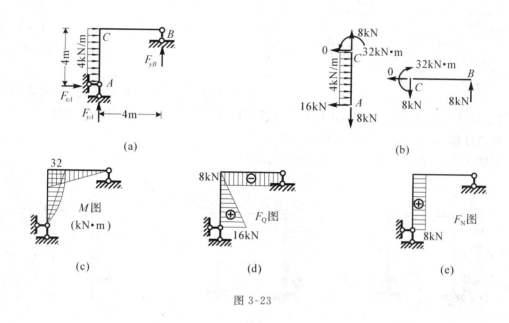

图 3-23

(1) 弯矩图的做法

利用结点的力矩平衡条件、微分关系、叠加法及在前面得到的一些杆端截面的弯矩特点可比较快捷地作出弯矩图。有人将其总结为"分段、定点、连线"六个字,分段是指逐段作图,定点是指确定杆段两侧的弯矩值,连线是指按微分关系、叠加法作弯矩图。逐杆作图的顺序一般是先作边界处的杆,后作中间处的杆;先作容易作的杆后作受力复杂的杆。"定点"时可采用如下办法,某截面的弯矩等于该截面一侧的所有外力对该截面的力矩之和,有时利用结点力矩平衡会使确定杆端弯矩更快捷一些。下面结合例题说明。

例题 3-15   试作图 3-24(a) 所示刚架弯矩图。

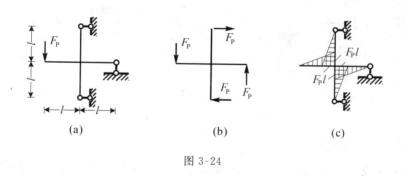

图 3-24

解   求出支座反力如图 3-24(b) 所示,作每个杆的弯矩图与作悬臂梁弯矩图的方法相同,弯矩图如图 3-24(c) 所示。

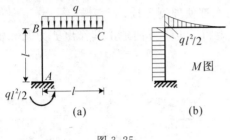

图 3-25

例题 **3-16**　试作图 3-25(a) 所示刚架弯矩图。

解　BC 杆的弯矩图与悬臂梁的弯矩图相同。AB 杆上无外力,弯矩图为直线。由 B 结点的平衡可知 AB 杆上端的弯矩等于 BC 杆左端的弯矩 $ql^2/2$,均使外侧受拉;由整体平衡可求得 A 端弯矩亦为 $ql^2/2$,使左侧受拉。将两端弯矩连以直线即为 AB 杆弯矩图。

从整体受力可看出 AB 杆无剪力,弯矩应为常数。当能判断出某杆件无剪力时,由杆件一个截面的弯矩即可画出该杆件的弯矩图。

学习指导:请做习题:3-14,3-15,3-16。

例题 **3-17**　试作图 3-26(a) 所示刚架弯矩图。

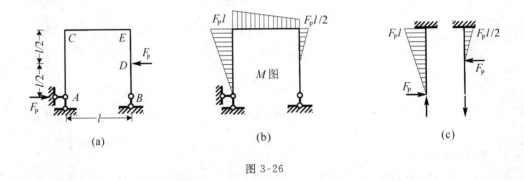

图 3-26

解　分成 3 段杆作弯矩图,先作 AC、BE 杆,做法见图 3-26(c),A 点水平反力先由整体平衡条件求出。由 C、E 结点的力矩平衡条件可求出 CE 杆两端的截面弯矩,连线即为 CE 杆弯矩图。

例题 **3-18**　试作图 3-27(a) 所示刚架弯矩图。

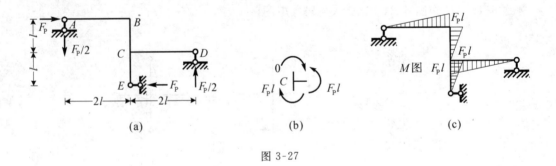

图 3-27

解　首先求出支座反力,如图 3-27(a) 所示。先作 AB、CE、CD 杆的弯矩图,做法同前面的例子,最后作 CB 杆的弯矩图。由结点 B 可求出 CB 杆 B 端的弯矩,由结点 C 的平衡(图 3-27(b))可求出 CB 杆的 C 端的弯矩为 0。连线得 CB 杆的弯矩图。

例题 3-19 试作图 3-28(a) 所示刚架弯矩图。

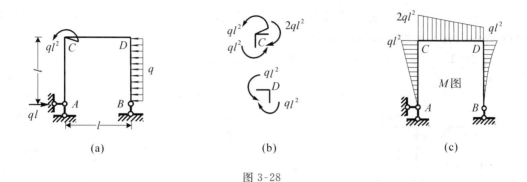

图 3-28

解 求出 A 支座水平反力如图所示。先作 AC、BD 杆弯矩图,做法同前。取 C、D 结点做隔离体,求出 CD 杆两端的杆端弯矩,如图 3-28(b) 所示。将 CD 杆两端弯矩连线得 CD 杆弯矩图。

例题 3-20 试作图 3-29(a) 所示刚架弯矩图。

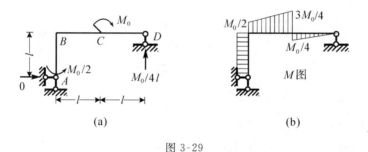

图 3-29

解 求出支座反力如图 3-29(a) 所示。先作 AB、CD 杆弯矩图,CD 杆做法同前;AB 杆无剪力,弯矩为常数,A 端为铰结有力偶作用,A 截面弯矩等于外力偶,据此画出 AB 杆弯矩图。最后作 CB 杆,由 B、C 结点的平衡求 CB 杆两端的杆端弯矩,连线得弯矩图。

例题 3-21 试作图 3-30(a) 所示刚架弯矩图。

解 先作 AC、BD 杆弯矩图,做法同前。用叠加法作 CD 杆弯矩图,由 C、D 结点的平衡求出 CD 杆两端弯矩,将两端弯矩连以直线,再将该直线作基线叠加上抛物线。

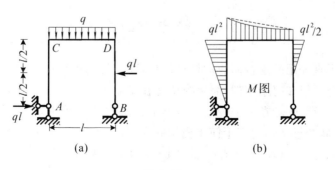

图 3-30

学习指导:请做习题:3-17。

(2)利用弯矩图作剪力图、利用剪力图作轴力图的方法

当弯矩图作出后,利用微分关系或杆件的平衡条件可逐杆作出剪力图。剪力图作出后,利用结点平衡条件可求出杆端轴力,据此可作出轴力图。

例题 3-22 试作图 3-31(a)所示刚架弯矩图、剪力图、轴力图。

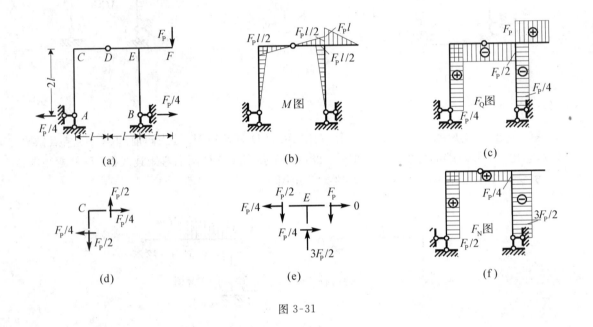

图 3-31

解 先作弯矩图。求出支座反力如图 3-31(a)所示,先作 AC、BE、EF 杆的弯矩图,做法同前。CD 杆 D 端为铰结点,弯矩为 0;C 端弯矩由 C 结点力矩平衡确定。因为从 C 点到 E 点无集中力作用,剪力不变,故弯矩图的斜率不变,即 CD 杆的弯矩图斜率与 DE 杆的弯矩图的斜率相同。

剪力图的做法与前面所介绍的单跨梁剪力图的做法相同,不再重复。

剪力图作出后取结点作隔离体,由结点平衡可求出杆端轴力,如图 3-31(d)、(e)所示。由求得的杆端轴力作出轴力图如图 3-31(f)所示。

学习指导:掌握剪力图、轴力图的做法。请做习题:3-18。

3-3 静定平面桁架

桁架是由若干直杆用铰连接而成的杆件结构,荷载均作用在结点上。按几何组成可分成 3 类:简单桁架、联合桁架和复杂桁架。简单桁架是在基础或支撑物上依次增加二元体构成的桁架,如图 3-32(a)所示,或者在一个铰结三角形上依次增加二元体后再与基础相连的桁架,如图 3-32(b)所示;联合桁架是由若干简单桁架联合而成的桁架,如图 3-32(c)所示的桁架是由两个图 3-32(b)所示桁架联合而成的联合桁架。除这两类以外的桁架为复杂桁架,如图 3-32(d)所示。

28

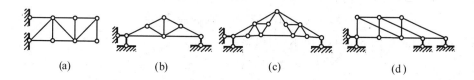

(a)   (b)   (c)   (d)

图 3-32

由于每个杆件的两端均为铰结,杆中无外力,杆件中无弯矩,因而也无剪力,只有轴力。

桁架内力的计算方法分结点法和截面法。

1. 结点法

将截取一个结点作为隔离体来求内力的方法称为结点法。这时隔离体上的力是平面汇交力系,独立的平衡方程只能列出两个,因此截取的隔离体上的未知力一般不能超过两个。因为简单桁架是逐次增加二元体构成的,若截取隔离体的次序与几何组成时加二元体的次序相反,则每次截取的隔离体上只有两个杆件轴力是未知的,由隔离体的平衡条件即可求出它们,并且能保证每一个平衡方程中只含有一个未知量。

例题 3-23 试求图 3-33(a)所示桁架的内力。

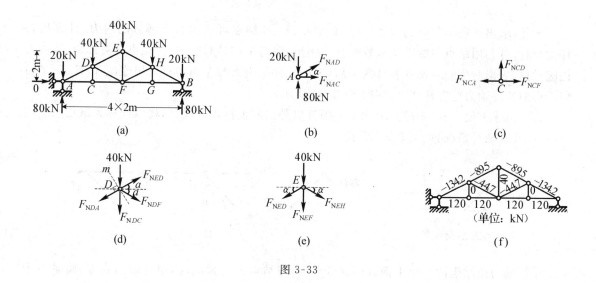

图 3-33

解 先求出支座反力,如图 3-33(a)所示。这是一个简单桁架,可以认为是从铰结三角形 BGH 上逐渐加二元体构成的,最后加上去的二元体是 CAD,故先从 A 结点开始截取结点做隔离体,然后按 $C \to D \to E \to F \to H \to G$ 次序取结点作隔离体。

(1)取 A 结点,在其上标出所有的力,轴力均假定为拉力,离开结点,如图 3-33(b)所示。当求得的结果为正则为拉力,负则为压力。列投影方程,得

$$\sum F_y = 0: 80\text{kN} - 20\text{kN} + F_{NAD}\sin\alpha = 0$$

$$\sum F_x = 0: F_{NAD}\cos\alpha + F_{NAC} = 0$$

将 $\sin\alpha = 1/\sqrt{5} = 0.447$、$\cos\alpha = 2/\sqrt{5} = 0.894$ 代入,求得

$$F_{NAD} = -134.2\text{kN}, \ F_{NAC} = 120\text{kN}$$

(2) 取 C 结点,如图 3-33(c) 所示,列投影方程,得

$$\sum F_y = 0: \ F_{NCD} = 0$$

$$\sum F_x = 0: \ F_{NCF} = F_{NCA} = 120\text{kN}$$

(3) 取 D 结点,如图 3-33(d) 所示。设垂直于 DE 杆的 m 轴,对 m 轴列投影方程,得

$$\sum F_m = 0: \ F_{NDF}\cos(90° - 2\alpha) + 20\text{kN} \cdot \cos\alpha + F_{NDC} = 0$$

将 $F_{NCD} = 0$,$\cos(90° - 2\alpha) = \sin 2\alpha = 2\sin\alpha \cos\alpha$ 代入,得

$$F_{NDF} = -44.7\text{kN}$$

$$\sum F_x = 0: \ F_{NDE}\cos\alpha + F_{NDF}\cos\alpha - F_{NDA}\cos\alpha = 0$$

$$F_{NDE} = -F_{NDF} + F_{NDA} = -(-44.7\text{kN}) + (-134.2\text{kN}) = -89.5\text{kN}$$

(4) 取 E 结点,如图 3-33(e) 所示,列投影方程,得

$$\sum F_x = 0: \ -F_{NED}\cos\alpha + F_{NEH}\cos\alpha = 0$$

$$F_{NEH} = -F_{NED} = -(-89.5\text{kN}) = 89.5\text{kN}$$

$$\sum F_y = 0: \ 40\text{kN} + F_{NED}\sin\alpha + F_{NEH}\sin\alpha = 0$$

$$F_{NEH} = 40\text{kN}$$

至此,求出了左半部分的内力。继续截取 F、H、G 结点可求出右半部分的内力。计算出各杆轴力后,可利用结点 B 的平衡来校核计算结果。因为结构是对称的,荷载也是对称的,故内力也应对称。求出对称轴左面的各杆内力后,右面杆件的内力与左面的对应相等,不需计算。最后将求得的杆件轴力标在杆件上,如图 3-33(f) 所示。

为了讲述方便,当一个结点上除了一根杆以外的其他杆均共线时,将该杆称为该结点的结点单杆。共有两种情况,如图 3-34 所示。

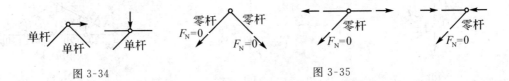

图 3-34   图 3-35

单杆轴力由结点的一个平衡方程即可求出。当结点上无荷载时,单杆轴力为零。将轴力为零的杆称为零杆,有三种情况,如图 3-35 所示。在结构中去掉零杆并不影响对其他内力的计算,因此在求解前先找出零杆并去掉它,会简化计算。

例题 3-24 试计算图 3-36(a) 所示桁架的各杆轴力。已知桁架高度为 d,跨度为 $4d$。

解 CD、HG、EF 杆分别是 D、G、F 结点的结点单杆,由于这些结点上无外力故均为零杆,去掉后如图 3-36(b) 所示。图 3-36(b) 所示体系中,CB、HI 杆分别是 C、H 结点的结点单杆,仍为零杆,去掉后如图 3-36(c) 所示。图 3-36(c) 中,B、I 结点连接的杆仍为零杆,去掉后如图 3-36(d) 所示。J 支座的反力为 $F_P/2$。由 J 结点的平衡可得

$$F_{NJE} = -\sqrt{5}F_P/2, \ F_{NJA} = F_P$$

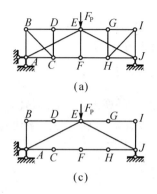

(a)

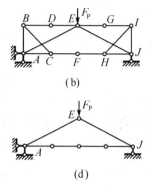

(b)

(c)

(d)

图 3-36

根据对称性,得 $F_{NAE} = F_{NJE} = -\sqrt{5}F_P/2$。

用结点法计算简单桁架的步骤为:

(1) 计算支座反力。

(2) 找出零杆并去掉。

(3) 依次截取具有单杆的结点,由结点平衡条件求轴力。

(4) 校核。

学习指导:熟练掌握结点法,熟练掌握零杆判断方法。请做习题:3-19。

2. 截面法

截面法是截取桁架中包含几个结点的一部分作为隔离体求内力的方法。这时,隔离体上的力是平面一般力系,可以列出 3 个独立的平衡方程。因此,一般情况下隔离体上暴露出的未知力不应超过 3 个。

例题 3-25 试求图 3-37(a) 所示桁架中 1、2、3 杆的轴力。

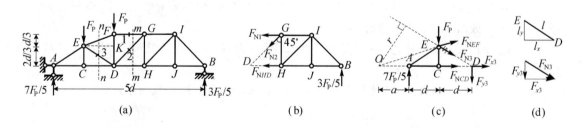

(a)   (b)   (c)   (d)

图 3-37

解 先求出支座反力,如图 3-37(a) 所示。

用图示 m-m 截面将桁架截断,取右侧为隔离体(取左侧也可以,但左侧受力较右侧复杂,故取右侧),如图 3-37(b) 所示。由隔离体的平衡,有

$$\sum F_y = 0: \frac{3}{5}F_P - F_{N2}\cos45° = 0, \quad F_{N2} = \frac{3}{5}\sqrt{2}F_P$$

31

$$\sum M_D = 0: \quad \frac{3}{5}F_P \cdot 3d + F_{N1} \cdot d = 0, \quad F_{N1} = -\frac{9}{5}F_P$$

为求杆 3 的轴力,用截面 $n\text{-}n$ 将桁架截开,取左侧为隔离体,如图 3-37(c) 所示。将另外两个未知轴力 F_{NEF} 和 F_{NCD} 的作用线交点 O 作为矩心列力矩方程,为

$$\sum M_O = 0: \quad \frac{7}{5}F_P \cdot a + F_P(a+d) + F_{N3} \cdot r = 0$$

因为,$\triangle OCE$ 与图 3-37(a) 中的 $\triangle FEK$ 是相似三角形,据此可算出 $a = d$。力臂 r 较难算,为避开计算 r,可将力 F_{N3} 平移至 D 点,用 F_{N3} 的两个分力 F_{x3}、F_{y3} 对 O 点的力矩来代替计算 F_{N3} 对 O 点的力矩,见图 3-37(c)。这时,隔离体上的力对 O 点的力矩之和为

$$\sum M_O = 0: \quad -\frac{7}{5}F_P \cdot d + F_P \cdot 2d + F_{y3} \cdot 3d = 0$$

解得

$$F_{y3} = -\frac{1}{5}F_P$$

由图 3-37(d) 可见,F_{N3} 与它的分力构成力三角形,杆 ED 与它的水平和竖向投影组成三角形,这两个三角形是相似三角形,因此有

$$\frac{F_{y3}}{l_y} = \frac{F_{x3}}{l_x} = \frac{F_{N3}}{l}$$

其中,$l = \sqrt{13}d/3$,$l_y = 2d/3$。据此可由分力算出杆 3 的轴力,为

$$F_{N3} = -\frac{\sqrt{13}}{10}F_P$$

注意:上例中求 3 杆轴力采用了先求分力的方法,这是经常采用的方法。

截面法用于解联合桁架时,先用截面法将各简单桁架之间的约束力算出,再用结点法即可求出所有内力,并且在求解时能保证每一个方程只含一个未知量。

与结点上可能有单杆一样,截面上可能也有单杆,称为截面单杆。截面单杆的轴力由隔离体的一个方程即可求出,有 3 种情况:

(1) 截面上只有 3 根被截断的杆件,如图 3-38(a) 所示,对于 $n\text{-}n$ 截面,2、4、5 杆为截面单杆;对于 $m\text{-}m$ 截面,1、2、3 杆为截面单杆。

(2) 截面上除一根杆外,其他均交于一点,如图 3-38(b) 所示,对于 $m\text{-}m$ 截面,1、2 杆为截面单杆。

(3) 截面上除一根杆外,其他均平行,如图 3-38(c) 所示,1 杆为截面单杆。

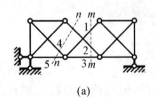

(a)

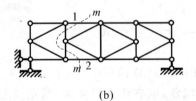

(b)

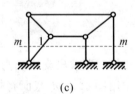

(c)

图 3-38

用截面法求指定杆件的轴力,一般情况下比用结点法方便。当所求杆件为截面单杆时,用截面法可直接求解;不是截面单杆时,与结点法配合来求解。

例题 3-26 讨论图 3-39 中所示的各桁架中指定杆件轴力的求解方法。

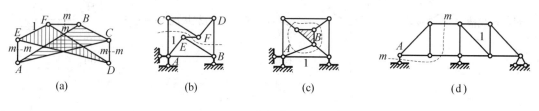

图 3-39

解 图 3-39(a) 属于联合桁架。从几何组成角度说,它是二刚片三链杆相连,应选将此三链杆截断的截面,如图 3-39 所示,取任何一个刚片做隔离体可求出 FB 杆的轴力。再截取结点 F,用结点法求 1 杆轴力。

图 3-39(b) 用截面法求 EF 杆的轴力,再取 E 结点用结点法求解 1 杆轴力。

图 3-39(c)AB 杆是图示截面的截面单杆,用截面法求出后,再由结点 A 求 1 杆轴力。

图 3-39(d) 右侧是基本部分,左侧是附属部分。先算附属部分,后算基本部分。

学习指导:熟练掌握截面法,熟练掌握求指定杆件轴力的方法。请做习题:3-20,3-21。

3. 利用对称性判断零杆

将几何形式和支承情况对某轴对称的结构称为对称结构,该轴称为对称轴。图 3-40 是对称结构的一些例子。作用在对称结构上的荷载分为对称荷载、反对称荷载和一般荷载。作用在对称轴两侧,大小相等,方向和作用点对称的荷载为对称荷载,如图 3-40(a)、(b) 所示;作用在对称轴两侧,大小相等,作用点对称,方向反对称的荷载称为反对称荷载,如图 3-40(c)、(d) 所示。

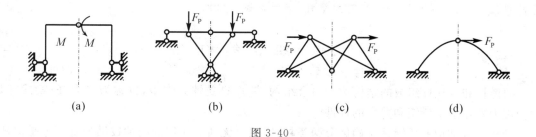

图 3-40

对称结构在对称荷载作用下,内力是对称的;在反对称荷载作用下,内力是反对称的。利用这一点,可只计算半边结构的内力。对于对称桁架还可以利用对称性来判断零杆,有两种情况:

(1) 当荷载对称时,对称轴上若有图 3-41(a) 所示结点,并且该结点无外力,则两个斜杆为零杆。原因是它们只有等于零才能既满足平衡条件又满足对称条件,如图 3-41(b)、(c) 所示。

（2）当荷载反对称时，通过并垂直对称轴的杆、与对称轴重合的杆，轴力为零，如图 3-41（d）所示，原因同上。

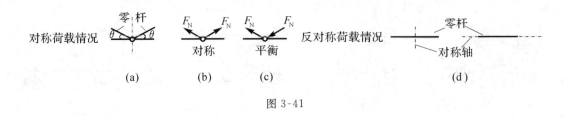

对称荷载情况　　　零杆　　　F_N　　F_N　　F_N　　　F_N　　反对称荷载情况　　　　零杆

　　　　　　　　　　　　　　　　对称　　　　平衡　　　　　　　　　　　　　　　　对称轴

　　　（a）　　　　　（b）　　　（c）　　　　　　　　　　　（d）

图 3-41

例题 3-27　试求图 3-42（a）所示桁架中指定杆件轴力。

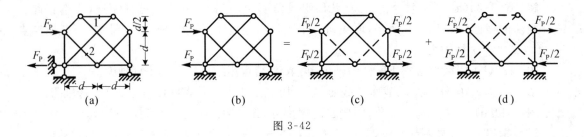

图 3-42

解　这是一个复杂桁架，支承不对称，但是反力求出后，将水平链杆去掉则为对称的，如图 3-42（b）所示。图 3-42（b）上的一般荷载可分解为对称荷载和反对称荷载，如图 3-42（c）、(d）所示。分别计算图 3-42（c）和图 3-42（d）两种情况的轴力，然后相加，即得原结构的轴力。

利用对称性可判断出图 3-42（c）、(d）中的零杆，图中用虚线画的杆件均为零杆。零杆去掉后不难计算指定杆的轴力。

学习指导：理解对称结构、对称荷载、反对称荷载的概念，能将一般荷载分解为对称、反对称荷载，掌握利用对称性判断桁架的零杆。请做习题：3-22。

3-4　组　合　结　构

由链杆和梁式杆组成的结构称为组合结构。链杆只受轴力作用，也称为二力杆；梁式杆是除受轴力外还承受弯矩和剪力的杆件。

计算组合结构的关键是正确区分两类杆件，只有无荷载作用的两端铰结的直杆才是链杆。链杆被截断后，截面上只有轴力；梁式杆被截断后，截面上一般有弯矩、剪力和轴力。

计算时，一般要先计算链杆的轴力，计算方法与计算桁架相同；然后计算梁式杆的内力，计算方法与刚架相同。

例题 3-28　计算图 3-43（a）所示结构，作内力图。

解　AC、CB 杆为梁式杆，其他为链杆。求出支座反力如图 3-43（a）所示。它是由刚片 ACD 和刚片 CBE 用一铰一链杆组成的静定结构，计算时将二刚片间的约束截开，取右侧为隔离体如图 3-43（b）所示。由隔离体的平衡，得

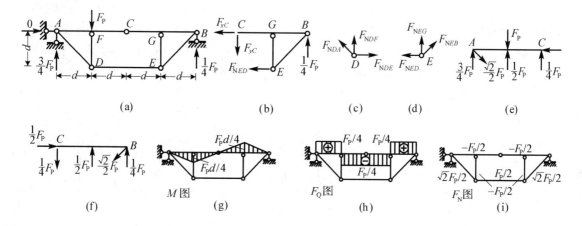

图 3-43

$$F_{xC} = -F_P/2, \quad F_{yC} = F_P/4, \quad F_{NED} = F_P/2$$

用结点法计算链杆轴力,取 D、E 结点为隔离体如图 3-43(c)、(d) 所示。解得

$$F_{NEB} = \sqrt{2}F_P/2, \quad F_{NEG} = -F_P/2, \quad F_{NDF} = -F_P/2, \quad F_{NDA} = \sqrt{2}F_P/2$$

将外力、支座反力和求得的轴力标在 AC、CB 杆件上,如图 3-43(e)、(f) 所示,按刚架作内力图的方法可作出弯矩图和剪力图如图 3-43(g)、(h) 所示。将各杆的轴力标在杆边为轴力图,如图 3-43(i) 所示。

对于组合结构,求解时需注意:用截面法时,一般不要将梁式杆截断,否则隔离体上暴露出的未知力会超过 3 个;用结点法时,截取的结点应是只与链杆相连的结点,否则结点上的未知力会超过 2 个。

当无从下手时,可从几何组成分析入手。若是二刚片组成的,应选其中一个刚片做隔离体;若是三刚片组成的,一般应取两次隔离体;若是多次运用规则组成的,计算顺序与组成顺序相反。下面举例说明。

图 3-44(a) 所示结构为二刚片组成的,用 m-m 截面将其截开,任取一个刚片为隔离体即可求解;图 3-44(b) 所示结构,AB 杆上有荷载,故不是链杆,结构属于三刚片体系,用截面 m-m 和 n-n 截出两个隔离体如图 3-44(c) 所示,由隔离体 AB 可求出 F_{yA},再由隔离体 AC 可求出 F_{xC}、F_{yC} 和 F_{xA},再回到隔离体 AB,可求出其上的另两个约束力。

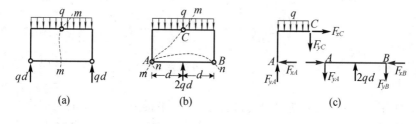

图 3-44

图 3-45(a) 所示结构为二刚片三链杆组成的,用 m-m 截面将其截开,任取一个刚片为隔离体即可求解。图 3-45(b) 所示结构,DF 杆上有荷载,故不是链杆,结构属于多次用静定结构组成规则组成的结构,先由 DF、FBE 二刚片用铰 F 和链杆 DE 构成刚片 $DEBF$,再用铰 D 和链杆 AE 将其与另一刚片 ACD 相连,用截面 m-m 将后加的刚片截出为隔离体,如图 3-45(c) 所示。刚片 ACD 计算完成后,再计算刚片 $EDFB$。刚片 $EDFB$ 又是由二刚片组成的,用截面 n-n取出一个隔离体来计算。

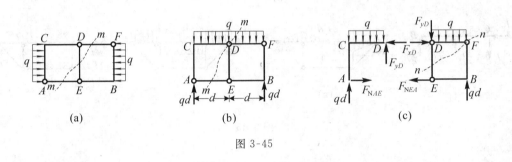

图 3-45

学习指导: 理解组合结构的组成,掌握组合结构的内力计算。请做习题:3-23。

3-5 三 铰 拱

1. 拱的定义与受力特点

拱是在竖向荷载作用下会产生水平反力的曲杆结构。图 3-46(a) 所示结构,虽然在外形上是拱的形状,但在竖向荷载作用下水平反力等于零,不是拱式结构,其弯矩图与图 3-46(b) 所示的同跨同荷载的简支梁完全相同,称其为曲梁。若将右支座增加水平支杆,如图 3-47(a) 所示,则在水平支杆中会产生指向中间的水平反力,故为拱式结构。

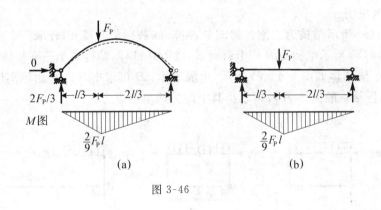

图 3-46

竖向荷载作用下,水平反力指向中间,也称其为水平推力,它使拱的上侧受拉,而荷载使拱的下侧受拉,从而使拱中的弯矩比梁小许多,如图 3-47 所示。拱中轴力要比曲梁大,拱主要承受轴力。拱的轴力大、弯矩小使得截面上的应力分布比较均匀,因而可以节省材料,同时也减轻了自重,适合用于大跨结构。

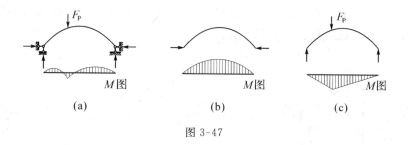

图 3-47

图 3-47(a) 是超静定拱,在其上加一个铰则成为静定拱,如图 3-48(a) 所示,称为三铰拱。有时用拉杆的拉力代替支座的推力,如图 3-48(b) 所示,受力特点和计算方法相同。

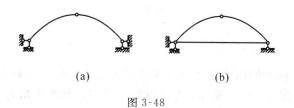

图 3-48

2. 三铰拱的内力计算

(1) 支座反力计算

三铰拱属于三刚片体系,需截取两个隔离体求刚片之间的约束力。对于图 3-49(a) 所示三铰拱,先取整体为隔离体,有

$$\sum M_B = 0: F_{P1}b_1 + F_{P2}b_2 - F_{VA}l = 0, F_{VA} = \frac{1}{l}(F_{P1}b_1 + F_{P2}b_2)$$

对于图 3-48(b) 所示简支梁,列同样的方程,可得

$$F_{VA}^0 = \frac{1}{l}(F_{P1}b_1 + F_{P2}b_2)$$

可见,三铰拱的竖向反力与简支梁的竖向反力相同。再取左半部分为隔离体,如图 3-49(c) 所示,列力矩方程,得

$$\sum M_C = 0: F_{VA} \cdot \frac{l}{2} - F_{P1}\left(\frac{l}{2} - a_1\right) - F_{HA}f = 0$$

$$F_{HA} = \frac{1}{f}\left[F_{VA} \times \frac{l}{2} - F_{P1}\left(\frac{l}{2} - a_1\right)\right]$$

(a)

在简支梁的对应截面截开,取左侧为隔离体如图 3-49(d) 所示,列同样的方程,得

$$M_C^0 = F_{VA}^0 \cdot \frac{l}{2} - F_{P1}\left(\frac{l}{2} - a_1\right)$$

代入式(a),得

$$F_{HA} = \frac{1}{f}M_C^0$$

由整体平衡,可得

$$F_{HB} = F_{HA} = F_H = \frac{1}{f}M_C^0 \tag{3-5}$$

可见,拱的推力 F_H 等于简支梁跨中点截面的弯矩除以拱的高度。当荷载与拱的跨度确定后,推力与拱高成反比,并且与拱轴的形状无关。

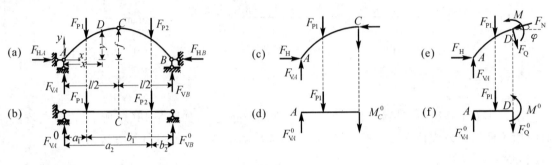

图 3-49

（2）内力计算

与支座反力一样,拱中的内力也可利用简支梁来计算。为求 D 截面的内力,将 D 截面截开,取左侧为隔离体如图 3-49(e) 所示,设 D 点的切线与 x 轴的夹角为 φ。列力矩方程,得

$$\sum M_D = 0: F_{VA}x - F_H y - F_{P1}(x - a_1) - M = 0$$
$$M = F_{VA}x - F_H y - F_{P1}(x - a_1) \tag{b}$$

对图 3-49(f) 所示的简支梁隔离体,列同样的方程,得

$$M^0 = F_{VA}^0 x - F_{P1}(x - a_1)$$

代入式(b),得

$$M = M^0 - F_H y \tag{3-6}$$

此即为三铰拱弯矩计算公式。

对图 3-49(e) 所示隔离体列投影方程,得

$$F_Q = (F_{VA} - F_{P1})\cos\varphi - F_H\sin\varphi \tag{c}$$
$$F_N = (F_{VA} - F_{P1})\sin\varphi + F_H\cos\varphi \tag{d}$$

对图 3-49(f) 所示的简支梁隔离体,列竖向投影方程,得

$$F_Q^0 = F_{VA} - F_{P1}$$

代入式(c)、(d),得

$$F_Q = F_Q^0 \cos\varphi - F_H\sin\varphi \tag{3-7}$$
$$F_N = F_Q^0 \sin\varphi + F_H\cos\varphi \tag{3-8}$$

这是三铰拱截面剪力和轴力的计算公式。式中的 φ 根据给定的拱轴方程来算,当截面在右半部分时,取负值。

（3）绘制内力图

三铰拱的内力图采用描点法绘制。首先沿跨度将拱分成若干等份,在拱轴上得到一系列分点,按下述步骤计算各分点截面的内力:

① 根据拱轴方程确定各分点到基线的高度 y。

② 根据拱轴方程计算各分点处的切线与 x 轴的夹角 φ。

③ 计算 $\sin\varphi$、$\cos\varphi$。

④ 计算相应简支梁各相应截面的弯矩和剪力 M^0、F_Q^0。

⑤ 计算拱的推力 F_H。

⑥ 按公式(3-6)、(3-7)、(3-8)计算各分点截面的内力。

最后将算得的各截面内力用光滑的曲线相连,并标出正负号和竖标值,即得内力图。

(4)拱与曲梁的内力比较

若式(3-6)、式(3-7)、式(3-8)中的 $F_H=0$,则为曲梁的相应内力。由此可知拱内弯矩比相应曲梁的弯矩小,而拱内轴力比曲梁大。

3.三铰拱的合理拱轴

拱中的弯矩由式(3-6)确定,即

$$M = M^0 - F_H y \tag{3-9}$$

当荷载和拱的高度确定后,F_H 是与拱轴方程无关的常数,M^0 是与拱轴方程无关的截面位置的函数,而 M 是与拱轴方程有关的截面位置的函数。若调整拱轴方程 y 使得上式等于零,即各截面弯矩均为零,这时截面上只有轴力,应力是均匀分布的,因而材料可以得到充分利用,是最经济最理想的状态,将这种使拱处于无弯矩状态的拱轴称为合理拱轴。

由式(3-9)可得合理拱轴的轴线方程为

$$y(x) = \frac{M^0(x)}{F_H} \tag{3-10}$$

其中:M^0 是相应简支梁的弯矩方程,F_H 是拱的水平推力。

例题 3-29 已知三铰拱的高度为 f,跨度为 l,试求在满跨竖向均布荷载作用下的合理轴线,荷载分布集度为 q。

解 在例题 3-3 中已求得相应简支梁的弯矩方程

$$M^0(x) = \frac{1}{2}q(lx - x^2)$$

跨中点截面弯矩为 $ql^2/8$,由式(3-5)可求得水平推力

$$F_H = \frac{ql^2}{8f}$$

代入式(3-10),得合理轴线方程

$$y(x) = \frac{4f}{l^2}(lx - x^2)$$

这是一条二次抛物线。需要指出的是,一种合理轴线只对应一种荷载,荷载发生变化,合理轴线也将随之改变,比如在均匀静水压力作用下的合理轴线是圆弧线。

学习指导:理解拱的受力特点,掌握用截面法计算支座反力和截面内力的计算,理解合理拱轴的概念。请做习题:3-3 ~ 3-8。

3-6 静定结构的一般性质

静定结构是无多余约束的几何不变体系,其上所有约束均是维持平衡所必需的,由静力平衡条件可以确定所有约束的约束力和内力,并且解答是唯一的和有限的。据此可以得到静定结构的一般性质:

（1）静定结构的内力与变形无关，因而与截面尺寸、截面形状及材料的物理性质无关。

（2）结构的局部能平衡荷载时，其他部分不受力。如图 3-50(a) 所示结构，其上只有 AB 部分上有内力，其他部分内力为零；图 3-50(b) 中只有 1、2 杆有轴力，其他均为零杆。

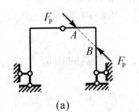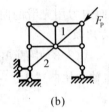

(a)　　　　　　　　　(b)

图 3-50

（3）若将作用在结构中一个几何不变部分上的荷载作等效变换，即用一个与其合力相同的荷载代替它，其他部分上的内力不变。如图 3-51 所示结构，两个荷载是静力等效荷载，所引起的 AC 部分内力相同。

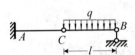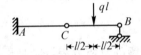

图 3-51

（4）若将结构中的一个几何不变部分换成另一个几何不变部分，不影响其他部分的内力。如图 3-52(a) 所示桁架中的几何不变部分 ABC 用另一个几何不变部分替换，如图 3-52(b) 所示，则这两个结构中的 1、2、3、4 杆的内力相同。

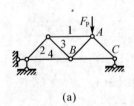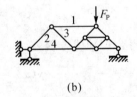

(a)　　　　　　　　　(b)

图 3-52

（5）支座移动、温度变化不会产生内力。

学习指导：了解静定结构的一般性质。

习 题 3

一、选择题

3-1　下面说法中，错误的一项是（　　）。

A. 某截面的弯矩等于该截面一侧的所有外力和支座反力对该截面的力矩代数和

B. 某截面的剪力等于该截面一侧的所有外力和支座反力在平行于该截面方向上的合力

C. 无弯矩的杆上无剪力，无剪力的杆上无弯矩

D. 若一段杆上只有一个力偶作用，则力偶作用点两侧的弯矩图为平行直线

3-2　下面说法中，错误的一项是（　　）。

A. 若一段杆上的弯矩图为二次抛物线，则弯矩值最大处为抛物线的顶点

B. 任一段杆，若求出了一端的截面内力，即可将其单独取出按另一端为固定的悬臂梁作内力图

C. 铰所连接的杆端，杆端若有外力偶作用则杆端截面弯矩等于外力偶，无外力偶时为零

D. 任一段杆，若求出了两端的截面弯矩，即可将其单独取出按简支梁作内力图

3-3　下面说法中错误的一项是（　　）。

A. 三铰拱在竖向荷载作用下的截面弯矩比相应简支梁的弯矩小

B. 三铰拱在竖向荷载作用下，水平推力仅与高跨比（f/l）有关而与拱轴形状无关

C. 三铰拱截面轴力一般为压力

D. 三铰拱在竖向荷载作用下，竖向反力与拱轴形状无关，与拱高有关

3-4　下面说法中正确的一项是（　　）。

A. 增加三铰拱的高度，推力会增加

B. 在尺寸相同、荷载相同时，带拉杆的三铰拱内力与不带拉杆的三铰拱相同

C. 三铰拱的合理拱轴线方程与相应简支梁的弯矩方程相同

D. 无论是什么荷载均可用公式 $M = M^0 - F_H y$ 计算三铰拱的截面弯矩

3-5　三铰拱在竖向集中力作用下，合理拱轴线是（　　）。

A. 二次抛物线　　　B. 圆弧线　　　C. 悬链线　　　D. 折线

二、填充题

3-6　图示三铰拱，拱轴线方程为 $y = 4fx(l-x)/l^2$，跨度 $l = 16\text{m}$，拱高 $f = 4\text{m}$，推力 = _____，C 铰右侧截面的弯矩 = _____、剪力 = _____、轴力 = _____。

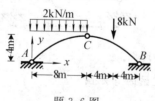
题 3-6 图

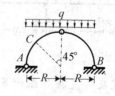
题 3-7 图

3-7　图示三铰拱的拱轴为半径为 R 的半圆，C 截面的弯矩为_____、剪力为_____、轴力为_____。

3-8　题 3-6 所示三铰拱，集中力作用处的轴线切线与水平轴的夹角为_____。

三、计算题

3-9　不求支座反力而直接作图示梁的弯矩图和剪力图。

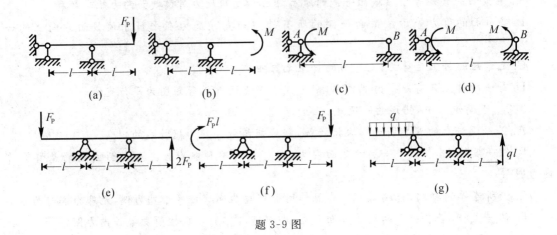

(a)   (b)   (c)   (d)

(e)   (f)   (g)

题 3-9 图

3-10 试作图示梁的弯矩图。

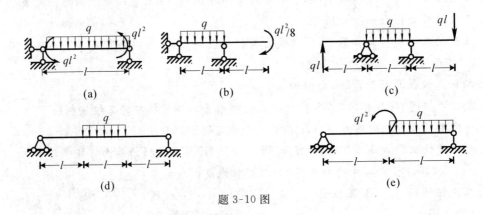

(a)   (b)   (c)

(d)   (e)

题 3-10 图

3-11 试作图示多跨静定梁的弯矩图、剪力图。

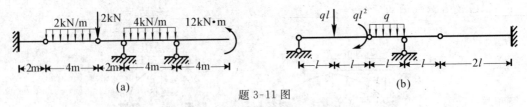

(a)   (b)

题 3-11 图

3-12 不求支座反力直接作图示多跨静定梁的弯矩图。

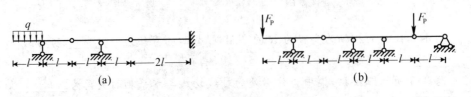

(a)   (b)

题 3-12 图

3-13 试求图示结构的支座反力。

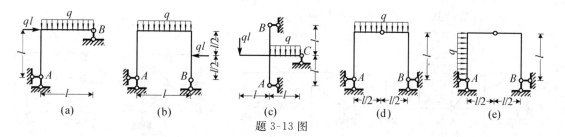

题 3-13 图

3-14 试作图示结构(杆长均为 l)弯矩图。

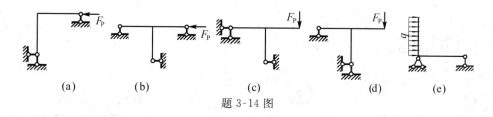

题 3-14 图

3-15 试作图示结构(杆长均为 l)弯矩图。

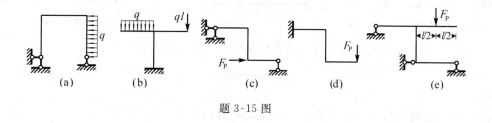

题 3-15 图

3-16 试找出图示结构弯矩图的错误。

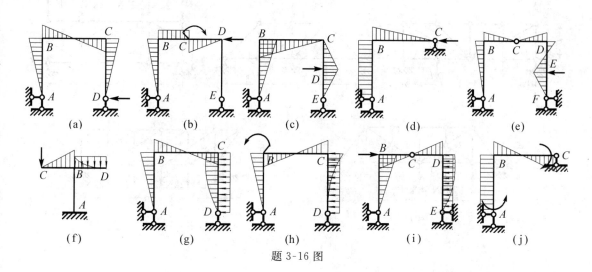

题 3-16 图

3-17 试作习题 3-13 中各结构的弯矩图。

3-18 试作习题 3-15(a)、(b)、(c) 各结构的剪力图、轴力图。

3-19 试用结点法求图示桁架各杆内力。

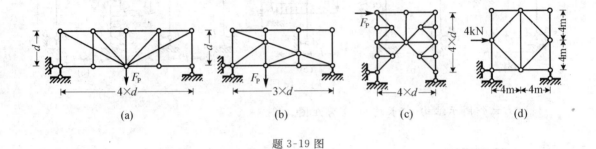

(a)   (b)   (c)   (d)

题 3-19 图

3-20 试用截面法求指定杆件内力。

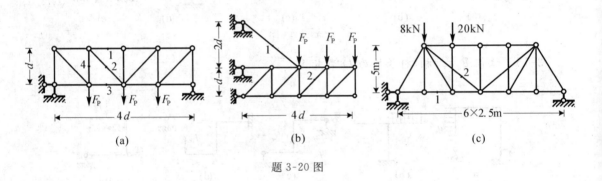

(a)   (b)   (c)

题 3-20 图

3-21 试用较简便的方法计算图示桁架指定杆件内力。

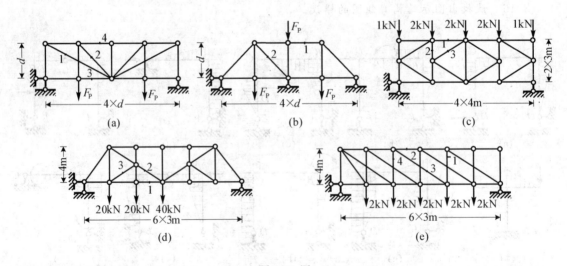

(a)   (b)   (c)

(d)   (e)

题 3-21 图

44

3-22 试求图示桁架指定杆件内力。

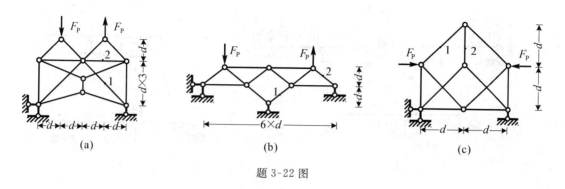

题 3-22 图

3-23 试作图示结构的内力图。

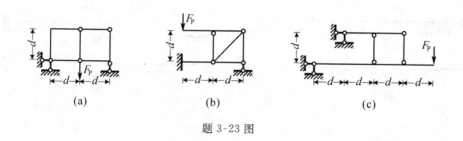

题 3-23 图

【参考答案】

3-1 C   3-2 A   3-3 D   3-4 B   3-5 D

3-6 12kN, 0, −2kN, −12kN

3-7 $(1-\sqrt{2})qR^2/4$, $(2-\sqrt{2})qR/4$, $-(2+\sqrt{2})qR/4$

3-8 −26.56°

3-9

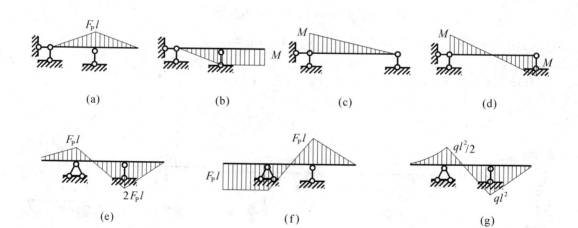

3-10

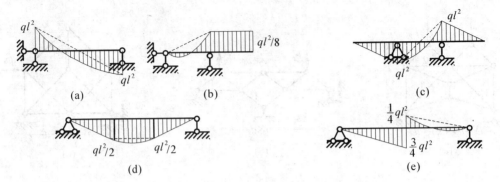

(a)　　　　　(b)　　　　　(c)

(d)　　　　　(e)

3-11

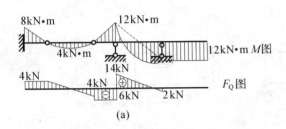

(a)

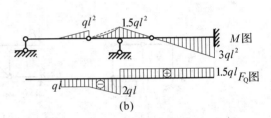

(b)

3-12

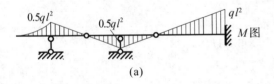

(a)

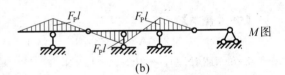

(b)

3-13(a)$F_{xA} = ql\ (\leftarrow)$, $F_{yA} = \dfrac{ql}{2}\ (\downarrow)$, $F_{yB} = \dfrac{3ql}{2}\ (\uparrow)$

(b)$F_{xA} = ql\ (\rightarrow)$, $F_{yA} = ql\ (\uparrow)$, $F_{yB} = 0$

(c)$F_{xA} = 5ql/4\ (\leftarrow)$, $F_{xB} = 5ql/4\ (\rightarrow)$, $F_{xC} = 2ql\ (\uparrow)$

(d)$F_{xA} = \dfrac{ql}{8}\ (\rightarrow)$, $F_{yA} = F_{yB} = \dfrac{ql}{2}\ (\uparrow)$, $F_{xB} = \dfrac{ql}{8}\ (\leftarrow)$

(e)$F_{xA} = \dfrac{3ql}{4}\ (\leftarrow)$, $F_{xB} = \dfrac{ql}{4}\ (\leftarrow)$, $F_{yA} = \dfrac{ql}{2}\ (\downarrow)$, $F_{yB} = \dfrac{ql}{2}\ (\uparrow)$

3-14

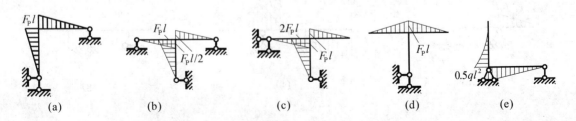

(a)　　　(b)　　　(c)　　　(d)　　　(e)

3-15

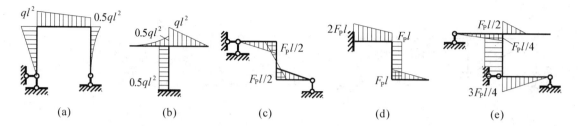

| (a) | (b) | (c) | (d) | (e) |

3-16 (a)C 结点力矩不平衡；

(b)C 点两侧弯矩图的斜率应相同；

(c)DE 段无弯矩；

(d)A 截面弯矩应为零；

(e)C 点两侧弯矩图的斜率应相同；

(f)B 结点力矩不平衡；

(g)D 点剪力等于零，应为抛物线的顶点；

(h)B 结点力矩不平衡；

(i)DE 杆弯矩图应凸向左侧；

(j)C 截面上侧受拉，应画在上侧。

3-17

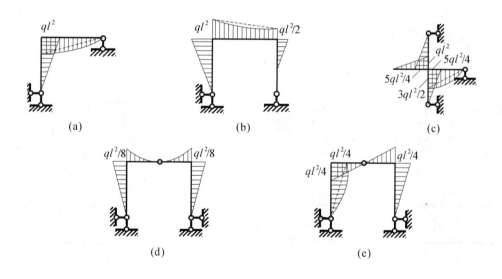

| (a) | (b) | (c) |

| (d) | (e) |

3-18

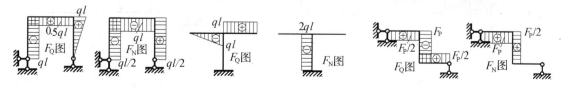

3-19　图中虚线为零杆。

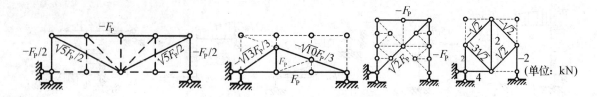

3-20

(a) $F_{N1} = -2F_P$，$F_{N2} = \dfrac{\sqrt{2}}{2}F_P$，$F_{N3} = \dfrac{3}{2}F_P$，$F_{N4} = \dfrac{1}{2}F_P$

(b) $F_{N1} = 3\sqrt{2}F_P$，$F_{N2} = -2\sqrt{2}F_P$

(c) $F_{N1} = 10\text{kN}$，$F_{N2} = -8\sqrt{2}\text{kN}$

3-21　(a) $F_{N1} = \sqrt{5}F_P$，$F_{N2} = -\sqrt{2}F_P$，$F_{N3} = 0$，$F_{N4} = -F_P$

(b) $F_{N1} = -F_P$，$F_{N2} = 0$

(c) $F_{N1} = -2\text{kN}$，$F_{N2} = -0.5\text{kN}$，$F_{N3} = -0.83\text{kN}$

(d) $F_{N1} = 525\text{kN}$，$F_{N2} = 5\sqrt{13}\text{ kN}$，$F_{N3} = -5\sqrt{13}\text{ kN}$

(e) $F_{N1} = 5\text{kN}$，$F_{N2} = -4.5\text{kN}$，$F_{N3} = -1.5\sqrt{13}\text{kN}$，$F_{N4} = 3\text{kN}$

3-22　(a) $F_{N1} = 0$，$F_{N2} = -0.5F_P$

(b) $F_{N1} = 0$，$F_{N2} = \dfrac{2}{3}\sqrt{2}F_P$

(c) $F_{N1} = -\sqrt{2}F_P$，$F_{N2} = 2F_P$

3-23

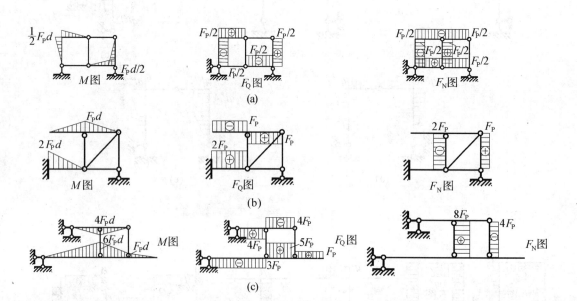

第4章 静定结构的位移计算

4-1 概　述

结构在荷载或其他外部因素作用下会发生形状的改变,结构各截面的位置随之改变,将结构上各截面位置的变化称为位移,位移分为线位移和转角位移两种。

1.计算位移的目的：

(1)验算结构的刚度

结构既要满足强度要求,也要满足一定的刚度要求。结构在施工和使用时位移不能过大,否则影响施工或使用。要控制结构的位移必须会计算结构的位移。

(2)为计算超静定结构做准备

超静定结构的计算要考虑变形条件,需要会算结构的位移。

(3)为学习结构力学其他内容奠定基础

结构的动力计算,稳定分析等均需要结构位移计算的知识。

2.计算位移的方法

本章介绍的计算位移的方法是单位荷载法。单位荷载法的理论基础是变形体虚功原理。因此,本章先介绍变形体虚功原理,然后介绍单位荷载法,接着介绍如何用单位荷载法计算荷载、温度变化、支座位移引起的位移,最后介绍基于变形体虚功原理的线弹性体系互等定理。

4-2 变形体虚功原理

在介绍变形体虚功原理前,先学习几个用到的概念并简单介绍刚体系虚位移原理。

1.实功与虚功

功是一个物理量,是力对物体在空间的作用效应的度量。当力的大小、方向不变时,力所做的功等于力与力的作用点沿力的方向上的位移的乘积,即

$$W = F_P \Delta \tag{4-1}$$

功是一个标量,当力与位移方向一致时功为正,否则为负。

结构上的外力在结构的位移上做功分为两种情况：力在自身引起的位移上做的功称为实功；力在其他原因引起的位移上做的功称为虚功。例如,图 4-1(a)所示结构在荷载 F_{P1} 作用下产生位移 Δ_{11},F_{P1} 在 Δ_{11} 上做的功为实功,其值为

$$W_{11} = \frac{1}{2} F_{\mathrm{P1}} \Delta_{11} \qquad\qquad (4\text{-}2)$$

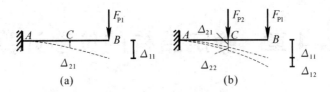

图 4-1

荷载在做实功的过程中是变化的,力的值从零缓慢增加到 F_{P1},位移也相应从零增加到 Δ_{11}。若荷载不是缓慢施加而是突然施加的话,结构会发生振动,这时的荷载需作为动荷载考虑,属于动力学讨论的问题,变力做的功需用积分计算。对于线弹性体系,积分结果为式(4-2)。因为本章只涉及虚功,实功的计算不做进一步说明。

若在图 4-1(a)上再加荷载 F_{P2},如图 4-2(b)所示,F_{P1} 作用点又产生新的位移 Δ_{12}。因为 Δ_{12} 不是做功的力 F_{P1} 引起的而是 F_{P2} 引起的,故 F_{P1} 在 Δ_{12} 上做的功为虚功,Δ_{12} 称为虚位移。做虚功时力值不变,所以该虚功等于

$$W_{12} = F_{\mathrm{P1}} \Delta_{12}$$

为了看起来方便,将图 4-1(b)中做虚功的力状态与引起位移的虚位移状态分开画,如图 4-2 所示。

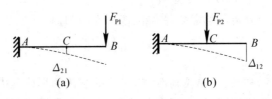

图 4-2

图 4-2(a)中的位移 Δ_{21} 是图 4-2(b)中荷载的虚位移,图 4-2(b)中的位移 Δ_{12} 也是图 4-2(a)中荷载的虚位移。位移用 Δ_{ij} 表示,规定两个下角标中的前一个表示该位移是哪一个力对应的位移,后一个角标表示该位移是哪个力引起的,即前角标表示位置,后角标表示原因。

2. 广义力与广义位移

做虚功的力可能不止一个集中力,有时是一个力系。一个力系做的总虚功也可以写成式(4-1)的形式,即

$$W = P\Delta$$

其中:P 称为广义力,Δ 称为广义位移。本章涉及的广义力有下面几种情况:

(1) 两个等值、反向、共线的集中力

图 4-3(a)所示体系上的力在图 4-3(b)位移上做的虚功为

$$W_{ab} = F_{\mathrm{P}} \Delta_A + F_{\mathrm{P}} \Delta_B = F_{\mathrm{P}} (\Delta_A + \Delta_B) = F_{\mathrm{P}} \Delta_{AB}$$

其中:Δ_{AB} 是与该广义力对应的广义位移,表示 AB 两点间的相对水平位移。

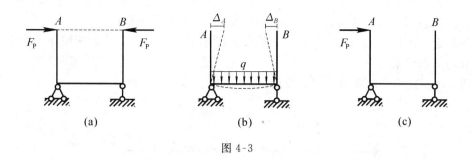

图 4-3

（2）一个集中力

图 4-3（c）所示体系上的力在图 4-3（b）虚位移上做的虚功为

$$W_{cb} = F_P \Delta_A$$

其中：Δ_A 是广义位移，是 A 点的水平位移。

（3）一个力偶

图 4-4（a）所示体系上的力偶在图 4-4（b）虚位移上做的虚功为

$$W_{ab} = M\theta_A$$

其中：θ_A 是广义位移，是 A 截面的转角。

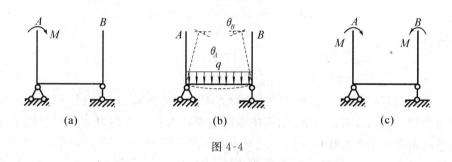

图 4-4

（4）两个等值、反向的力偶

图 4-4（c）所示体系上的力偶在图 4-4（b）虚位移上做的虚功为

$$W_{cb} = M\theta_A + M\theta_B = M(\theta_A + \theta_B) = M\theta_{AB}$$

其中：θ_{AB} 是广义位移，是 A、B 两截面的相对转角。

学习指导：注意理解虚功的含义。这里的"虚"并没有虚假的含义，只是说明力做功时的位移不是由做功的力引起的。

3. 刚体系虚位移原理

对于具有理想约束的刚体或刚体系，保持平衡的充分必要条件是：作用于刚体或刚体系的外力在任意虚位移上所做的总虚功恒等于零，即有如下虚功方程成立

$$W = 0 \qquad\qquad (4\text{-}3)$$

理想约束是指约束力在虚位移过程中不会做功的约束。

刚体虚位移原理所表达的含义是：如果刚体或刚体系是平衡的，那么当其发生虚位移时刚

体或刚体系上的外力在虚位移上做的总虚功一定为零；如果刚体或刚体系发生虚位移时，其上的外力在虚位移上做的总虚功等于零，则刚体或刚体系一定是平衡的。

因为静定结构的内力、约束力与结构的变形无关，故可将静定结构看成刚体按刚体虚位移原理计算内力和约束力。

例题 4-1 试用刚体虚功原理计算图 4-5(a) 所示体系的支座反力 F_{yB}。

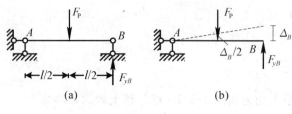

图 4-5

解 将结构看成是不能变形的刚体。为求 B 支座反力，将 B 支座去掉用反力代替，令去掉约束后的体系发生虚位移，如图 4-5(b) 所示。根据几何关系可知荷载作用点的虚位移是 B 点虚位移的 1/2 且与荷载反向。因为体系是平衡的，根据刚体虚位移原理，虚功方程(4-3)成立，即

$$W = F_{yB}\Delta_B - F_P \frac{\Delta_B}{2} = 0$$

解虚功方程，得

$$F_{yB} = \frac{1}{2}F_P$$

用平衡方程也可解出同样结果。可见，虚功方程与平衡方程是等价的，用平衡方程可以计算的问题用虚功方程同样可以计算。用刚体虚位移原理求内力或约束力相当于把平衡时各力之间的关系问题变成了各力作用点位移之间的几何关系问题。

如果体系是变形体，尽管体系是平衡的，式(4-3)也不成立。如图 4-3(a) 所示体系是平衡的，其上的外力在图 4-3(b) 虚位移上做的虚功肯定不等于零。

4. 变形体虚功原理

任何一个处于平衡状态的变形体，当发生任意虚位移时，变形体所受外力在虚位移上所做的总虚功 δW_e，恒等于变形体各微段外力在变形虚位移上做的总虚功之和 δW_i。也即恒有如下虚功方程成立

$$\delta W_e = \delta W_i \tag{4-4}$$

虚功原理中提到的一些概念在下面证明中解释。

为了方便说明，用图 4-6(a) 所示体系代表一个处于平衡状态的变形体，图中虚线表示由其他原因产生的虚位移。体系上的外力在虚位移上做的总虚功记为 δW_e；将体系分割成若干微段，取出一段，如图 4-6(b) 所示。微段的截面上暴露有截面内力，与微段上作用的外力统称为微段外力。下面计算微段上的外力在虚位移上做的虚功，按两种方法计算，一种在计算时反映变形体的平衡条件，一种在计算时反映虚位移的变形连续性条件。

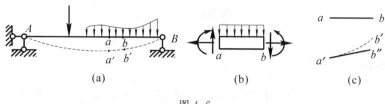

图 4-6

（1）将微段外力分为两部分：截面上的内力和微段上的体系外力

微段外力在从原平衡位置 ab 到虚位移 $a'b'$ 处所做的虚功也可以分为两部分：截面内力作的虚功和体系外力做的虚功，即

$$\mathrm{d}W = \mathrm{d}W_n + \mathrm{d}W_e \tag{4-5}$$

其中：$\mathrm{d}W$、$\mathrm{d}W_n$、$\mathrm{d}W_e$ 分别为微段外力、微段的截面内力、微段上的体系外力在虚位移上做的虚功。将体系上各微段外力做的虚功相加，记作 W，得

$$W = \int \mathrm{d}W = \int \mathrm{d}W_n + \int \mathrm{d}W_e = W_n + W_e \tag{4-6}$$

因为虚位移是连续的，两个相邻微段的截面位移相同，而这两个截面的内力等值反向，故微段的截面内力做的功相加后，正负相消，等于零，即 $W_n = 0$。而微段上的体系外力在虚位移上做的虚功，相加后即是体系外力在虚位移上做的虚功 δW_e，因此，式（4-6）成为如下形式：

$$W = \delta W_e \tag{4-7}$$

（2）将微段虚位移分解成两个过程：刚体位移和变形

如图 4-6（c）所示，微段从 ab 位置先发生刚体运动到 $a'b''$，然后发生变形从 $a'b''$ 到 $a'b'$。微段外力做的虚功也分为在刚体位移上做的功和在变形上做的功，即

$$\mathrm{d}W = \mathrm{d}W_g + \mathrm{d}W_i \tag{4-8}$$

其中：$\mathrm{d}W_g$、$\mathrm{d}W_i$ 分别为微段外力在刚体位移和变形位移上做的虚功。因为体系是平衡的，任一微段也是平衡的，根据刚体虚位移原理，平衡力系在刚体位移上做的虚功等于零，即 $\mathrm{d}W_g = 0$。式（4-8）成为

$$\mathrm{d}W = \mathrm{d}W_i$$

对各微段求和，得

$$W = \int \mathrm{d}W = \int \mathrm{d}W_i = W_i$$

其中：W_i 为体系各微段外力在微段变形位移上做的虚功之和，记作 δW_i。即

$$W = \delta W_i \tag{4-9}$$

由式（4-7）和式（4-9）可得到方程（4-4）。

从上面证明过程可见，变形体虚功原理适用于任何变形体。只要体系是平衡的，虚位移是连续的这样两个条件满足，虚功方程（4-4）就一定成立。为了方便，可以将虚功方程说成外力功等于内力变形功。尽管这样说不够准确，因为 δW_i 中不仅包含内力做的功还包含体系外力做的功，但容易记忆。

学习指导：理解虚功、广义力、广义位移的概念，了解刚体虚功原理，理解变形体虚功原理。请做习题：4-1，4-2，4-3。

4-3 荷载引起的位移计算

1. 单位荷载法

利用变形体虚功原理可以得到求位移的单位荷载法。若求图 4-7(a) 所示的荷载引起的位移 Δ,可在结构上加一个与所求位移相对应的单位广义力,如图 4-7(b) 所示,称为单位力状态。单位力状态是一个平衡的力状态,图 4-7(a) 所示荷载引起的位移对单位力来说是虚位移状态。由变形体虚功原理,图 4-7(b) 上的外力在图 4-7(a) 位移上做的虚功应等于图 4-7(b) 上各微段外力在图 4-7(a) 对应的微段虚变形上做的虚功之和,即

$$\delta W_e = \delta W_i$$

其中:外力的虚功为

$$\delta W_e = 1 \cdot \Delta$$

代入虚功方程,得

$$\Delta = \delta W_i \tag{4-10}$$

只要能算出 δW_i,即能由上式算出位移。这种求位移的方法称为单位荷载法。

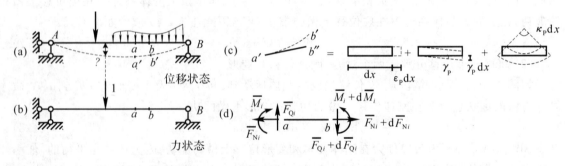

图 4-7

2. 单位荷载法计算荷载引起的位移

下面讨论 δW_i 的计算。将结构划分成微段,取出其中的 ab 段,微段长度为 dx。力状态中取出的 ab 段上有微段外力,如图 4-7(d) 所示。位移状态中取出 ab 段,其弹性变形可以分解为轴向变形、剪切变形和弯曲变形,如图 4-7(c) 所示。力状态上的微段外力在位移状态的微段变形上做的虚功,略去高阶微量后,为

$$dW_i = \overline{F}_{Ni}\varepsilon_P dx + \overline{F}_{Qi}\gamma_P dx + \overline{M}_i\kappa_P dx \tag{4-11}$$

式中:$\overline{F}_{Ni}$、$\overline{F}_{Qi}$、$\overline{M}_i$ 为单位力状态中由单位力引起的截面轴力、剪力和弯矩,ε_P、γ_P、κ_P 为虚位移状态中由荷载引起的线应变、切应变和曲率。

根据材料力学中推出的荷载引起的线弹性变形计算公式,微段变形为

$$\varepsilon_P = \frac{F_{NP} dx}{EA}, \quad \gamma_P = \frac{k F_{QP} dx}{GA}, \quad \kappa_P = \frac{M_P dx}{EI}$$

式中:E 为弹性模量,G 为切变模量,A 为截面面积,I 为截面惯性矩,k 为切应变的截面形状系

数，F_{NP}、F_{QP}、M_P 分别为虚位移状态中由荷载引起的截面轴力、剪力、弯矩。将其代入式（4-11），得

$$dW_i = \frac{\overline{F}_N F_{NP}}{EA}dx + \frac{k\overline{F}_Q F_{QP}}{GA}dx + \frac{\overline{M}M_P}{EI}dx$$

将各微段的内力变形功相加，得

$$\delta W_i = \int \frac{\overline{F}_N F_{NP}}{EA}dx + \int \frac{k\overline{F}_Q F_{QP}}{GA}dx + \int \frac{\overline{M}M_P}{EI}dx$$

代入式（4-10），得

$$\Delta = \int \frac{\overline{F}_N F_{NP}}{EA}dx + \int \frac{k\overline{F}_Q F_{QP}}{GA}dx + \int \frac{\overline{M}M_P}{EI}dx$$

当结构中有多个杆件时，上式为

$$\Delta = \sum \int \frac{\overline{F}_N F_{NP}}{EA}dx + \sum \int \frac{k\overline{F}_Q F_{QP}}{GA}dx + \sum \int \frac{\overline{M}M_P}{EI}dx \qquad (4\text{-}12)$$

求和号表示对所有杆件求和，积分号表示对一根杆件求和，此即荷载引起的位移计算公式。因为公式推导中用到了材料力学中线弹性杆件的变形计算公式，所以式（4-12）仅能用于线弹性结构的位移计算。另外，它只能用于由直杆组成的结构，也可用于小曲率曲杆的近似计算。

3. 各种杆件结构的位移计算公式

（1）桁架

因为桁架结构中无弯矩、剪力，式（4-12）变为

$$\Delta = \sum \int \frac{\overline{F}_N F_{NP}}{EA}dx = \sum \frac{\overline{F}_N F_{NP}}{EA}\int dx = \sum \frac{\overline{F}_N F_{NP}l}{EA} \qquad (4\text{-}13)$$

式中：l 为杆件长度。上式推导的依据是桁架中的一根等截面杆件上的轴力是常数，与截面位置 x 无关。

（2）刚架

对于由细长杆件组成的刚架，位移主要是由于杆件弯曲变形造成的，剪切变形和轴向变形对位移的影响很小可以略去不计（见例题 4-3），因此刚架的位移计算公式为

$$\Delta = \sum \int \frac{\overline{M}M_P}{EI}dx \qquad (4\text{-}14)$$

（3）组合结构

组合结构的位移计算公式为

$$\Delta = \sum \int \frac{\overline{M}M_P}{EI}dx + \sum \frac{\overline{F}_N F_{NP}l}{EA} \qquad (4\text{-}15)$$

式中的前一个求和对结构中所有弯曲杆进行，后一个求和仅对拉压杆进行。

4. 单位力状态的建立

用单位荷载法计算位移时，首先需建立单位力状态。根据上面介绍，位移计算公式的左端为单位力在所求位移上做的虚功，因此所加的单位力与所求的位移必须满足广义力与广义位移的对应关系，它们相乘应是虚功。例如，若求图 4-8(a) 所示结构的 A 点水平位移、A 截面转角、AB 两点间相对水平位移、AB 两截面相对转角，相应的单位力状态分别如图 4-8(b)、(c)、 (d)、(e) 所示。

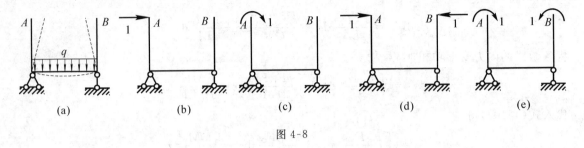

图 4-8

5. 位移计算例题

例题 4-2　计算图 4-9(a) 所示桁架 A 点的竖向位移, $EA =$ 常数。

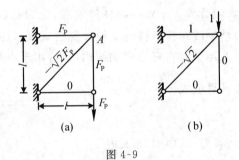

图 4-9

解　(1) 确定单位力状态, 如图 4-9(b) 所示。

(2) 求出两种状态的轴力, 如图 4-9(a)、(b) 所示。

(3) 用位移计算公式(4-13) 计算位移

$$\Delta_{yA} = \sum \frac{\overline{F}_N F_{NP} l}{EA}$$

$$= \frac{1}{EA} [1 \times F_P \times l + (-\sqrt{2}) \times (-\sqrt{2} F_P) \times \sqrt{2} l] = (1 + 2\sqrt{2}) \frac{F_P l}{EA} (\downarrow)$$

计算结果为正说明 A 点竖向位移与单位力方向相同, 方向向下。原因是位移计算公式的左端为单位力做的虚功, 虚功为正说明力与位移方向一致。

例题 4-3　试求图 4-10(a) 所示悬臂梁 A 点的竖向位移, 考虑剪切变形影响。

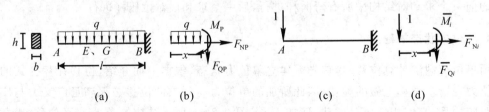

图 4-10

56

解 单位力状态如图 4-10(c) 所示。

取隔离体如图 4-10(b)、(d) 所示,由隔离体的平衡求得

$$M_P = \frac{1}{2}qx^2, \quad F_{QP} = -qx, \quad F_{NP} = 0$$

$$\overline{M}_i = x, \quad \overline{F}_{Qi} = -1, \quad \overline{F}_{Ni} = 0$$

代入位移计算公式(4-12),得

$$\Delta_{yA} = \sum\int \frac{\overline{F}_N F_{NP}}{EA}dx + \sum\int \frac{k\overline{F}_Q F_{QP}}{GA}dx + \sum\int \frac{\overline{M}M_P}{EI}dx$$

$$= \frac{k}{GA}\int_0^l (-qx)(-1)dx + \frac{1}{EI}\int_0^l \frac{1}{2}qx^2 \cdot xdx = \frac{1}{2}\frac{kql^2}{GA} + \frac{1}{8}\frac{ql^4}{EI}(\downarrow)$$

借助本例的结果,比较一下弯曲变形与剪切变形对位移的影响。上面结果中的前项是剪切变形引起的位移,用 Δ_Q 表示;后项是弯曲变形引起的位移,用 Δ_M 表示。二者的比值为

$$\frac{\Delta_Q}{\Delta_M} = \frac{4EIk}{GAl^2}$$

其中:$A = bh$,$I = bh^3/12$,矩形截面 $k = 1.2$。若是钢筋混凝土梁,则 $E/G = 2.5$。设高跨比为 $h/l = 1/10$。代入上式,得

$$\frac{\Delta_Q}{\Delta_M} = \left(\frac{h}{l}\right)^2 = \frac{1}{100}$$

可见,对于细长杆,剪切变形引起的位移与弯曲引起的位移相比很小,可以略去不计。若高跨比较大,如 $h/l = 1/2$,则比值增加到 $1/4$,这时就不能略去剪切变形的影响了。后面的结构,若不指明,均为细长杆件组成的结构。

从上例可见,求刚架的位移需要作积分运算,当杆件较多时计算较烦琐。采用下面介绍的图乘法,可以用弯矩图面积和形心的计算代替积分运算,从而使位移计算化简。

学习指导:熟练掌握单位荷载法,熟练掌握荷载引起的桁架位移的计算。请做习题:4-10,4-11。

4-4 图 乘 法

对于由等截面杆件组成的刚架,位移计算公式(4-14)可以写成

$$\Delta = \sum\int \frac{\overline{M}M_P}{EI}dx = \sum \frac{1}{EI}\int \overline{M}_i M_P dx \tag{4-16}$$

下面讨论积分 $\int \overline{M}_i M_P dx$ 的计算。设

$$S = \int \overline{M}_i M_P dx \tag{4-17}$$

其中:$\overline{M}_i$ 为单位力引起的弯矩,是线性函数;M_P 是荷载引起的弯矩。设它们对应的弯矩图如图 4-11 所示。

从 $\overline{M}_i$ 图可见,$\overline{M}_i = x\tan\alpha$,代入式(4-17),得

$$S = \int_{x_A}^{x_B} x\tan\alpha \cdot M_P dx = \tan\alpha\int_{x_A}^{x_B} xM_P dx \tag{4-18}$$

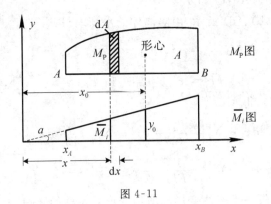

图 4-11

其中：$M_\text{P}dx$ 为 M_P 图的微面积 dA，$xM_\text{P}dx = xdA$ 为微面积对 y 轴的面积矩。于是，$\int_{x_A}^{x_B}xM_\text{P}dx$ 为所有微面积对 y 轴的面积矩之和，等于整个面积对 y 轴的面积矩。设 M_P 图的面积为 A，形心距 y 轴的距离为 x_0，该面积矩为 x_0A。代入式(4-18)，得

$$S = \tan\alpha\int_{x_A}^{x_B}xM_\text{P}dx = \tan\alpha \cdot x_0A \tag{4-19}$$

从图中可见，$\tan\alpha \cdot x_0 = y_0$ 为 M_P 图的面积形心对应的 $\overline{M}_i$ 图的竖标值。代入上式，得

$$S = y_0A$$

这样就把积分运算问题化成了计算面积和形心处竖标的问题。代回到位移计算公式(4-16)，得到图乘法计算位移的公式

$$\Delta = \sum\frac{Ay_0}{EI} \tag{4-20}$$

应用式(4-20)求位移的条件是：

(1) 等截面直杆组成的结构。

(2) 两个弯矩图中需有一个是直线图形，竖标 y_0 取自直线图形。

图乘结果的符号由面积 A 与 y_0 是否在杆件的同侧确定，同侧为正，否则为负。

用图乘法计算位移需知道图形的面积和形心位置。常见图形的面积和形心位置如图 4-12 所示，需要注意的是，图中的抛物线均为标准二次抛物线，即图 4-12(a) 为对称图形，图 4-12(b)、4-12(c) 中的顶点处切线是水平的。

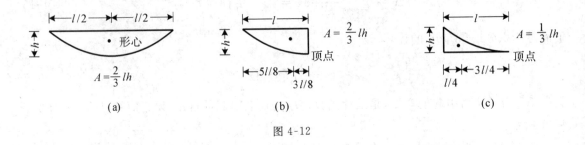

图 4-12

例题 4-4 试求图 4-13(a) 所示悬臂梁 A 点的竖向位移。

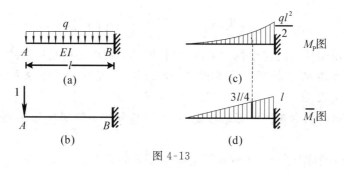

图 4-13

解 （1）确定单位力状态，如图 4-13(b) 所示。

（2）分别作荷载和单位力引起的弯矩图，如图 4-13(c)、(d) 所示。

（3）用图乘法计算位移的公式(4-17)计算位移，为

$$\Delta_A = \sum \frac{A y_0}{EI} = \frac{1}{EI}\left(\frac{1}{3}l \times \frac{ql^2}{2}\right)\left(\frac{3}{4}l\right) = \frac{1}{8}\frac{ql^4}{EI}(\downarrow)$$

例题 4-5 试求图 4-14(a) 所示柱子的 A 点水平位移。

解 因为单位力引起的弯矩图是折线图形，故不能用图 4-14(b) 的面积乘图 4-14(c) 的竖标。荷载引起的弯矩图是一根直线，可取图 4-14(c) 的面积和图 4-14(b) 的竖标计算，为

$$\Delta_A = \sum \frac{A y_0}{EI} = \frac{1}{EI}\left(\frac{1}{2} \cdot \frac{l}{2} \cdot \frac{l}{2}\right)\left(\frac{5}{6}F_P l\right) = \frac{5}{48}\frac{F_P l^3}{EI}(\rightarrow)$$

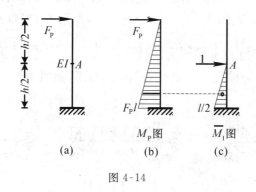

图 4-14

例题 4-6 试求图 4-15(a) 所示结构 AB 两点间相对水平位移。

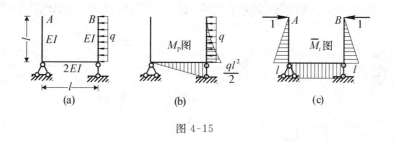

图 4-15

解 左边竖杆图乘结果为零，只需将右边竖杆和水平杆分别图乘，然后相加。注意杆的抗

弯刚度不同。

$$\Delta = \sum \frac{Ay_0}{EI} = \frac{1}{EI}\left(\frac{1}{3}\cdot l \cdot \frac{ql^2}{2}\right)\left(\frac{3}{4}l\right) + \frac{1}{2EI}\left(\frac{1}{2}\cdot l \cdot \frac{ql^2}{2}\right)(l) = \frac{1}{4}\frac{ql^4}{EI}(\rightarrow \ \leftarrow)$$

计算结果为正,表示位移方向与单位力方向相同,即 AB 两点是相互靠近的。

学习指导: 记住图 4-12 所示图形的面积及形心位置,记住图乘法求位移的计算公式和应用条件,熟练掌握图乘法。请做习题:4-12,4-13,4-6。

在作图乘计算时,若弯矩图的图形较复杂,可将其分解成简单图形后再图乘,下面举例说明。

例题 4-7 试计算图 4-16(a) 所示简支梁 B 截面转角 θ_B。

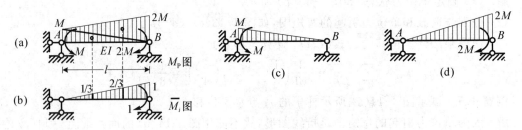

图 4-16

解 图 4-16(a) 为梯形,可以分解为两个三角形,如图 4-16(c)、(d) 所示。图 4-16(a) 与图 4-16(b) 的图乘结果等于图 4-16(c)、图 4-16(d) 分别与图 4-16(b) 图乘结果的和。图 4-16(c)、图 4-16(d) 不需画出,只需在图 4-16(a) 中分割即可,如图 4-16(a) 所示。图乘结果为

$$\theta_B = \sum \frac{Ay_0}{EI} = \frac{1}{EI}\left[\left(\frac{1}{2}\cdot l \cdot M\right)\left(\frac{1}{3}\right) + \left(\frac{1}{2}\cdot l \cdot 2M\right)\left(\frac{2}{3}\right)\right] = \frac{5}{6}\frac{Ml}{EI}(\circlearrowright)$$

本例的 M_P 图也可以分解成一个矩形和一个三角形,如图 4-17 所示。

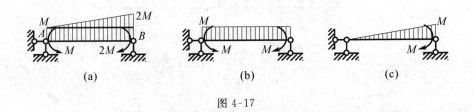

图 4-17

例题 4-8 图 4-18(a) 所示简支梁的抗弯刚度为 EI,跨度为 l。试计算 A 截面的转角 θ_A。

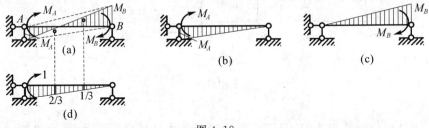

图 4-18

60

解 荷载弯矩图如图 4-18(a) 所示,单位力状态的弯矩图如图 4-18(d) 所示。荷载弯矩图可分解为两个三角形,如图 4-18(b)、(c) 所示,对应图 4-18(a) 中杆件上侧和下侧的两个用虚线画的三角形,分别与单位弯矩图图乘,并求和,得

$$\theta_A = \sum \frac{Ay_0}{EI} = \frac{1}{EI}\left[\left(\frac{1}{2} \cdot l \cdot M_A\right)\left(\frac{2}{3}\right) - \left(\frac{1}{2} \cdot l \cdot M_B\right)\left(\frac{1}{3}\right)\right] = \frac{1}{3}\frac{l}{EI}M_A - \frac{1}{6}\frac{l}{EI}M_B$$

图 4-18(a) 所示弯矩图,也可以分解为一个矩形和一个三角形,如图 4-19(b)、(c) 所示。

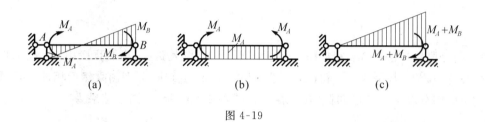

(a)　　　　　　　　(b)　　　　　　　　(c)

图 4-19

同样,可计算出 B 端截面的转角为

$$\theta_B = -\frac{1}{6}\frac{l}{EI}M_A + \frac{1}{3}\frac{l}{EI}M_B$$

本例题的这两个结果将用于第 7 章。

例题 4-9 试计算图 4-20(a) 所示简支梁 B 截面的转角 θ_B。

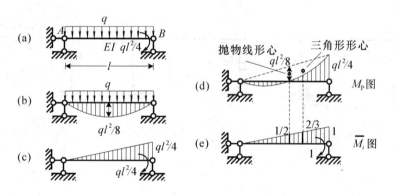

图 4-20

解 用叠加法作荷载弯矩图。将结构上的荷载分开成两种,分别作出弯矩图,如图 4-20(b)、(c) 所示。图 4-20(b) 和图 4-20(c) 弯矩图叠加,得荷载弯矩图如图 4-20(d) 所示。图乘时需将图 4-20(d) 分解,又回到叠加前的图 4-20(b) 和图 4-20(c)。可见,弯矩图分解是上一章所介绍的叠加法作弯矩图的逆过程。像上题一样,分解可直接在原弯矩图上进行,如图 4-20(d) 所示。图 4-20(d) 中抛物线在基线下侧,与图 4-20(e) 图乘时取负值。图乘结果为

$$\theta_B = \sum \frac{Ay_0}{EI} = \frac{1}{EI}\left[\left(\frac{2}{3} \cdot l \cdot \frac{ql^2}{8}\right)\left(-\frac{1}{2}\right) + \left(\frac{1}{2} \cdot l \cdot \frac{ql^2}{4}\right)\left(\frac{2}{3}\right)\right] = \frac{1}{24}\frac{ql^3}{EI}(\circlearrowright)$$

例题 4-10 试计算图 4-21(a) 所示简支梁 C 点的竖向位移 Δ_C。

61

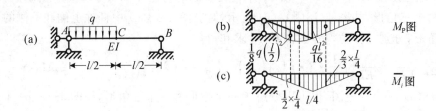

图 4-21

解 用分段叠加法作 M_P 图如图 4-21(b) 所示。$\overline{M}_i$ 图是折线,不能直接用 M_P 图的面积乘 $\overline{M}_i$ 图的竖标。应将 AB 分为 AC 和 CB 两段,每段 $\overline{M}_i$ 图为直线,分别图乘然后相加。AC 段图乘时,需将 M_P 图分解为三角形和标准抛物线,如图 4-21(b) 所示。图乘结果为

$$\Delta_C = \sum \frac{Ay_0}{EI}$$

$$= \frac{1}{EI}\left[\left(\frac{1}{2} \cdot \frac{l}{2} \cdot \frac{ql^2}{16}\right)\left(\frac{2}{3} \cdot \frac{l}{4}\right) + \left(\frac{2}{3} \cdot \frac{l}{2} \cdot \frac{1}{8} \cdot q \frac{l^2}{2^2}\right)\left(\frac{1}{2} \cdot \frac{l}{4}\right)\right.$$

$$\left. + \left(\frac{1}{2} \cdot \frac{l}{2} \cdot \frac{ql^2}{16}\right)\left(\frac{2}{3} \cdot \frac{l}{4}\right)\right] = \frac{5}{768}\frac{ql^4}{EI} \ (\downarrow)$$

例题 4-11 试求图 4-22(a) 所示刚架 D 铰两侧截面的相对转角 θ。EI = 常数。

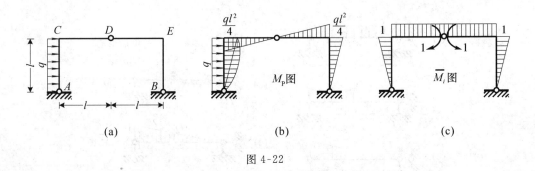

图 4-22

解 M_P 图在 AC 杆上是二次抛物线,但不是标准抛物线,因为 AC 杆上端的剪力不等于零,C 点不是抛物线顶点,不能按图 4-12(b) 所示图形确定面积及形心位置。需分解成一个三角形和一个标准抛物线。四个杆件从左到右分别图乘,得

$$\theta = \sum \frac{Ay_0}{EI}$$

$$= \frac{1}{EI}\left[\left(\frac{1}{2} \cdot l \cdot \frac{ql^2}{4}\right)\left(-\frac{2}{3}\right) + \left(\frac{2}{3} \cdot l \cdot \frac{ql^2}{8}\right)\left(-\frac{1}{2}\right) + \left(\frac{1}{2} \cdot l \cdot \frac{ql^2}{4}\right)\right.$$

$$\left. (-1) + \left(\frac{1}{2} \cdot l \cdot \frac{ql^2}{4}\right)(1) + \left(\frac{1}{2} \cdot l \cdot \frac{ql^2}{4}\right)\left(\frac{2}{3}\right)\right]$$

$$= -\frac{ql^3}{24EI} (\curvearrowright\curvearrowleft)$$

结果为负,表明位移方向与单位力方向相反,即 D 铰两侧截面发生使上侧夹角增大的相对

转角。

学习指导: 熟练掌握图形分解。请做习题:4-14,4-15,4-16。

4-5 支座位移引起的位移计算

静定结构在支座位移时不会产生内力,杆件也不会发生变形,结构只发生刚体位移。对于简单结构,支座位移引起的位移可通过几何方法确定,例如图 4-23(a) 所示结构,支座 A 的转动引起的 B 点竖向位移为 $l\theta$;图 4-23(b) 所示梁,支座 B 竖向位移引起的 C 点竖向位移为 2Δ。当结构复杂时,用几何方法确定位移不方便,而用虚功原理将求位移的几何问题转换为受力分析问题比较方便。下面仍用单位荷载法来计算支座位移引起的位移。

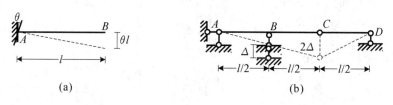

图 4-23

若求图 4-24(a) 所示位移 Δ,构造单位力状态如图 4-24(b) 所示,规定单位力引起的发生位移的支座的反力以与支座位移方向一致为正。图 4-24(b) 上的外力在图 4-24(a) 虚位移上做的虚功为

$$\delta W_e = 1 \cdot \Delta + \overline{R} \cdot c$$

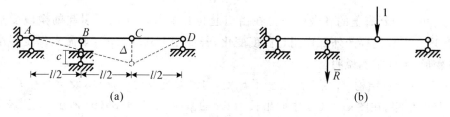

图 4-24

因为图 4-24(a) 无变形,故图 4-24(b) 中各微段外力在图 4-24(a) 微段变形上做的虚功之和 δW_i 为零。由虚功方程(4-4),得

$$1 \cdot \Delta + \overline{R} \cdot c = 0$$

解得

$$\Delta = -\overline{R} \cdot c$$

当结构上发生位移的支座不止一个时,上式变为

$$\Delta = -\sum \overline{R}_i \cdot c_i \tag{4-21}$$

式中:求和号表示对所有发生位移的支座求和,$\overline{R}_i$ 为单位力引起的第 i 个发生位移的支座中的反力,与支座位移方向一致为正,c_i 为支座位移。

63

例题 4-12 试求图 4-25(a) 所示结构 C 点的竖向位移。

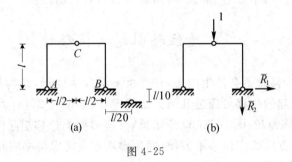

图 4-25

解 单位力状态如图 4-25(b) 所示,解得发生位移的支座的反力为

$$\overline{R}_1 = -\frac{1}{4}, \quad \overline{R}_2 = -\frac{1}{2}$$

代入位移计算公式(4-21),得

$$\Delta = -\sum \overline{R}_i \cdot c_i = -\left[\left(-\frac{1}{4}\right)\left(\frac{l}{20}\right) + \left(-\frac{1}{2}\right)\left(\frac{l}{10}\right)\right] = \frac{5}{80}l(\downarrow)$$

学习指导:掌握支座位移引起的位移计算。请做习题:4-17,4-18。

4-6   温度变化引起的位移计算

温度变化不引起静定结构内力,但会引起温度变形,结构发生位移。单位荷载法计算位移的一般公式为式(4-10),即

$$\Delta = \delta W_i \tag{4-22}$$

式中:δW_i 为单位力状态上的各微段外力在由引起位移的外部作用所引起的微段变形上做的虚功之和。现在引起位移的外部作用是温度变化,若要用上式求位移,则需先确定温度变化引起的微段变形。下面举例说明。

图 4-26(a) 所示结构,外侧温度改变了 t_1 度,内侧温度改变了 t_2 度,设 $t_2 > t_1$ 并均大于零,欲求 C 点竖向位移。在图 4-26(a) 中取出长为 $\mathrm{d}x$ 的微段,如图 4-26(b) 所示。上侧表面和下侧表面的伸长量分别为 $\alpha t_1 \mathrm{d}x$ 和 $\alpha t_2 \mathrm{d}x$。其中 α 为材料的线膨胀系数,表示单位长度杆件温度升高一度时的伸长量。轴线处的温度改变量 t_0 和两侧表面温度改变量的差值 Δt 为

$$t_0 = \frac{h_1 t_2 + h_2 t_1}{h}, \quad \Delta t = t_2 - t_1$$

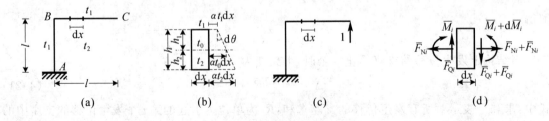

图 4-26

64

对于上下对称的截面,轴线在中间,这时 t_0 为

$$t_0 = \frac{t_2 + t_1}{2}$$

轴线处的伸长量为 $\alpha t_0 \mathrm{d}x$。微段两侧截面的相对转角为

$$\mathrm{d}\theta = \frac{\alpha t_2 - \alpha t_1}{h}\mathrm{d}x = \frac{\alpha \Delta t}{h}\mathrm{d}x$$

由图 4-26(b) 可见,微段无剪切变形。

图 4-26(c) 所示的单位力状态上的微段外力如图 4-26(d) 所示。图 4-26(d) 微段上的外力在图 4-26(b) 的微段变形上做的功为

$$\mathrm{d}W_i = \overline{F}_{Ni}\alpha t_0 \mathrm{d}x + \overline{F}_{Qi} \cdot 0 + \overline{M}_i \frac{\alpha \Delta t}{h}\mathrm{d}x$$

对结构上各微段取和,得

$$\delta W_i = \sum \left[\int_0^l \overline{F}_{Ni}\alpha t_0 \mathrm{d}x + \int_0^l \overline{M}_i \frac{\alpha \Delta t}{h}\mathrm{d}x\right]$$

代入式(4-22),得

$$\Delta = \sum \left[\int_0^l \overline{F}_{Ni}\alpha t_0 \mathrm{d}x + \int_0^l \overline{M}_i \frac{\alpha \Delta t}{h}\mathrm{d}x\right]$$

一般情况下, α、t_0、$\overline{F}_{Ni}$、Δt、h 对一根杆件来说是常数,上式可以写成

$$\Delta = \sum \left[\overline{F}_{Ni}\alpha t_0 \int_0^l \mathrm{d}x + \frac{\alpha \Delta t}{h}\int_0^l \overline{M}_i \mathrm{d}x\right]$$

式中:前一个积分的结果是杆件长度,后一个积分的结果是 $\overline{M}_i$ 图面积,因此

$$\Delta = \sum \overline{F}_{Ni}\alpha t_0 l + \sum \frac{\alpha \Delta t}{h}A_{\overline{M}} \qquad (4\text{-}23)$$

式中: $\overline{F}_{Ni}$ 为单位力状态的轴力,拉力为正; t_0 为杆轴处的温度改变量,升高为正。后一和号内, $A_{\overline{M}}$ 为 $\overline{M}_i$ 图面积,当 Δt 与 $\overline{M}_i$ 引起相同的弯曲变形时, Δt 与 $A_{\overline{M}}$ 的乘积取正值,反之取负值。

例题 4-13 图 4-27(a) 所示刚架,施工时的温度为 20℃。试求在冬季外侧温度为 -10℃,内侧温度为 0℃ 时的 C 点竖向位移。已知: $l = 4\mathrm{m}, \alpha = 10^{-5}$,杆件均为截面高度为 0.4m 的矩形截面。

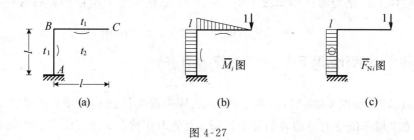

图 4-27

解 由已知条件可算得外侧与内侧的温度改变量分别为

$$t_1 = -10℃ - 20℃ = -30℃, \quad t_2 = 0℃ - 20℃ = -20℃$$

杆件轴心处的温度改变量和杆件两侧的温度改变量的差值,对两个杆均分别为

$$t_0 = (t_1 + t_2)/2 = -25℃, \quad \Delta t = t_2 - t_1 = 10℃$$

代入公式(4-23),得

$$\Delta = \sum \overline{F}_{Ni} \alpha t_0 l + \sum \frac{\alpha \Delta t}{h} A_{\overline{M}}$$

$$= \alpha(-25)(-1)l + (-1) \cdot \frac{1}{h} \cdot \alpha \cdot 10 \cdot \frac{1}{2}l \cdot l + (-1)\frac{1}{h} \cdot \alpha \cdot 10 \cdot l \cdot l$$

$$= -0.005\text{m}(\uparrow)$$

式中:后两项的正负号是根据 Δt 与 $\overline{M}_i$ 引起的弯曲变形是否相同确定的。两个杆在温度和单位力引起的弯曲变形均相反,如图 4-27(a)、(b) 中画在杆侧的曲线所示,因此均取负号。

学习指导:理解单位荷载法求温度引起位移的方法,会算简单结构由温度变化引起的位移。请做习题:4-19,4-8,4-9。

4-7 线弹性体系的互等定理

由变形体虚功原理可以推得线弹性体系的几个普遍定理,它们是虚功互等定理、位移互等定理、反力互等定理和位移反力互等定理。前 3 个在后面的章节中经常引用,故下面仅介绍前 3 个。

1. 虚功互等定理

用简支梁代表任意线弹性结构。在先加 F_{P1} 后加 F_{P2} 情况下,结构的位移如图 4-28(a) 所示,这两个力所做的总功为

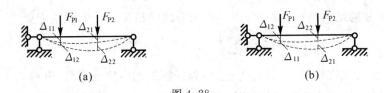

图 4-28

$$W_1 = \frac{1}{2} F_{P1} \Delta_{11} + F_{P1} \Delta_{12} + \frac{1}{2} F_{P2} \Delta_{22}$$

若先加 F_{P2} 后加 F_{P1},结构的位移如图 4-28(b) 所示,这时两个力所做的总功为

$$W_2 = \frac{1}{2} F_{P2} \Delta_{22} + F_{P2} \Delta_{21} + \frac{1}{2} F_{P1} \Delta_{11}$$

对于线弹性体系,这两种情况下的总功应相等,故有

$$F_{P2} \Delta_{21} = F_{P1} \Delta_{12} \tag{4-24}$$

若将荷载分开,如图 4-29 所示,则上式表示:同一线弹性结构处于两种受力状态,状态 1 上的力在状态 2 相应位移上做的虚功等于状态 2 上的力在状态 1 相应位移上做的虚功。此即为虚功互等定理。

图 4-29

2. 位移互等定理

将式(4-24)写成

$$\frac{\Delta_{21}}{F_{P1}} = \frac{\Delta_{12}}{F_{P2}} \tag{4-25}$$

对于线弹性体系,上式等号两侧的比值为常数,分别记作δ_{21}、δ_{12},称为位移影响系数,即

$$\frac{\Delta_{21}}{F_{P1}} = \delta_{21}, \quad \frac{\Delta_{12}}{F_{P2}} = \delta_{12} \tag{4-26}$$

由式(4-25)知这两个位移影响系数相等,即

$$\delta_{12} = \delta_{21} \tag{4-27}$$

根据式(4-26),δ_{21}可看成是单位力$F_{P1} = 1$引起的与F_{P2}对应的"位移",δ_{12}可看成是单位力$F_{P2} = 1$引起的与F_{P1}对应的"位移",如图4-30所示。因此,式(4-27)可以表述为:

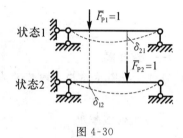

图 4-30

当线弹性结构处于两种单位力状态时,状态1上的单位力引起的与状态2上的单位力对应的"位移"等于状态2上的单位力引起的与状态1上的单位力对应的"位移"。此即为位移互等定理。

3. 反力互等定理

对图4-31(a)所示的同一结构的两种支座位移状态应用虚功互等定理,有

$$F_{R21}\Delta_2 = F_{R12}\Delta_1$$

或

$$\frac{F_{R21}}{\Delta_1} = \frac{F_{R12}}{\Delta_2} \tag{4-28}$$

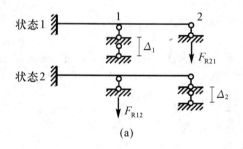
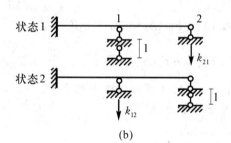

图 4-31

对于线弹性体系,上式等号两侧的比值为常数,分别记作k_{21}、k_{12},称为反力影响系数,即

$$\frac{F_{R21}}{\Delta_1} = k_{21}, \quad \frac{F_{R12}}{\Delta_2} = k_{12} \tag{4-29}$$

由式(4-28)知这两个反力影响系数相等,即

$$k_{12} = k_{21} \tag{4-30}$$

根据式(4-29),k_{21}可看成是1支座发生单位位移$\Delta_1 = 1$引起的2支座的"反力",k_{12}可看

成是 2 支座发生单位位移 $\Delta_2 = 1$ 引起的 1 支座的"反力",如图 4-31(b) 所示。因此,式(4-30) 可以表述为:

同一结构处于两种支座单位位移状态,1 支座发生单位位移引起的 2 支座的"反力"等于 2 支座发生单位位移引起的 1 支座的"反力"。此即为反力互等定理。

位移互等定理和反力互等定理将在后面章节中得到应用。为了方便,后面各章将单位力引起的"位移"即位移影响系数仍称作位移,支座单位位移引起的"反力"即反力影响系数仍称作反力(或约束力)。但要注意位移影响系数的量纲不同于位移的量纲,反力影响系数的量纲也不同于反力的量纲。类似地,将单位力引起的"内力"仍称做内力。另外,以上提到的力、位移均为广义的。

学习指导: 理解位移互等定理和反力互等定理。不要求证明。请做习题:4-4,4-5。

习 题 4

一、选择题

4-1 与图示结构上的广义力相对应的广义位移为(   )。

A. B 点水平位移   B. A 点水平位移

C. AB 杆的转角   D. AB 杆与 AC 杆的相对转角

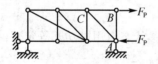   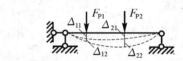

题 4-1 图   题 4-2 图

4-2 图示结构加 F_{P1} 引起位移 Δ_{11}、Δ_{21},再加 F_{P2} 又产生新的位移 Δ_{12}、Δ_{22},两个力所做的总功为(   )。

A. $W = F_{P1}(\Delta_{11} + \Delta_{12}) + F_{P2}\Delta_{22}$ B. $W = F_{P1}(\Delta_{11} + \Delta_{12}) + \dfrac{1}{2}F_{P2}\Delta_{22}$

C. $W = \dfrac{1}{2}F_{P1}\Delta_{11} + F_{P1}\Delta_{12} + \dfrac{1}{2}F_{P2}\Delta_{22}$ D. $W = F_{P1}(\Delta_{11} + \Delta_{12}) + F_{P2}(\Delta_{21} + \Delta_{22})$

4-3 变形体虚功原理适用于(   )。

A. 线弹性体系   B. 任何变形体

C. 静定结构   D. 杆件结构

4-4 图示结构中,位移之间的关系成立的有(   )。

A. $\theta_3 = \theta_4 + \theta_6$,$\Delta_2 = \Delta_8$,$\theta_4 = \theta_7$ B. $\Delta_5 = \theta_1 + \theta_3$,$\Delta_6 = \Delta_8$,$\theta_1 + \theta_2 = \theta_9$

C. $\Delta_2 = \theta_4 + \theta_6$,$\Delta_5 = \Delta_8$,$\theta_3 = \theta_9$ D. $\Delta_2 = \theta_4 + \theta_6$,$\Delta_8 = \theta_6$,$\theta_3 = \theta_7 + \theta_9$

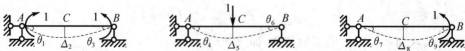

题 4-4 图

4-5 下面说法中正确的一项是( )。

A.图乘法适用于任何直杆结构　　　　B.虚功互等定理适用于任何结构

C.单位荷载法仅适用于静定结构　　　　D.位移互等定理仅适用于线弹性结构

二、填充题

4-6 若使图示结构的 A 点竖向位移为零,则应使 F_{P1} 与 F_{P2} 的比值为 $F_{P1}/F_{P2} = $ _____。

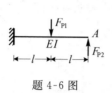

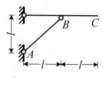

题 4-6 图　　　　　　　　　　　题 4-7 图

4-7 如图所示结构中,AB 杆的温度上升 t 度,已知线膨胀系数为 α,则 C 点的竖向位移为 _____。

4-8 上题所示结构中的 AB 杆,由于加热而伸长了 Δ,则由此产生的 C 点竖向位移为 _____。

4-9 上题所示结构中的 AB 杆,由于制作时做长了 Δ,则由此产生的 C 点竖向位移为 _____。

三、计算题

4-10 试求图示桁架 A 点竖向位移。已知各杆截面相同,$A = 1.5 \times 10^{-2} \text{m}^2$,$E = 210\text{GPa}$。

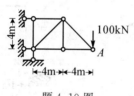

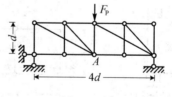

题 4-10 图　　　　　　　　　　　题 4-11 图

4-11 试求图示桁架 A 点竖向位移。$EA = $ 常数。

4-12 试求图示结构的指定位移。

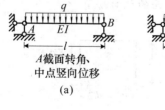

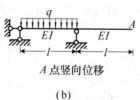

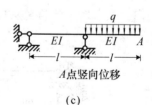

A 截面转角、
中点竖向位移

(a)　　　　　　　　　　　A 点竖向位移　　　　　　　　A 点竖向位移

　　　　　　　　　　　　　　(b)　　　　　　　　　　　　(c)

题 4-12 图

69

4-13 试求图示结构的指定位移。

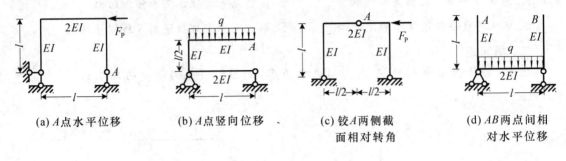

(a) A点水平位移 (b) A点竖向位移 (c) 铰A两侧截 (d) AB两点间相
面相对转角 对水平位移

题 4-13 图

4-14 试求图示结构的指定位移。

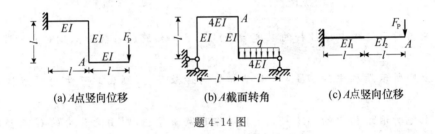

(a) A点竖向位移 (b) A截面转角 (c) A点竖向位移

题 4-14 图

4-15 试求图示结构 AB 两截面间的相对竖向位移、相对水平位移和相对转角。已知:$q = 10\text{kN/m}, l = 5\text{m}, EI = 2.6 \times 10^5 \text{kN} \cdot \text{m}^2$。

4-16 试求图示结构 A 点竖向位移。

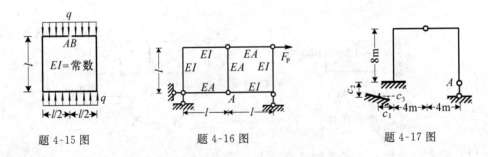

题 4-15 图 题 4-16 图 题 4-17 图

4-17 试求图示结构由于支座位移产生的 A 点水平位移。已知:$c_1 = 1\text{cm}, c_2 = 2\text{cm}, c_3 = 0.001\text{rad}$。

4-18 试求图示结构支座位移引起的铰 C 两侧截面的相对转角。

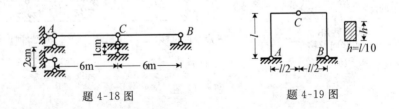

题 4-18 图 题 4-19 图

4-19 图示结构内部温度升高 t 度,外侧温度不变,试求 C 点竖向位移。

【参考答案】

4-1   C

4-2   C

4-3   B

4-4   D

4-5   D

4-6   16/5

4-7 $4\alpha tl(\uparrow)$

4-8 $2\sqrt{2}\Delta(\uparrow)$

4-9 $2\sqrt{2}\Delta(\uparrow)$ 通过本题思考一下制作误差引起的位移的计算方法。

4-10 $1.48\text{mm}(\downarrow)$

4-11 $\dfrac{1}{2}(8+5\sqrt{5})\dfrac{F_Pd}{EA}(\downarrow)$

4-12 (a) $\dfrac{1}{24}\dfrac{ql^3}{EI}(\diagdown)$,$\dfrac{5}{384}\dfrac{ql^4}{EI}(\downarrow)$

     (b) $\dfrac{1}{24}\dfrac{ql^4}{EI}(\uparrow)$

     (c) $\dfrac{7}{24}\dfrac{ql^4}{EI}(\downarrow)$

4-13 (a) $\dfrac{7}{12}\dfrac{F_Pl^3}{EI}(\leftarrow)$;

     (b) $\dfrac{11}{24}\dfrac{ql^4}{EI}(\downarrow)$

     (c) 0

     (d) $\dfrac{1}{24}\dfrac{ql^4}{EI}(\rightarrow\ \leftarrow)$

4-14 (a) $\dfrac{5}{6}\dfrac{F_Pl^3}{EI}(\downarrow)$

     (b) $\dfrac{25}{192}\dfrac{ql^3}{EI}(\diagdown)$

     (c) $\dfrac{7}{3}\dfrac{F_Pl^3}{EI_1}+\dfrac{1}{3}\dfrac{F_Pl^3}{EI_2}$

4-15 $\Delta_V=0$,$\Delta_H=0.4\text{cm}$,$(\rightarrow\ \leftarrow)$,$\theta=0.0016\text{rad}$

4-16 $\dfrac{1}{4}\dfrac{F_Pl}{EA}(\uparrow)$

4-17 $0.046\text{m}(\rightarrow)$

4-18 0

4-19 $\dfrac{35}{8}\alpha tl(\uparrow)$

第 5 章　超静定结构的内力与位移计算

5-1　概　　述

1. 超静定结构的概念

在第一章中已给出了超静定结构的概念,即由静力平衡条件不能确定所有内力的结构称为超静定结构。不能由平衡条件确定内力的原因是其含有多余约束,多余约束不是体系维持平衡的必要约束。

2. 超静定结构的计算方法

计算超静定结构的方法有许多,基本方法有力法和位移法。力法以多余约束力作为基本未知量,即先求出多余约束力,然后计算其他内力和位移。位移法以结构中的某些位移作为基本未知量,即先求结构的位移然后求内力。因为力法和位移法均需解算联立方程组,当基本未知量较多时,手算不宜采用。尽管力法和位移法并不是手算的实用方法,但其他实用方法均是在它们的基础上发展起来的,熟练掌握它们是非常重要的,比如本章介绍的力矩分配法即是在位移法基础上发展出来的不解方程组的适于手算的一种渐进解法。本章只介绍这三种方法。在第 7 章还将介绍适于编制计算机程序的矩阵位移法。

本章所介绍的三种方法的基本思路:

力法和位移法处理问题的基本思路是一样的,即先将原结构改造成容易计算的结构——基本结构,力法是通过减约束,位移法是通过加约束来对原结构进行改造的,然后找出基本结构和原结构在外部作用下的差别,消除差别后即可在基本结构上进行计算来得到原结构的内力、位移结果。消除差别的条件表现为一组代数方程,解方程可求得基本未知量,其他未知量可通过基本未知量计算。因为位移法的基本结构是以力法计算的结果作基础构成的,所以先介绍力法。

力矩分配法的基本思路与上类似,不同处是差别靠多次相同的过程逐渐消除的。因为它以位移法为基础,故最后介绍。

5-2　力　　法

1. 力法基本概念

下面以作图 5-1(a)所示单跨超静定梁弯矩图为例,介绍力法的基本概念。

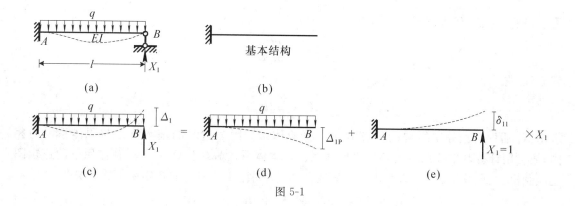

图 5-1

图 5-1(a)所示超静定梁与图 5-1(b)所示静定的悬臂梁相比多一个 B 支座，B 支座是多余约束。设 B 支座的反力为 X_1，若 X_1 已知，则梁中内力可按静力平衡条件计算，因此计算图 5-1(a)超静定梁的关键是确定 X_1。下面讨论 X_1 的计算方法。

首先将支座 B 去掉，代之以 X_1，如图 5-1(c)所示，称为力法的基本体系。将基本体系与原体系相比，可见二者的差别：原体系 B 支座无竖向位移；基本体系的 B 点无支座会产生竖向位移 Δ_1。若使基本体系与原体系受力相同，需使基本体系的位移与原体系相等，即

$$\Delta_1 = 0 \tag{5-1}$$

此条件是消除基本体系与原体系差别的条件，称为变形条件。基本体系的位移 Δ_1 是荷载与 X_1 共同产生的，按叠加原理可分开计算然后相加，如图 5-1(c)、(d)、(e)所示，即

$$\Delta_1 = \delta_{11} X_1 + \Delta_{1P} \tag{5-2}$$

结合式(5-1)，有

$$\delta_{11} X_1 + \Delta_{1P} = 0 \tag{5-3}$$

此方程称为力法方程。方程中的系数 δ_{11} 和自由项 Δ_{1P} 分别为 $X_1 = 1$ 和荷载单独作用下引起的 B 点位移，以与 X_1 方向一致为正，可由图乘法计算。作出 $X_1 = 1$ 和荷载单独作用下引起的弯矩图，如图 5-2(a)、(b)所示，分别称为单位弯矩图和荷载弯矩图。由图乘法可知，图 5-2(b)为求图 5-2(a)荷载引起的位移 Δ_{1P} 的单位力状态，两个弯矩图图乘即得 Δ_{1P}：

$$\Delta_{1P} = \frac{1}{EI} \cdot \left(\frac{1}{3} \cdot l \cdot \frac{ql^2}{2} \right) \left(-\frac{3}{4} l \right) = -\frac{ql^2}{8EI}$$

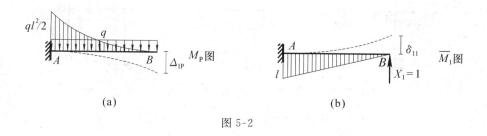

图 5-2

为求图 5-2(b)中 $X_1 = 1$ 引起的位移 δ_{11} 需建立单位力状态，而单位力状态与图 5-2(b)状态相同，故图 5-2(b)所示单位弯矩图自身相乘即得 δ_{11}：

$$\delta_{11} = \frac{1}{EI} \cdot \left(\frac{1}{2} \cdot l \cdot l \right) \left(\frac{2}{3} l \right) = \frac{l^3}{3EI}$$

将求得的 δ_{11}、Δ_{1P} 代入方程(5-3),有

$$\frac{l^3}{3EI}X_1 - \frac{ql^2}{8EI} = 0$$

解方程,得

$$X_1 - \frac{3}{8}ql^2$$

求出 X_1 后即可按静定结构的计算方法计算原体系。因为这时的基本体系与原体系受力相同,故可用计算基本体系来代替计算原体系。基本体系在荷载和 $X_1 = 1$ 单独作用下的弯矩图已经画出,根据叠加原理,基本体系在荷载和 X_1 共同作用下引起的弯矩由下式计算:

$$M = \overline{M}_1 X_1 + M_P \tag{5-4}$$

据此求出 A 端弯矩为

$$M_{AB} = l \cdot X_1 - \frac{1}{2}ql^2 = l \cdot \frac{3}{8}ql^2 - \frac{1}{2}ql^2 = -\frac{1}{8}ql^2$$

结构的弯矩图如图 5-3 所示。

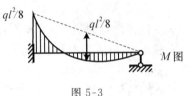

图 5-3

从上面求解过程来看,最先求出的是多余约束力 X_1,故称其为力法基本未知量。这也是这个方法被称为力法的原因。所有计算均是在静定结构——图 5-2(b)所示悬臂梁上进行的,该静定结构称为力法基本结构,在其上作用荷载和多余约束力后称为基本体系。当基本体系满足变形条件(5-1),即与原体系变形一致,受力相同。

总结上面过程,可知力法的计算步骤为:

(1)确定力法基本体系。

(2)建立变形条件,写出力法方程。

(3)作单位弯矩图和荷载弯矩图。

(4)求系数、自由项。

(5)解方程。

(6)叠加法作弯矩图。

例题 5-1 试用力法计算图 5-4(a)所示结构,作弯矩图。

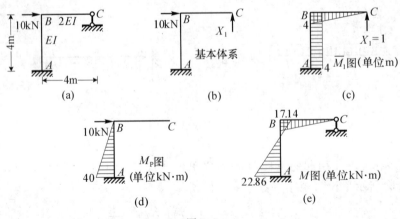

图 5-4

解 (1)确定基本体系,如图 5-4(b)所示。

(2)写出变形条件和力法方程

$$\Delta_1 = 0;\qquad \delta_{11}X_1 + \Delta_{1P} = 0$$

(3)作单位弯矩图、荷载弯矩图,如图 5-4(c)、(d)所示。

(4)求系数、自由项

$\overline{M}_1$ 图自乘,得

$$\delta_{11} = \frac{1}{2EI}\left(\frac{1}{2}\cdot 4\text{m}\cdot 4\text{m}\right)\left(\frac{2}{3}\cdot 4\text{m}\right) + \frac{1}{EI}(4\text{m}\cdot 4\text{m})(4\text{m}) = \frac{224\text{m}^3}{3EI}$$

$\overline{M}_1$ 图与 M_P 图相乘,得

$$\Delta_{1P} = \frac{1}{EI}\left(\frac{1}{2}\cdot 4\text{m}\cdot 40\text{kN}\cdot\text{m}\right)(-4\text{m}) = -\frac{320\text{kN}\cdot\text{m}^3}{EI}$$

(5)解力法方程

$$\frac{224\text{m}^3}{3EI}X_1 - \frac{320\text{kN}\cdot\text{m}^3}{EI} = 0,\qquad X_1 = \frac{30}{7}\text{kN}$$

(6)作弯矩图

根据叠加公式 $M = \overline{M}_1 X_1 + M_P$,算得杆端弯矩(设绕杆端顺时针为正)为

$$M_{AB} = 4\text{m}\cdot X_1 - 40\text{kN}\cdot\text{m} = 4\text{m}\cdot\frac{30}{7}\text{kN} - 40\text{kN}\cdot\text{m} = -22.86\text{kN}\cdot\text{m}$$

$$M_{BA} = -4\text{m}\cdot X_1 + 0 = -4\text{m}\cdot\frac{30}{7}\text{kN} = -17.14\text{kN}\cdot\text{m}$$

据此作出弯矩图如图 5-4(e)所示。

学习指导:理解力法的解题思路,理解基本体系、基本结构、基本未知量、变形条件等概念,理解系数和自由项的物理意义,熟练掌握力法解题过程。请做习题:5-15。

2. 力法基本结构和力法基本未知量的确定

力法的基本结构是将超静定结构中的多余约束去掉后得到的结构。判断超静定结构中有多少多余约束,哪些约束是多余约束,是确定力法基本结构的关键。将超静定结构中的多余约束的个数称为超静定次数,若一个结构有 N 个多余约束,则称该结构为 N 次超静定结构。确定超静定次数的方法之一是拆除多余约束,当将结构拆成静定结构时,拆除多余约束的个数即为超静定次数,得到的静定结构即为力法基本结构,同时也确定了力法的基本未知量。下面通过例题介绍确定超静定次数的方法。

例题 5-2 确定图 5-5(a)所示结构的超静定次数。

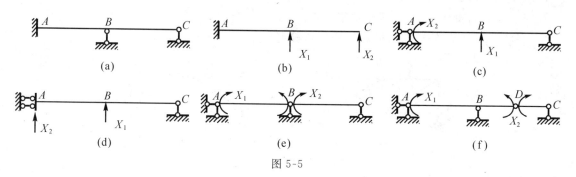

图 5-5

解 拆掉两个支杆后为悬臂梁,如图 5-5(b)所示。悬臂梁是静定的,故原结构是两次超静定结构,力法基本结构如图 5-5(b)所示,X_1、X_2 为力法基本未知量。

也可以拆成简支梁,如图 5-5(c)所示。固定端支座变成固定铰支座,相当于去掉了限制转动的约束,与其对应的约束力矩为力法基本未知量。若将固定端支座改成滑动支座,相当于去掉了限制竖向位移的约束,与其相应的竖向反力为力法未知量,如图 5-5(d)所示。

可见,力法的基本结构并不唯一。但无论如何取基本结构,基本未知量的个数是一样的,等于超静定次数。还可以取图 5-5(e)、(f)所示多跨梁作为基本结构,图 5-5(e)是将原结构刚结的 B 结点化成了铰结点,相当于去掉了限制 B 点两侧截面发生相对转动的约束,截面弯矩为力法基本未知量,图 5-5(f)类似。取不同的基本结构计算不影响最终的计算结果,但对计算工作量有影响。

例题 5-3 确定图 5-6(a)所示结构的超静定次数。

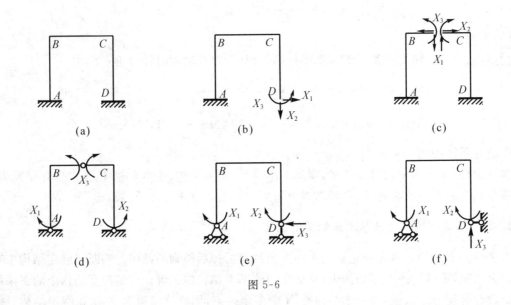

图 5-6

解 去掉 D 处的固定端支座,得静定悬臂刚架,如图 5-6(b)所示。固定端支座相当于 3 个约束,故原结构是 3 次超静定结构。图 5-6(b)所示悬臂刚架可作为力法基本结构,去掉的固定端支座的 3 个反力为力法基本未知量。

图 5-6(c)、(d)、(e)也可作为力法基本结构。

图 5-6(f)为瞬变体系,不能作基本结构。

例题 5-4 确定图 5-7(a)所示结构的超静定次数。

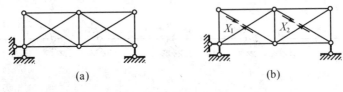

图 5-7

解　经几何组成分析,可知其具有两个多余约束,是两次超静定结构。将两根杆件切断,如图 5-7(b)所示,即为力法基本结构,切断的两根杆件的轴力为力法基本未知量。

学习指导:熟练掌握超静定次数的确定,并能正确选取力法基本结构和力法基本未知量。请做习题:5-16。

3. 荷载引起的内力计算

下面举例说明力法计算荷载作用下内力的一般过程。

图 5-8(a)所示结构为二次超静定结构。取图 5-8(b)所示悬臂刚架作基本结构,基本体系如图 5-9(a)所示。若使基本体系与原结构位移相同,应使基本体系在解除约束处的 C 点的位移等于原结构 C 点位移,即

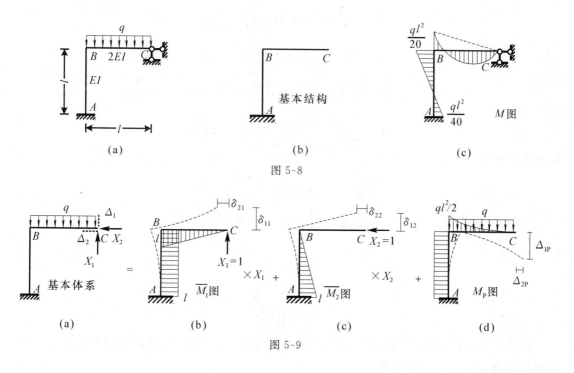

图 5-8

图 5-9

$$\left.\begin{array}{l} \Delta_1 = 0 \\ \Delta_2 = 0 \end{array}\right\} \tag{5-5}$$

基本体系上的位移应等于图 5-9(b)、(c)、(d)三种情况的叠加,即

$$\left.\begin{array}{l} \Delta_1 = \delta_{11} X_1 + \delta_{12} X_2 + \Delta_{1P} \\ \Delta_2 = \delta_{21} X_1 + \delta_{22} X_2 + \Delta_{2P} \end{array}\right\} \tag{5-6}$$

由式(5-5),得

$$\left.\begin{array}{l} \delta_{11} X_1 + \delta_{12} X_2 + \Delta_{1P} = 0 \\ \delta_{21} X_1 + \delta_{22} X_2 + \Delta_{2P} = 0 \end{array}\right\} \tag{5-7}$$

称为力法典型方程。方程中的系数 δ_{ij} 表示 $X_j = 1$ 引起的基本结构上 X_i 作用点沿 X_i 方向的位移,当 $i = j$ 时称为主系数;当 $i \neq j$ 时称为副系数。主系数恒大于零,副系数满足关系 $\delta_{ij} = \delta_{ji}$(位移互等定理)。主系数和副系数统称为柔度系数,它们是体系常数,与外部作用无关。

Δ_{iP}为荷载引起的基本结构上 X_i 作用点沿 X_i 方向的位移,称为荷载项或自由项。柔度系数和自由项均以与假设基本未知量的方向相同为正。

下面计算柔度系数和自由项。

因为柔度系数和自由项均为基本结构的位移,所以可用第 3 章所介绍的单位荷载法计算。分别作出 $X_1=1$，$X_2=1$ 单独作用下引起的弯矩图,如图 5-9(b)、(c)所示,记作 $\overline{M}_1$、$\overline{M}_2$，称为单位弯矩图;作出荷载单独作用下引起的弯矩图,如图 5-9(d)所示,记作 M_P，称为荷载弯矩图。根据单位荷载法,$\overline{M}_1$ 图自乘得 δ_{11}，$\overline{M}_2$ 图自乘得 δ_{22}，$\overline{M}_1$ 和 $\overline{M}_2$ 相乘得 δ_{12} 和 δ_{21}，$\overline{M}_1$ 与 M_P 相乘得 Δ_{1P}，$\overline{M}_2$ 与 M_P 相乘得 Δ_{2P}，它们分别为

$$\delta_{11}=\frac{1}{2EI}\left(\frac{1}{2}l\cdot l\right)\left(\frac{2}{3}l\right)+\frac{1}{EI}(l\cdot l)(l)=\frac{7}{6}\frac{l^3}{EI}$$

$$\delta_{22}=\frac{1}{EI}\left(\frac{1}{2}l\cdot l\right)\left(\frac{2}{3}l\right)=\frac{1}{3}\frac{l^3}{EI}$$

$$\delta_{12}=\delta_{21}=\frac{1}{EI}\left(\frac{1}{2}l\cdot l\right)(l)=\frac{1}{2}\frac{l^3}{EI}$$

$$\Delta_{1P}=\frac{1}{2EI}\left(\frac{1}{3}l\cdot\frac{ql^2}{2}\right)\left(-\frac{3}{4}l\right)+\frac{1}{EI}\left(l\cdot\frac{ql^2}{2}\right)(-l)=-\frac{9}{16}\frac{ql^4}{EI}$$

$$\Delta_{2P}=\frac{1}{EI}\left(l\cdot\frac{ql^2}{2}\right)\left(-\frac{1}{2}l\right)=-\frac{1}{4}\frac{ql^4}{EI}$$

代入典型方程(5-3)，有

$$\left.\begin{array}{l}\dfrac{7}{6}\dfrac{l^3}{EI}X_1+\dfrac{1}{2}\dfrac{l^3}{EI}X_2-\dfrac{9}{16}\dfrac{ql^4}{EI}=0 \\[3mm] \dfrac{1}{2}\dfrac{l^3}{EI}X_1+\dfrac{1}{3}\dfrac{l^3}{EI}X_2-\dfrac{1}{4}\dfrac{ql^4}{EI}=0\end{array}\right\}\qquad(5\text{-}8)$$

解方程,得

$$\left.\begin{array}{l}X_1=\dfrac{9}{20}ql \\[3mm] X_2=\dfrac{3}{40}ql\end{array}\right\}$$

得到多余约束力后,即可按静定结构计算方法来计算基本体系,从而得到原体系的内力。由图 5-9,按叠加方法作弯矩图

$$M=\overline{M}_1X_1+\overline{M}_2X_2+M_P$$

由此式计算的各杆端弯矩(绕杆端顺时针为正)为

$$M_{AB}=l\cdot X_1+l\cdot X_2-\frac{ql^2}{2}=l\cdot\frac{9}{20}ql+l\cdot\frac{3}{40}ql-\frac{ql^2}{2}=\frac{1}{40}ql^2$$

$$M_{BA}=(-l)\cdot X_1+\frac{ql^2}{2}=(-l)\cdot\frac{9}{20}ql+\frac{ql^2}{2}=\frac{1}{20}ql^2$$

$$M_{BC}=l\cdot X_1-\frac{ql^2}{2}=l\cdot\frac{9}{20}ql-\frac{ql^2}{2}=-\frac{1}{20}ql^2$$

据此画出弯矩图,如图 5-8(c)所示。

从方程(5-4)可见,各项均含有 $1/EI$，消去后使得结果中不含有 EI，最终算得的内力也不含 EI，但各杆的刚度比值不会消去。这说明,荷载作用下的超静定结构内力与各杆刚度的绝对大小无关,而只与各杆刚度比值有关。

例题 5-5 试用力法计算图 5-10(a)所示结构,作弯矩图。

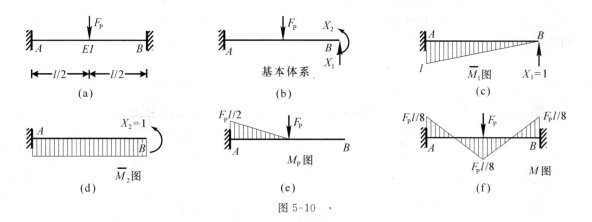

图 5-10

解 两端固定梁是三次超静定结构。但可以证明水平梁在竖向荷载作用下轴力为零,因此可按二次超静定来计算。

(1)取基本体系如图 5-10(b)所示。

(2)写出变形条件和力法典型方程

$$\left.\begin{array}{l}\Delta_1=0\\\Delta_2=0\end{array}\right\},\quad\left.\begin{array}{l}\delta_{11}X_1+\delta_{12}X_2+\Delta_{1P}=0\\\delta_{21}X_1+\delta_{22}X_2+\Delta_{2P}=0\end{array}\right\}$$

(3)作单位弯矩图、荷载弯矩图,如图 5-10(c)、(d)、(e)所示。

(4)求系数和自由项

$$\delta_{11}=\frac{1}{3}\frac{l^3}{EI},\quad\delta_{22}=\frac{l}{EI},\quad\delta_{12}=\delta_{21}=\frac{1}{2}\frac{l^2}{EI},\quad\Delta_{1P}=-\frac{5}{48}\frac{F_Pl^3}{EI},\quad\Delta_{2P}=-\frac{1}{8}\frac{F_Pl^2}{EI}$$

(5)解方程

$$\left.\begin{array}{l}\dfrac{1}{3}\dfrac{l^3}{EI}X_1+\dfrac{1}{2}\dfrac{l^2}{EI}X_2-\dfrac{5}{48}\dfrac{F_Pl^3}{EI}=0\\[3mm]\dfrac{1}{2}\dfrac{l^2}{EI}X_1+\dfrac{l}{EI}X_2-\dfrac{1}{8}\dfrac{F_Pl^2}{EI}=0\end{array}\right\}$$

$$\left.\begin{array}{l}X_1=\dfrac{1}{2}F_P\\[3mm]X_2=-\dfrac{1}{8}F_Pl\end{array}\right\}$$

(6)作弯矩图

由叠加法作出弯矩图如图 5-10(f)所示。

此题的计算结果将用于位移法,它被列于 5-3 节的表 5-1 中。

学习指导:熟练掌握用力法解荷载作用下的内力。理解力法典型方程的物理意义及柔度系数、自由项的物理意义。请做习题:5-9,5-10,5-17,5-18,5-19。

4. 支座位移引起的内力计算

用力法计算由支座位移引起的内力,过程与计算荷载引起的内力类似,下面举例说明。

图 5-11(a)所示超静定梁,A 支座转动 φ,B 支座移动 Δ,现求其内力作弯矩图。选基本体系如图 5-11(b)所示。基本结构在支座位移和 $X_1=1$ 共同作用下引起的位移 Δ_1 应等于原体系 B 点位移。原体系在 B 点有向下的位移 Δ,而 Δ_1 与 X_1 方向一致为正,即向上为正。因此有变形条件

$$\Delta_1 = -\Delta \tag{5-9}$$

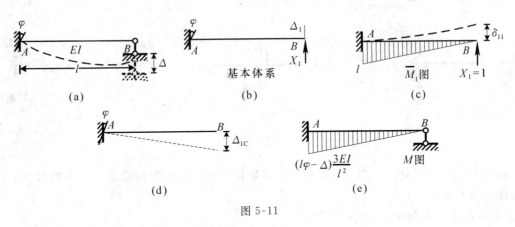

(a)   (b)   (c)

(d)   (e)

图 5-11

Δ_1 是基本结构由支座位移和 X_1 共同作用引起的位移,因此

$$\delta_{11} X_1 + \Delta_{1C} = -\Delta \tag{5-10}$$

其中:δ_{11} 为 $X_1=1$ 产生的位移。用图乘法计算,得

$$\delta_{11} = \frac{l^3}{3EI}$$

Δ_{1C} 为支座位移产生的位移,可用上一章支座位移引起的位移计算方法计算,得

$$\Delta_{1C} = -\sum \overline{R}_i c_i = -l\varphi$$

代入力法方程(5-10),解得

$$X_1 = (l\varphi - \Delta)\frac{3EI}{l^3}$$

因为基本结构是静定结构,支座位移不产生内力,最终弯矩图由单位弯矩图 $\overline{M}_1$ 乘以 X_1 获得,如图 5-11(e)所示。

由上面计算结果可看出:超静定结构由于支座位移引起的内力与刚度 EI 的绝对值成正比,与荷载作用情况不同。

对于本例题,如果 $\varphi=0$,$\Delta=1$,可得图 5-12(a)所示支座位移情况的弯矩图;如果 $\Delta=0$,$\varphi=1$,可得图 5-12(b)所示支座转动情况的弯矩图。这两种弯矩图是后面位移法要用到的,也列于表 5-1 中。

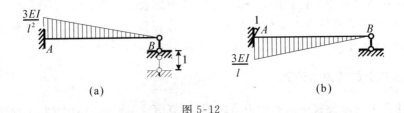

(a)   (b)

图 5-12

5. 温度改变引起的内力计算

力法解温度改变引起的内力的计算过程与支座位移情况类似,下面举例说明。

例题 5-6 图 5-13(a)所示结构,内部温度升高 35℃,外侧升高 25℃,杆件截面为矩形,截面高度 $h=l/10$。试用力法计算,作弯矩图。

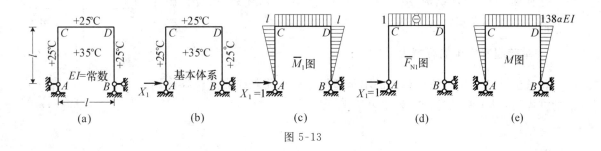

图 5-13

解 (1)选力法基本体系,如图 5-13(b)所示。

(2)写出变形条件和力法方程

$$\Delta_1=0, \quad \delta_{11}X_1+\Delta_{1t}=0$$

(3)求系数、自由项

作单位弯矩图,如图 5-13(c)所示。$\overline{M}_1$ 图自乘得

$$\delta_{11}=\frac{1}{EI}\left[\left(\frac{1}{2}l\cdot l\right)\left(\frac{2}{3}l\right)+(l\cdot l)(l)+\left(\frac{1}{2}l\cdot l\right)\left(\frac{2}{3}l\right)\right]=\frac{5}{3}\frac{l^3}{EI}$$

自由项 Δ_{1t} 为温度改变引起的基本结构的位移,用第 3 章所介绍的单位荷载法求温度改变引起的位移计算公式计算,即

$$\Delta_{1t}=\sum \alpha t_0 l\overline{F}_{N1}+\sum \frac{\alpha\Delta t A_{\overline{M}}}{h}$$

其中:$t_0=30℃$,$\Delta t=10℃$。作出单位轴力图,如图 5-13(d)所示。将 $X_1=1$ 引起的各杆轴力、各杆弯矩图的面积及 t_0、Δt 的值代入上式,求得

$$\Delta_{1t}=\alpha\cdot 30\cdot l\cdot(-1)-\frac{\alpha\cdot 10}{h}\left(\frac{1}{2}l\cdot l+l\cdot l+\frac{1}{2}l\cdot l\right)=-230\alpha l$$

将系数、自由项代入力法方程,得

$$\frac{5}{3}\frac{l^3}{EI}X_1-230\alpha l=0$$

解得

$$X_1=138\frac{\alpha EI}{l^2}$$

对于静定的基本结构,温度改变不引起内力,故最终弯矩图由下式确定

$$M=\overline{M}_1X_1$$

作出的弯矩图,如图 5-13(e)所示。

从上面例题可看出,温度改变引起的内力与杆件的刚度成正比;刚度增大,内力也随之增大。

学习指导:了解力法求解支座位移、温度变化引起的内力的计算过程。能正确写出变形条件和力法典型方程,会计算自由项。请做习题:5-1,5-11,5-20,5-21。

5-3 位 移 法

位移法是解算超静定结构的另一种基本方法,它以结构的结点位移作为基本未知数。有些结构用力法计算时基本未知数较多,而用位移法计算未知数可能会较少。比如图 5-14 所示结构,用力法计算有 8 个基本未知数,用位移法计算只有 1 个基本未知数。

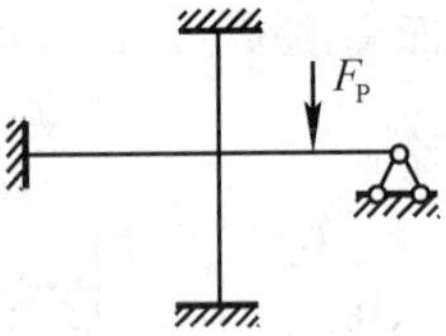

图 5-14

1. 单跨超静定梁的杆端力

位移法是基于用力法计算出的单跨超静定梁在荷载或支座位移作用下的杆端力,对于常见的情况列于表 5-1。

表 5-1

作用情况	梁的类型(跨长 l,线刚度 i)						
	编号	两端固定梁	编号	一端固定一端铰支梁	编号	一端固定一端滑动梁
支座转动	1	 $4i$ $2i$ $6i/l$ $6i/l$	2	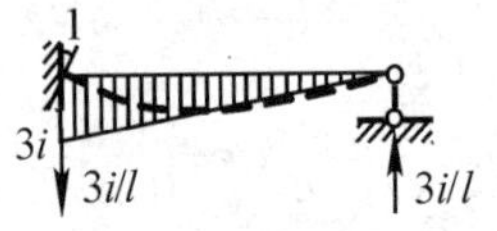 $3i$ $3i/l$ $3i/l$	3	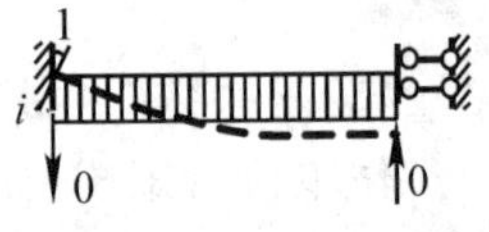 i 0 0
支座移动	4	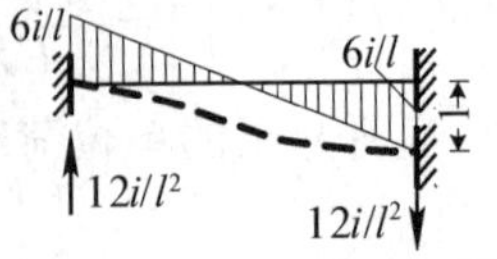 $6i/l$ $6i/l$ $12i/l^2$ $12i/l^2$	5	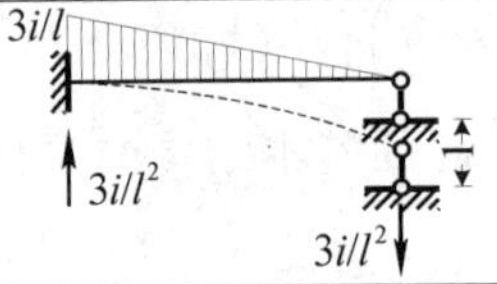 $3i/l$ $3i/l$ $3i/l^2$	6	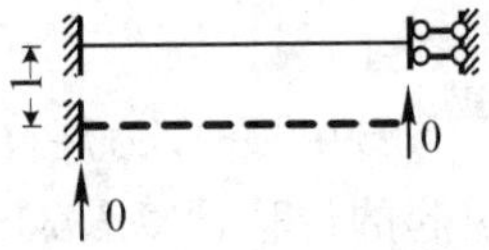 0 0
集中力作用	7	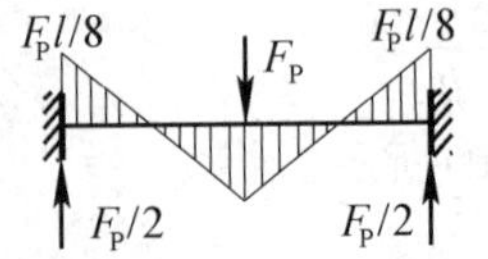 $F_Pl/8$ $F_Pl/8$ F_P $F_P/2$ $F_P/2$	8	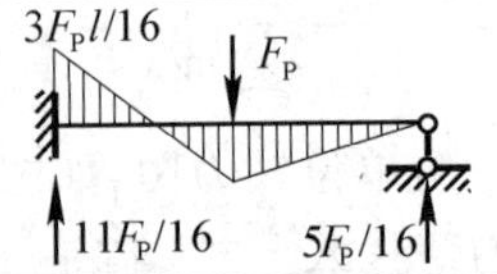 $3F_Pl/16$ F_P $11F_P/16$ $5F_P/16$	9	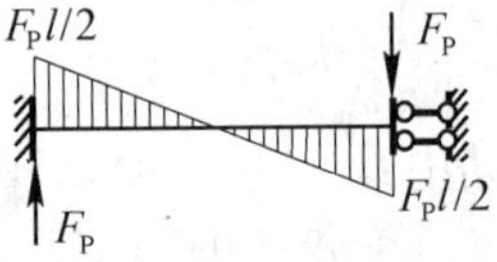 $F_Pl/2$ F_P F_P $F_Pl/2$
均布力作用	10	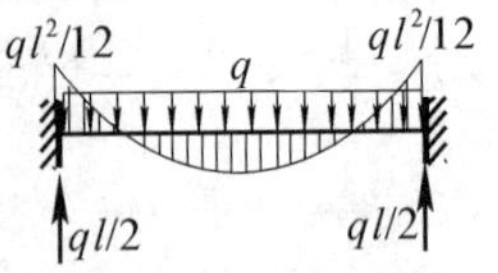 $ql^2/12$ q $ql^2/12$ $ql/2$ $ql/2$	11	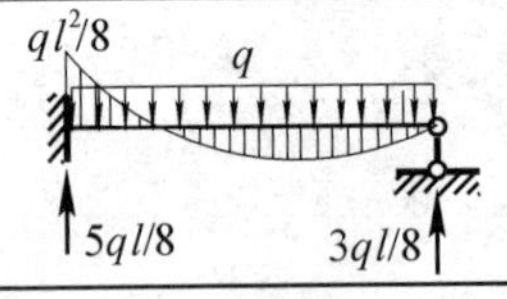 $ql^2/8$ q $5ql/8$ $3ql/8$	12	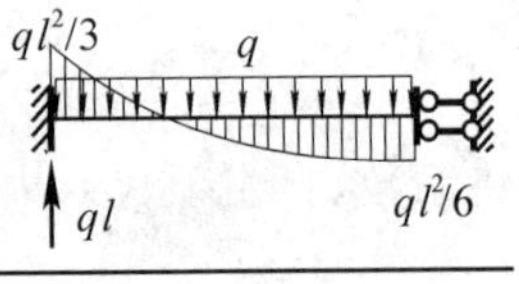 $ql^2/3$ q ql $ql^2/6$

表 5-1 中,$i = \dfrac{EI}{l}$,称为线刚度。编号为 7、8 中的集中荷载作用于 $l/2$ 处。

表 5-1 中所列出的单跨超静定梁的杆端弯矩要牢记。它们在本节、下节以及第 7 章和第 8 章均要用到,考核时也不给出。支座单位位移引起的杆端力称为形常数,荷载引起的杆端力称为载常数。

学习指导:记忆表 5-1 中的内容时,对于弯矩图,结合微分关系,只要记住杆端弯矩即可,弯矩图画在哪一侧可根据外部作用引起的弹性变形来判断。若弯矩图为一根直线的情况,可根据斜线的斜率为剪力来确定两端剪力;其他情况的杆端剪力可由荷载和杆端弯矩用平衡条件计算。结合着做习题,记住它们并不困难。请做习题:5-2,5-21,5-22。

2. 位移法的基本概念

下面以作图 5-15(a)所示两跨连续梁弯矩图为例，介绍位移法的基本概念。

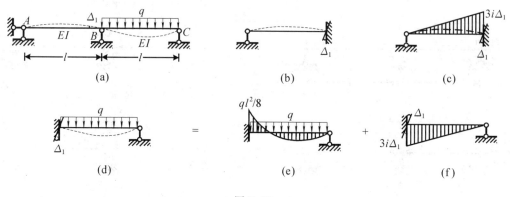

图 5-15

图 5-15(a)所示连续梁在荷载作用下产生弹性变形，在 B 截面有截面转角 Δ_1。如果 Δ_1 已知，那么梁的弯矩图可借助表 5-1 所提供的杆端力作出。AB 杆件上无荷载作用，其变形与图 5-15(b)相同，故内力相同，而图 5-15(b)的弯矩图可由表 5-1 中编号为 2 的弯矩图作出，如图 5-15(c)所示。BC 杆上有荷载作用，其内力与图 5-15(d)所示梁的内力相同，根据叠加法图 5-15(d)所示梁的内力可分解为图 5-15(e)和图 5-15(f)两种情况，图 5-15(f)的弯矩图做法同 AB 杆，而图 5-15(e)的弯矩可利用表 5-1 编号为 11 的弯矩图作出。可见，只需求出截面转角 Δ_1，借助表 5-1 即能作出弯矩图。下面讨论截面转角 Δ_1 的求解方法。

在 B 结点加一个限制转动的约束——刚臂，原结构化成图 5-16(b)所示体系，称为位移法基本结构。刚臂在简图中用 ▽ 表示，它是限制转动的约束，无论在结构的任何地方加了这种约束，加约束的截面即不能发生转角位移。需要注意的是，刚臂仅能约束转动，相当于一个约束，不能限制线位移，这一点与固定端支座不同，固定端支座相当于 3 个约束，既限制转动也限制线位移。

基本结构中，AB 杆的 B 端不能转动，支杆 B 使 B 端也不能移动，AB 杆相当于左端铰支右端固定的单跨梁。同样，BC 杆相当于左端固定右端铰支的单跨梁。加荷载后，与原结构相比，B 结点不能转动，刚臂产生对体系的约束反力矩，如图 5-16(c)所示。

为了消除基本体系与原结构的差别，需放松约束，即令刚臂转动。在简图中，用 ⋏ 表示使刚臂沿箭头方向转动。随着刚臂转动，刚臂反力矩也在变化。当刚臂转动了 Δ_1 时，刚臂不起作用，反力矩为零，即

$$F_1 = 0$$

这时基本体系的受力、变形与原结构一致，内力相同，如图 5-16(d)所示。将计算原结构在荷载作用下的问题化成了计算基本结构在刚臂转动和荷载共同作用下的问题。

基本结构现受两种外部作用：一种是外荷载，一种是刚臂转动。分开计算，然后相加。荷载单独作用时，其弯矩图可利用表 5-1 绘制，称为荷载弯矩图，记作 M_P 图，如图 5-16(f)所示。刚臂转动时，也可用表 5-1 绘制弯矩图。计算刚臂转动 Δ_1 时的弯矩图，可先计算刚臂转动单

位角度时的弯矩图,如图 5-16(e)所示,称为单位弯矩图,记作 $\overline{M}_1$ 图,然后将得到的结果乘以 Δ_1。基本结构在外荷载及刚臂转动 Δ_1 共同作用下的刚臂反力矩应等于这两种外部作用单独引起的反力矩之和,即

$$F_1 = k_{11}\Delta_1 + F_{1P} = 0 \tag{5-11}$$

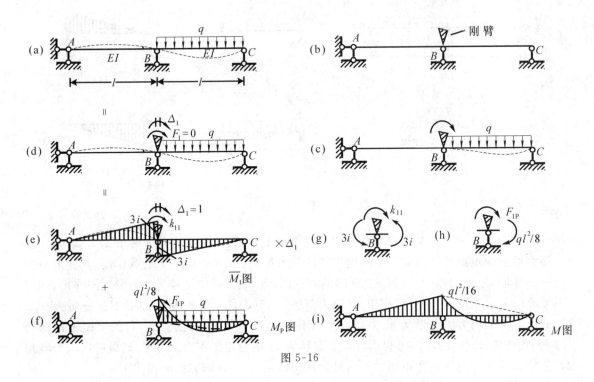

图 5-16

式(5-11)称为位移法方程,其中 k_{11}、F_{1P} 可利用结点平衡条件计算。取隔离体如图 5-16(g)、(h)所示,由隔离体的平衡可得

$$k_{11} = 3i + 3i = 6i, \quad F_{1P} = -\frac{ql^2}{8}$$

代入位移法方程(5-11),得 B 结点转角

$$\Delta_1 = \frac{ql^2}{48i}$$

原结构弯矩图可用单位弯矩图乘以 Δ_1 后与荷载弯矩图叠加获得

$$M = \overline{M}_1\Delta_1 + M_P$$

作出的弯矩图如图 5-16(i)所示。

从以上过程可见,基本未知量为结点位移,因此称这种方法为位移法。其基本思想与力法类似,即先将原结构改造成能计算的结构——基本结构,力法是通过减约束将原结构化成静定结构作为基本结构,位移法是通过加约束将原结构化成若干单跨梁组成的单跨梁系作为基本结构;然后消除基本结构与原结构的差别,力法是通过变形条件使解除约束处的位移与原结构相同来实现的,位移法是通过放松约束使附加约束的反力为零来实现的。所有计算过程都是在基本结构上进行的。为了充分理解位移法的概念,下面通过另一个结构将求解过程进一步加以说明。

计算图 5-17(a)所示结构，作弯矩图。

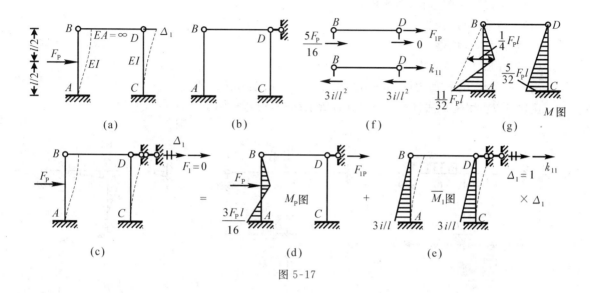

图 5-17

结构在荷载作用下，D 点发生水平位移 Δ_1，如图 5-17(a)所示。在 D 点加水平链杆支座，约束 D 点水平位移，因为 BD 杆刚度无穷大无轴向变形，B 点的水平位移也被约束，使得 AB 杆和 CD 杆均相当于下端固定上端铰支的单跨梁，如图 5-17(b)所示。这样得到了位移法基本结构。在基本结构上加荷载，D 点被约束无位移，附加约束有反力。为了消除基本结构在荷载作用下与原体系的差别，需放松约束，即令附加支杆移动，计算简图中用 ⇥ 表示约束沿箭头方向的移动。当支杆移动了 Δ_1 时，支杆反力 $F_1 = 0$，如图 5-17(c)所示。图 5-17(c)中，基本结构受两种作用：一是荷载，二是支杆移动。将两种作用分开计算，如图 5-17(d)、(e)所示，两种作用共同产生的支杆反力 F_1 等于单独作用引起的反力之和，即

$$F_1 = k_{11}\Delta_1 + F_{1P} = 0 \tag{5-12}$$

利用表 5-1 中编号为 8 的弯矩图可作出基本结构在荷载作用下的弯矩图，即 M_P 图，如图 5-17(d)所示。利用表 5-1 中编号为 5 的弯矩图可作出基本结构在支杆移动单位位移时的弯矩图，即 $\overline{M}_1$ 图，如图 5-17(e)所示。取隔离体如图 5-17(f)所示，可求得

$$k_{11} = 3i/l^2 + 3i/l^2 = 6i/l^2, \quad F_{1P} = -\frac{5F_P}{16}$$

代入位移法方程(5-12)，解出 D 点位移为

$$\Delta_1 = \frac{5F_P l^2}{96i}$$

用叠加公式 $M = \overline{M}_1 \Delta_1 + M_P$，作出弯矩图如图 5-17(g)所示。

求解前，位移 Δ_1 的大小和方向均是未知的。对于本例，因为受力简单，不用计算也可以确定 Δ_1 的方向是向右的。若荷载或结构复杂一些，方向并不能事先确定。这时可假定方向，当计算结果为正时，假定是正确的；为负时，方向与假定方向相反。

通过上面分析可知位移法解题的步骤为：

(1)在结构上加适当的约束，得位移法基本结构，即超静定单跨梁系。

（2）列位移法方程。

（3）作单位弯矩图、荷载弯矩图。

（4）求系数和自由项。

（5）解方程，求位移。

（6）用叠加法作弯矩图。

当弯矩图作出后，剪力图和轴力图可按第 3 章所述方法绘制。

例题 5-7 用位移法计算图 5-18(a)所示结构，作弯矩图。

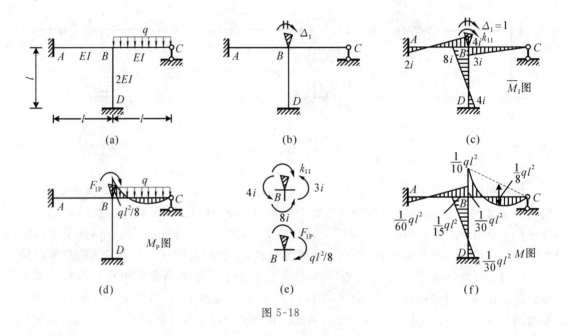

图 5-18

解 （1）在 B 结点加刚臂得基本结构如图 5-18(b)所示。刚臂约束的 B 结点转角为基本未知量，设顺时针为正。

（2）列出位移法方程

$$k_{11}\Delta_1 + F_{1P} = 0$$

（3）作单位弯矩图和荷载弯矩图，如图 5-18(c)、(d)所示。注意各杆的抗弯刚度不同，设 $i = EI/l$。

（4）求系数和自由项。取隔离体如图 5-18(e)所示，由结点平衡得

$$k_{11} = 4i + 8i + 3i = 15i, F_{1P} = -\frac{1}{8}ql^2$$

（5）解方程，求位移

$$\Delta_1 = \frac{ql^2}{120i}$$

结果为正，表示 B 结点转角与所设方向相同，是顺时针转的。

（6）叠加法作弯矩图

$$M = \overline{M}_1\Delta_1 + M_P$$

作出的弯矩图如图 5-18(f)所示。

例题 5-8 用位移法计算图 5-19(a)所示结构,作弯矩图。

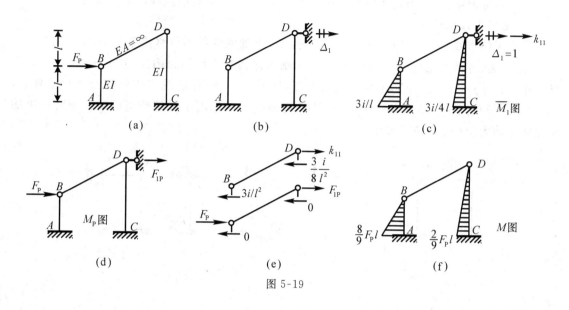

图 5-19

解 (1)确定基本结构。在 D 结点加水平支杆,CD 杆相当于下端固定上端铰支梁;因为 BD 杆无轴向变形,D 点不动使得 B 点也不能动,故 AB 杆也相当于下端固定上端铰支梁。基本结构如图 5-19(b)所示,基本未知数为 D 点水平位移。

(2)列位移法方程

$$k_{11}\Delta_1 + F_{1P} = 0$$

(3)作单位弯矩图、荷载弯矩图。基本结构在荷载作用下只有轴力无弯矩,如图 5-19(d)所示;单位弯矩图如图 5-19(c)所示。注意 AB 杆与 CD 杆长度不同线刚度也不同,设 $i=EI/l$,AB 杆线刚度为 i,CD 杆线刚度为 $i/2$。

(4)求系数和自由项

取隔离体如图 5-19(e)所示,由隔离体的平衡,可得

$$k_{11} = \frac{27}{8}\frac{i}{l^2}, \quad F_{1P} = -F_P$$

(5)解方程求位移

$$\Delta_1 = \frac{8F_P l^2}{27i}$$

(6)作弯矩图

由叠加法公式 $M=\overline{M}_1\Delta_1 + M_P$ 作出弯矩图如图 5-19(f)所示。

学习指导:熟练掌握用位移法计算具有一个位移法基本未知量的梁和刚架。请做习题:5-23。

3. 位移法基本结构与基本未知量的确定

位移法的基本未知量为结点的转角位移和线位移,位移法的基本结构是通过附加支杆和刚臂约束这些位移得到的,因此基本结构确定了,基本未知量也就确定了。下面讨论基本结构

的确定。

将结构分成两类:一类是无结点线位移的结构,另一类是有结点线位移的结构。

(1)无结点线位移的结构

对于无结点线位移的结构,只需在所有刚结点上加刚臂即得位移法基本结构。如图 5-20(a)所示刚架,各结点无线位移,在刚结点上加刚臂即得基本结构如图 5-20(b)所示。注意,B 结点是组合结点(半铰结点),刚臂加在连接 BC 杆和 BF 杆的 B 结点刚结部分。加刚臂后,AE 和 BF 杆相当于两端固定的梁,其他杆件均相当于一端固定一端铰支的梁。刚臂约束的结点转角即为位移法基本未知量。

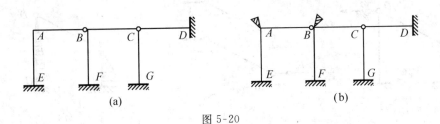

图 5-20

(2)有结点线位移的结构

对于结点有线位移的结构,除所有刚结点需加刚臂外,还需在结点上加支杆约束结点线位移。加多少个支杆,加在什么位置,对于简单结构可直接看出。如图 5-21(a)所示结构,A、B、C、D 点均无竖向位移,水平位移相同,只需在 D 点加水平支杆即可得到基本结构,如图 5-21(b)所示。支杆也可不加在 D 点,而加在 A、B、C 任意一点上。基本未知量有 3 个:B、C 结点的转角和 D 点的水平位移。

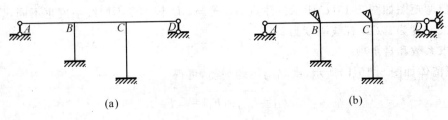

图 5-21

对于较复杂结构可采用下述方法确定加支杆的数量及位置。

将结构上所有刚结点(包括限制转动的支座)用铰结点代替,使结构化成铰结体系。用第 1 章几何组成分析的方法对铰结体系进行几何组成分析。若体系是几何不变的,则不需加支杆;若是几何可变体系(包括瞬变体系),则将其变为几何不变体系在结点上所需增加的支杆即是构成位移法基本结构所需加的支杆。如图 5-22(a)所示结构,将其变成铰结体系,如图 5-22(b)所示。图 5-22(b)所示体系是几何可变的,若使其几何不变需加 4 根支杆,如图 5-22(c)所示。基本结构如图 5-22(d)所示,共有 14 个基本未知量,其中有 10 个结点转角,4 个结点线位移。

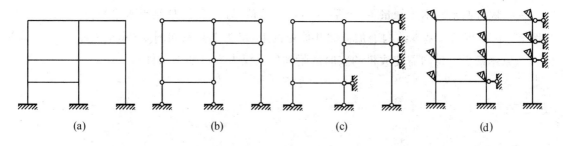

(a)   (b)   (c)   (d)

图 5-22

用这种方法确定有些结构的基本结构时会多加一些支杆。如图 5-23(a)所示结构,若用上述方法分析会得到图 5-23(b)所示基本结构。图 5-23(b)中 G 点的支杆可不加,对应的基本结构为图 5-23(c)。取这两种基本结构的任意一个计算,内力结果是一样的,但取图 5-23(b)基本结构比图 5-23(c)基本结构多计算 G 点的水平位移,基本未知量多一个,计算工作量大一些。

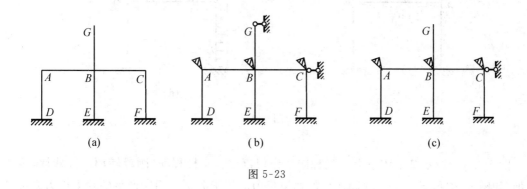

(a)   (b)   (c)

图 5-23

学习指导:掌握位移法基本结构与基本未知量的确定。请做习题:5-4,5-5。

4. 位移法典型方程

前面介绍了具有一个基本未知量的位移法求解过程,不具有一般性。下面以图 5-24(a)所示结构为例介绍位移法求解的一般过程。

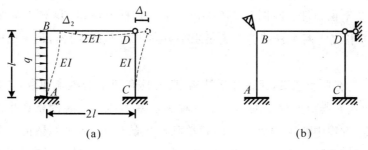

(a)   (b)

图 5-24

该结构有两个基本未知量,一个是 B 结点的转角,另一个是 D 结点水平线位移,基本结构如图 5-24(b)所示。基本结构上加荷载并放松约束,得基本体系如图 5-25(a)所示。若使基本体系与原体系受力相同需使放松约束时的附加约束反力满足如下条件:

$$\left.\begin{array}{l} F_1 = 0 \\ F_2 = 0 \end{array}\right\} \tag{5-13}$$

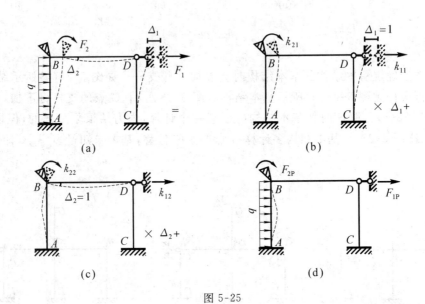

图 5-25

图 5-25(a)所示基本体系上有三种因素作用:荷载,支杆移动,刚臂转动。分开计算,然后叠加,如图 5-25 所示。它们共同产生的约束反力应等于分别作用时产生的约束反力之和,即

$$\left.\begin{array}{l} F_1 = k_{11}\Delta_1 + k_{12}\Delta_2 + F_{1P} \\ F_2 = k_{21}\Delta_1 + k_{22}\Delta_2 + F_{2P} \end{array}\right\} \tag{5-14}$$

由式(5-13),得

$$\left.\begin{array}{l} k_{11}\Delta_1 + k_{12}\Delta_2 + F_{1P} = 0 \\ k_{21}\Delta_1 + k_{22}\Delta_2 + F_{2P} = 0 \end{array}\right\} \tag{5-15}$$

此即为位移法基本方程,也称为位移法典型方程。它所表示的是消除基本体系与原体系差别的条件,其实质是平衡条件。在图 5-25(a)中,若将 AB 杆上端和 CD 杆上端切断,取上侧部分作隔离体,$F_1 = 0$ 相当于两个杆端剪力满足水平方向平衡方程;同样,$F_2 = 0$ 相当于结点 B 的力矩平衡方程。

方程(5-15)具有典型意义,无论什么结构,只要具有两个基本未知数,位移法方程均为方程(5-15)所示形式。典型方程中的第一个方程表示基本体系上各因素产生的第一个附加约束中的反力为零,方程中各项均为一种因素单独产生的反力,每个系数的下角标说明了这一点,第一个角标表示在哪个约束中产生的反力,第二个角标表示哪个因素产生的这个反力。当结构有 n 个基本未知量时,不难写出其位移法典型方程为

$$
\left.\begin{aligned}
k_{11}\Delta_1 + k_{12}\Delta_2 + \cdots + k_{1n}\Delta_n + F_{1P} &= 0\\
k_{21}\Delta_1 + k_{22}\Delta_2 + \cdots + k_{2n}\Delta_n + F_{2P} &= 0\\
&\vdots\\
k_{n1}\Delta_1 + k_{n2}\Delta_2 + \cdots + k_{nn}\Delta_n + F_{nP} &= 0
\end{aligned}\right\}
$$

方程中的系数 k_{ij} 称为刚度系数,是体系常数与外部作用无关,其意义是:当第 j 个约束发生单位位移 $\Delta_j = 1$ 时,在第 i 个约束中产生的反力。$i = j$ 时称为主系数,恒大于零;$i \neq j$ 时称为副系数,满足关系 $k_{ij} = k_{ji}$(反力互等定理)。F_{iP} 称为荷载项或自由项,是荷载单独作用于基本结构时,在第 i 个约束中产生的反力。刚度系数和自由项均以与假设基本未知量的方向相同为正。

下面计算刚度系数和自由项。

(1)计算 k_{11}、k_{21}

作出图 5-25(b)的弯矩图,如图 5-26(a)所示。

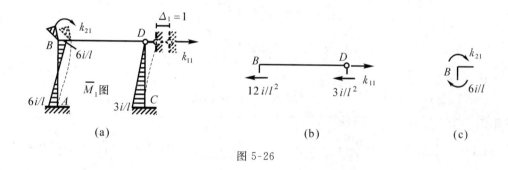

图 5-26

取隔离体如图 5-26(b)、(c)所示,在列平衡方程时不出现的力不必画出。由隔离体的平衡,得

$$k_{11} = 15i/l^2, \quad k_{21} = -6i/l$$

(2)计算 k_{12}、k_{22}

作出图 5-25(c)的弯矩图,如图 5-27(a)所示。

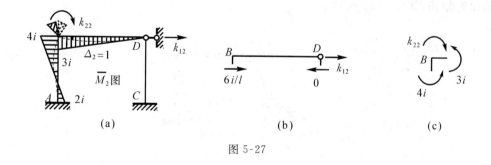

图 5-27

取隔离体如图 5-27(b)、(c)所示。由隔离体的平衡,得

$$k_{12} = -6i/l, k_{22} = 7i$$

(3)计算 F_{1P}、F_{2P}

作出图 5-25(d)的弯矩图,如图 5-28(a)所示。

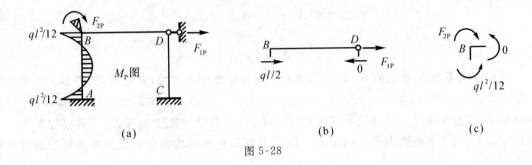

图 5-28

取隔离体如图 5-28(b)、(c)所示。由隔离体的平衡,得

$$F_{1P} = -ql/2, \quad F_{2P} = ql^2/12$$

将求得的系数、自由项代入典型方程,求得结点位移为

$$\Delta_1 = 0.0435 \frac{ql^3}{i}$$
$$\Delta_2 = 0.0254 \frac{ql^2}{i}$$

由叠加公式

$$M = \overline{M}_1 \Delta_1 + \overline{M}_2 \Delta_2 + M_P \tag{5-16}$$

作弯矩图。按式(5-16)算出的各杆端弯矩为

$$M_{AB} = -\frac{6i}{l}\Delta_1 + 2i\Delta_2 - \frac{ql^2}{12} = -\frac{6i}{l} \times 0.0435 \frac{ql^3}{i} + 2i \times 0.0254 \frac{ql^2}{i} - \frac{ql^2}{12} = -0.294ql^2$$

$$M_{BA} = -\frac{6i}{l}\Delta_1 + 4i\Delta_2 + \frac{ql^2}{12} = -\frac{6i}{l} \times 0.0435 \frac{ql^3}{i} + 4i \times 0.0254 \frac{ql^2}{i} + \frac{ql^2}{12} = -0.0761ql^2$$

$$M_{BD} = 3i\Delta_2 = 3i \times 0.0254 \frac{ql^2}{i} = 0.0762ql^2$$

$$M_{CD} = -\frac{3i}{l}\Delta_1 = -\frac{3i}{l} \times 0.0435 \frac{ql^3}{i} = -0.131ql^2$$

据此画出弯矩图,如图 5-29 所示。

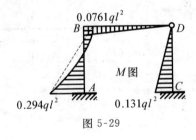

图 5-29

例题 5-9 用位移法计算图 5-30(a)所示结构,作弯矩图。已知各杆 $l = 4\text{m}, q = 20\text{kN/m}$。

解 (1)确定基本体系

这是无结点线位移的刚架,只需在两个刚结点上加刚臂即得基本结构。刚结点的转角为基本未知量,设顺时针转,加荷载后得位移法基本体系如图 5-30(b)所示。

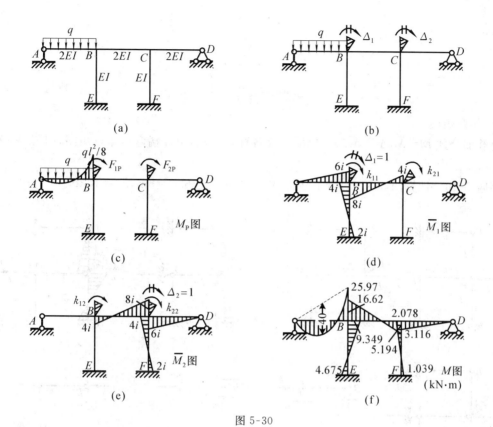

图 5-30

（2）建立典型方程

$$
\left.
\begin{aligned}
k_{11}\Delta_1 + k_{12}\Delta_2 + F_{1P} = 0 \\
k_{21}\Delta_1 + k_{22}\Delta_2 + F_{2P} = 0
\end{aligned}
\right\}
$$

（3）作荷载弯矩图及单位弯矩图

设柱的线刚度为 $i = EI/l$，则梁的线刚度为 $2i$。荷载弯矩图和单位弯矩图如图 5-30（c）、（d）、（e）所示。

（4）求系数和自由项

在 $\overline{M}_1$ 图中截取 B 结点和 C 结点作隔离体，可求得

$$
k_{11} = 18i, \quad k_{21} = 4i
$$

在 $\overline{M}_2$ 图中截取 B 结点和 C 结点作隔离体，可求得

$$
k_{12} = 4i, \quad k_{22} = 18i
$$

在 M_P 图中截取 B 结点和 C 结点作隔离体，可求得

$$
F_{1P} = ql^2/8, \quad F_{2P} = 0
$$

（5）解典型方程，求结点位移

将系数和自由项代入典型方程，有

$$
\left.
\begin{aligned}
18i\Delta_1 + 4i\Delta_2 + \frac{ql^2}{8} = 0 \\
4i\Delta_1 + 18i\Delta_2 = 0
\end{aligned}
\right\}
$$

93

解方程得

$$\Delta_1 = -\frac{9}{1232}\frac{ql^2}{i}$$

$$\Delta_2 = \frac{2}{1232}\frac{ql^2}{i}$$

(6)作弯矩图

由叠加公式 $M = \overline{M}_1\Delta_1 + \overline{M}_2\Delta_2 + M_P$ 计算各杆端弯矩,由杆端弯矩作弯矩图,如图 5-30(f)所示。

例题 5-10 计算图 5-31(a)所示结构,作弯矩图。已知:$l=5\text{m}$,$F_P=10\text{kN}$。

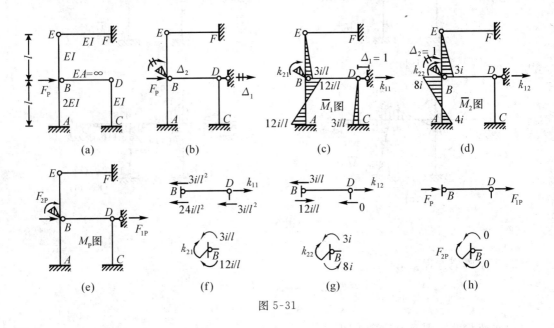

图 5-31

解 (1)确定基本体系

基本体系及基本未知量如图 5-31(b)所示。

(2)建立典型方程

$$k_{11}\Delta_1 + k_{12}\Delta_2 + F_{1P} = 0$$
$$k_{21}\Delta_1 + k_{22}\Delta_2 + F_{2P} = 0$$

(3)作单位弯矩图、荷载弯矩图

单位弯矩图、荷载弯矩图如图 5-31(c)、(d)、(e)所示。

(4)求系数、自由项

在 $\overline{M}_1$ 图中截取隔离体如图 5-31(f)所示。由隔离体的平衡可求得

$$k_{11} = 30i/l^2 , \quad k_{21} = -9i/l$$

在 $\overline{M}_2$ 图中截取隔离体如图 5-31(g)所示。由隔离体的平衡可求得

$$k_{12} = -9i/l, \quad k_{22} = 11i$$

在 M_P 图中截取隔离体如图 5-31(h)所示。由隔离体的平衡可求得

$$F_{1P} = -F_P , \quad F_{2P} = 0$$

（5）解典型方程，求结点位移

将系数和自由项代入典型方程，有

$$\left.\begin{array}{c} \dfrac{30i}{l^2}\Delta_1 - \dfrac{9i}{l}\Delta_2 - F_P = 0 \\[3mm] -\dfrac{9i}{l}\Delta_1 + 11i\Delta_2 = 0 \end{array}\right\}$$

解方程得

$$\left.\begin{array}{c} \Delta_1 = 0.044\,\dfrac{F_P l^2}{i} \\[3mm] \Delta_2 = 0.036\,\dfrac{F_P l}{i} \end{array}\right\}$$

（6）作弯矩图

由叠加公式 $M = \overline{M}_1\Delta_1 + \overline{M}_2\Delta_2 + M_P$ 计算各杆端弯矩，得

$$M_{AB} = -\frac{12i}{l}\Delta_1 + 4i\Delta_2 = -\frac{12i}{l}\cdot 0.044\,\frac{F_P l^2}{i} + 4i \cdot 0.036\,\frac{F_P l}{i} = -19.2\text{kN}\cdot\text{m}$$

$$M_{BA} = -\frac{12i}{l}\Delta_1 + 8i\Delta_2 = -\frac{12i}{l}\cdot 0.044\,\frac{F_P l^2}{i} + 8i \cdot 0.036\,\frac{F_P l}{i} = -12\text{kN}\cdot\text{m}$$

$$M_{BE} = \frac{3i}{l}\Delta_1 + 3i\Delta_2 = \frac{3i}{l}\cdot 0.044\,\frac{F_P l^2}{i} + 3i \cdot 0.036\,\frac{F_P l}{i} = 12\text{kN}\cdot\text{m}$$

$$M_{CD} = -\frac{3i}{l}\Delta_1 = -\frac{3i}{l}\cdot 0.044\,\frac{F_P l^2}{i} = -6.6\text{kN}\cdot\text{m}$$

由杆端弯矩作弯矩图，如图 5-32 所示。

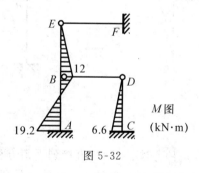

图 5-32

学习指导：掌握位移法计算荷载作用下的刚架和连续梁，理解位移法典型方程的意义及方程中各系数的意义。请做习题：5-12，5-25。

关于位移法的几点补充说明：

（1）剪力图、轴力图的绘制

当用位移法作出弯矩图后，其他内力的计算属于静定问题。按第二章静定结构的计算方法，利用微分关系或杆件的平衡条件由弯矩图可作出剪力图，再用结点平衡条件由剪力图可作轴力图。

例如作图 5-31(a)所示结构的剪力图和轴力图，其弯矩图如图 5-32 所示。各杆弯矩图均为直线图形，由微分关系知弯矩图的直线斜率即为剪力值，剪力符号由将杆轴线转向弯矩图直线的

转向确定,顺时针为正,逆时针为负。据此画出剪力图如图 5-33(a)所示。取结点为隔离体,如图 5-33(b)所示。由结点平衡可求得各杆端轴力,由杆端轴力作出轴力图如图 5-33(c)所示。

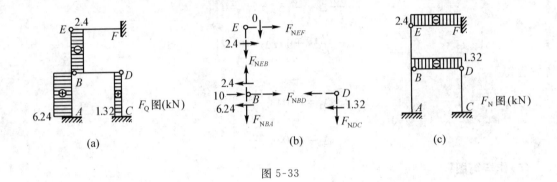

图 5-33

(2)位移法既可以解刚架和连续梁,也可以解桁架。但是,由于桁架计轴向变形,每个结点一般有两个线位移,使得基本未知量过多,手算时不方便,一般不用位移法求解。

(3)位移法既可求解超静定也可求解静定结构,而力法只能求解超静定结构。

(4)为了减少基本未知量的个数,当结构中的有些杆件的抗弯刚度比其他杆件大许多时,可以将这些刚度大的杆件假设成刚体。例如图 5-34(a)所示刚架,有 3 个位移法基本未知数,而图 5-34(b)所示刚架只有一个基本未知数。

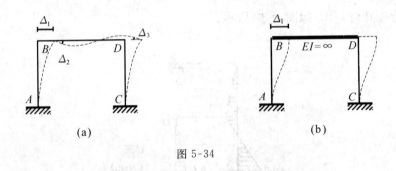

图 5-34

(5)建立位移法基本方程有两种方法:一种是直接列平衡方程,一种是列典型方程,前面介绍的是后者,要了解前者请参阅其他教材。两种方法应熟练掌握其中一种。

(6)用位移法也可计算支座位移、温度变化、制造误差等原因产生的内力、位移。具体解法请参见其他教材。

(7)在表 5-1 中,杆端弯矩、杆端剪力及杆端位移均有符号规定,但在用前述方法建立位移法基本方程时并不重要,故在前面没有提及。

5-4 力矩分配法

力矩分配法是计算连续梁和无侧移刚架内力的实用计算方法。这种方法不需解方程组,并且运算简单,便于使用。

1. 基本概念

下面以计算图 5-35(a)所示两跨连续梁为例,介绍力矩分配法的基本概念。

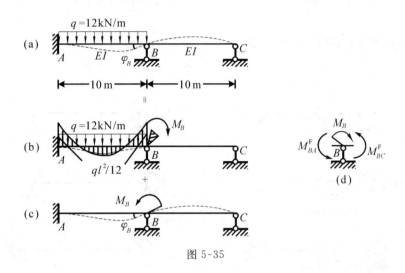

图 5-35

像在位移法中那样,先在结点 B 处加限制转动的约束,然后加荷载,如图 5-35(b)所示。这时附加刚臂会产生作用于结点 B 的反力矩 M_B,称其为约束力矩,规定顺时针转为正。把这种状态称为固定状态。显然固定状态与原结构受力不同,位移也不同。固定状态比原结构在 B 点多了一个约束力矩,为消除此约束力矩的影响,可在结构的 B 点加反向的约束力矩,如图 5-35(c)所示。图 5-35(b)、(c)两种状态受力相加与原结构相同,位移亦相同。固定状态 B 结点无转角,故图 5-35(c)中的 B 结点转角与原结构相同。加反向的约束力矩相当于放松约束,称图 5-35(c)状态为放松状态。原结构的内力可通过分别计算固定状态和放松状态,然后叠加得到。下面分别计算两种状态的内力。

(1)固定状态

图 5-35(b)所示固定状态的弯矩图可利用表 5-1 来作,与位移法中作荷载弯矩图相同。将荷载引起的固定状态的杆端弯矩称作固端弯矩,记作 M^F,规定绕杆端顺时针转为正。这里顺便规定对于其他原因引起的杆端弯矩也是绕杆端顺时针为正。对于本例来说,各杆端的固端弯矩为:

$$M_{AB}^F = -\frac{ql^2}{12} = -100 \text{kN} \cdot \text{m}, \quad M_{BA}^F = \frac{ql^2}{12} = 100 \text{kN} \cdot \text{m}, \quad M_{BC}^F = M_{CB}^F = 0$$

由结点 B 的平衡(见图 5-35(d)),可求得约束力矩为

$$M_B = M_{BA}^F + M_{CB}^F = 100 \text{kN} \cdot \text{m}$$

注意:正的固端弯矩绕结点逆时针转,结点的约束力矩等于结点所连接的各杆端固端弯矩之和。

(2)放松状态

图 5-35(c)所示的放松状态只在结点上有力偶作用,杆端弯矩可利用转动刚度、分配系数、传递系数、分配弯矩、传递弯矩等概念计算。

若 AB 杆 A 端无线位移,则欲使 A 端发生单位转角,在 A 端所需施加的杆端弯矩称为 AB 杆 A 端的转动刚度,记作 S_{AB},A 端称为近端,B 端称为远端。转动刚度与杆件的线刚度和远端的支承情况有关。

当远端为固定支座时,如图 5-36(a)所示,比照图 5-36(b),可知

$$S_{AB}=4i$$

当远端为铰支座时,如图 5-36(c)所示,比照图 5-36(d),可知

$$S_{AB}=3i$$

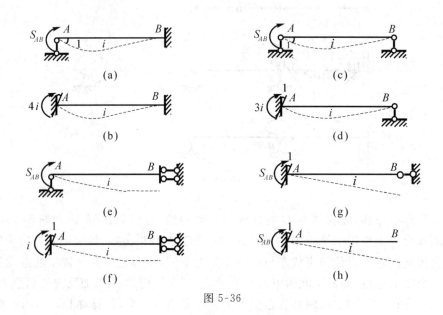

图 5-36

当远端为滑动支座时,如图 5-36(e)所示,比照图 5-36(f),可知

$$S_{AB}=i$$

当远端为水平链杆支座或自由端时,如图 5-36(g)、(h)所示,可知

$$S_{AB}=0$$

利用转动刚度可以将放松状态的杆端弯矩用杆端转角表示。对于图 5-35(c)所示放松状态,即图 5-37(a),有

$$M_{BA}=S_{BA}\varphi_B,\quad M_{BC}=S_{BC}\varphi_B \tag{5-17}$$

取放松状态的 B 结点为隔离体,如图 5-37(b)所示。由隔离体的平衡,得

$$M_{BA}+M_{BC}+M_B=0$$

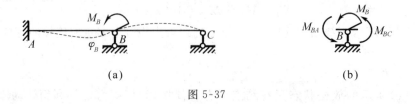

图 5-37

将式(5-17)代入,得

$$S_{BA}\varphi_B + S_{BC}\varphi_B = -M_B$$

因此有

$$\varphi_B = \frac{-M_B}{S_{BA} + S_{BC}} \tag{5-18}$$

代入式(5-17),得杆端弯矩为

$$M_{BA} = \frac{S_{BA}}{S_{BA} + S_{BC}}(-M_B), \quad M_{BC} = \frac{S_{BC}}{S_{BA} + S_{BC}}(-M_B) \tag{5-19}$$

或

$$M_{BA} = \mu_{BA}(-M_B), \quad M_{BC} = \mu_{BC}(-M_B) \tag{5-20}$$

其中:

$$\mu_{BA} = \frac{S_{BA}}{S_{BA} + S_{BC}}, \quad \mu_{BC} = \frac{S_{BC}}{S_{BA} + S_{BC}} \tag{5-21}$$

称为分配系数。从图5-37(b)可见,结点B上的外力偶M_B由两个杆端弯矩平衡,每个杆端各应承担一定的份额。从式(5-20)可见每个杆端所承担的份额由杆端的转动刚度决定,转动刚度大的承担的多。μ_{BA}表示AB杆B端所分担的份额,称为AB杆B端的分配系数;μ_{BC}称为BC杆B端的分配系数。由分配系数的定义可知,一个结点所连接的各杆端分配系数之和一定为1。相应的杆端弯矩M_{BA}和M_{BC}称为分配弯矩。

在固定状态已算得约束力矩$M_B = 100\text{kN} \cdot \text{m}$。根据$AB$杆$A$端为固定端,$BC$杆$C$端为铰支端得刚度系数$S_{BA} = 4i$、$S_{BC} = 3i$。由式(5-21)算得分配系数$\mu_{BA} = \frac{4i}{4i + 3i} = 0.571$,$\mu_{BA} = \frac{3i}{4i + 3i} = 0.429$。由式(5-20)算得分配弯矩为

$$M_{BA} = \mu_{BA}(-M_B) = 0.571 \times (-100\text{kN} \cdot \text{m}) = -57.1\text{kN} \cdot \text{m}$$
$$M_{BC} = \mu_{BC}(-M_B) = 0.429 \times (-100\text{kN} \cdot \text{m}) = -42.9\text{kN} \cdot \text{m}$$

下面计算AB杆A端和BC杆C端的杆端弯矩,即远端的杆端弯矩。

在图5-36(a)、(e)两种情况下,近端产生杆端弯矩的同时在远端也产生杆端弯矩,如图5-38所示。并且近端的杆端弯矩与远端的杆端弯矩的比值为常数,此比值记作C,即

(a)   (b)

图 5-38

$$C_{AB} = \frac{\text{远端}(B\text{端})\text{弯矩}}{\text{近端}(A\text{端})\text{弯矩}} = \frac{2i}{4i} = \frac{1}{2} \qquad \text{远端}(B\text{端})\text{为固定端}$$

$$C_{AB} = \frac{\text{远端}(B\text{端})\text{弯矩}}{\text{近端}(A\text{端})\text{弯矩}} = \frac{i}{-i} = -1 \qquad \text{远端}(B\text{端})\text{为滑动端}$$

称为传递系数。远端为铰支或自由端时,传递系数为零。有了近端弯矩和传递系数即可算出远端弯矩,远端弯矩称为传递弯矩。

对于放松状态的图5-37(a),根据AB杆A端为固定端,BC杆C端为铰支端得到传递系

数分别为 $C_{BA}=\dfrac{1}{2}$，$C_{BC}=0$，据此算出传递弯矩为

$$M_{AB}=C_{BA}M_{BA}=\frac{1}{2}\times(-57.1\mathrm{kN\cdot m})=-28.55\mathrm{kN\cdot m}$$

$$M_{CB}=C_{BC}M_{BC}=0\times(-28.55\mathrm{kN\cdot m})=0$$

至此，算出了放松状态的各杆端弯矩。

原结构的杆端弯矩等于固定状态和放松状态的杆端弯矩之和，即

$$M_{AB}=-100\mathrm{kN\cdot m}+(-28.55\mathrm{kN\cdot m})=-128.55\mathrm{kN\cdot m}$$

$$M_{BA}=100\mathrm{kN\cdot m}+(-57.1\mathrm{kN\cdot m})=42.9\mathrm{kN\cdot m}$$

$$M_{BC}=0+(-42.9\mathrm{kN\cdot m})=-42.9\mathrm{kN\cdot m}$$

$$M_{CB}=0+0=0$$

据此可做出结构的弯矩图，如图 5-39 所示。

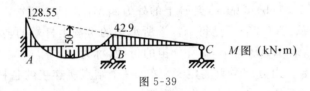

图 5-39

计算步骤为：

(1)计算刚结点所连接杆端的转动刚度和分配系数。

(2)计算各杆端的固端弯矩及约束力矩；约束力矩等于刚结点所连接杆端的固端弯矩之和。

(3)计算分配弯矩；将约束力矩变号乘以分配系数得分配弯矩。

(4)计算传递系数。

(5)计算传递弯矩；传递系数乘以分配弯矩得传递弯矩。

(6)将各杆端的固端弯矩与分配弯矩或传递弯矩相加得最终杆端弯矩。

(7)作弯矩图。

整个计算过程可列表实现。先在各杆端标出分配系数和固端弯矩，然后将刚结点连接杆端的固端弯矩相加得约束力矩，再将约束力矩变号乘以分配系数所得到的分配弯矩标出，接着画一个箭头表示传递方向，算出传递弯矩，最后将各杆端下的弯矩相加得最终杆端弯矩，如图 5-40 所示。

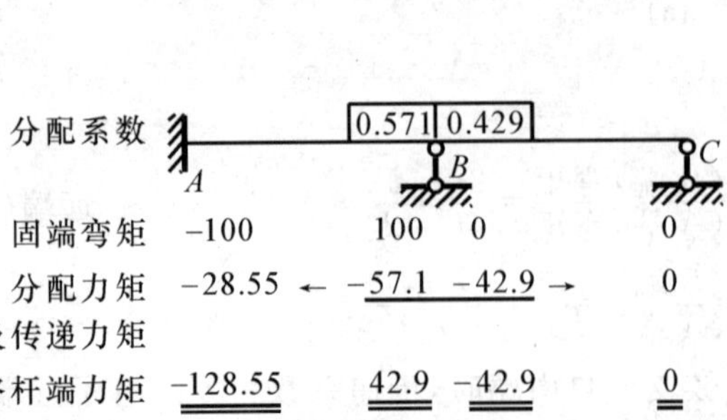

分配系数		0.571	0.429		
	A	B			C
固端弯矩	−100	100	0		0
分配力矩 及传递力矩	−28.55 ←	−57.1	−42.9 →		0
最终杆端力矩	−128.55	42.9	−42.9		0

图 5-40

例题 **5-11** 试用力矩分配法计算图 5-41(a)所示刚架,作弯矩图。

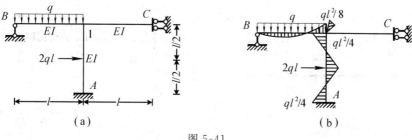

图 5-41

解 结点 1 无线位移,可用力矩分配法计算。

(1)计算刚度系数

$$S_{1A}=4i, \quad S_{1B}=3i, \quad S_{1C}=i$$

(2)计算分配系数

$$\mu_{1A}=\frac{S_{1A}}{S_{1A}+S_{1B}+S_{1C}}=\frac{1}{2}, \quad \mu_{1B}=\frac{S_{1B}}{S_{1A}+S_{1B}+S_{1C}}=\frac{3}{8}, \quad \mu_{1C}=\frac{S_{1C}}{S_{1A}+S_{1B}+S_{1C}}=\frac{1}{8}$$

(3)计算固端弯矩

在结点 1 上加刚臂,作固定状态的弯矩图,如图 5-41(b)所示。可知各杆端的固端弯矩为

$$M_{1B}^{F}=\frac{ql^2}{8}, \quad M_{B1}^{F}=0, \quad M_{1A}^{F}=\frac{ql^2}{4}, \quad M_{A1}^{F}=-\frac{ql^2}{4}, \quad M_{1C}^{F}=M_{C1}^{F}=0$$

图 5-41(b)也可不画出,直接由表 5-1 求出固端弯矩。

其他计算可列表进行,如图 5-42 所示。计算表也可直接画在结构上,如图 5-43 所示。

结 点	B	A		1		C
杆 端	B1	A1	1A	1B	1C	C1
分配系数			1/2	3/8	1/8	
固端弯矩	0	-1/4	1/4	1/8	0	0
分配与传递力矩	0	-3/32	3/16	-9/64	-3/64	3/64
杆端弯矩	0	-11/32	1/16	-1/64	-3/64	3/64

图 5-42

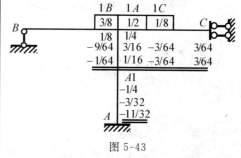

图 5-43

(4)作弯矩图

根据杆端弯矩所作的弯矩图如图 5-44 所示。

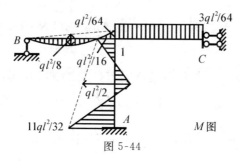

图 5-44

101

例题 **5-12** 试计算图 5-45(a)所示结构,作弯矩图。

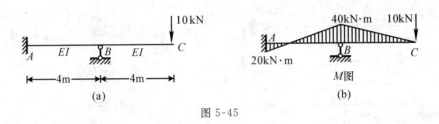

图 5-45

解 CB 部分为静定部分,弯矩图可直接画出。由 B 结点的力矩平衡条件可求出 AB 杆 B 端截面弯矩 $M_{BA}=40\text{kN}\cdot\text{m}$。B 端无线位移,A 端为固定端,由传递系数的概念可知 A 端传递系数为 $C_{BA}=0.5$,因此 A 端截面弯矩为 $M_{AB}=C_{BA}M_{BA}=0.5\times40\text{kN}\cdot\text{m}=20\text{kN}\cdot\text{m}$。弯矩图如图 5-45(b)所示。

例题 **5-13** 试计算图 5-46(a)所示结构,作弯矩图。

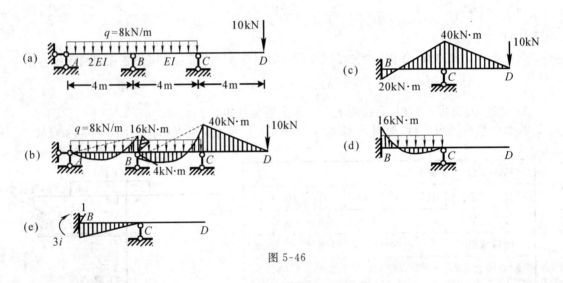

图 5-46

解 (1)求固端弯矩

为求固端弯矩,作固定状态弯矩图,如图 5-46(b)所示。其中 BCD 段的弯矩图是这样作出的:将 BCD 段取出,因为 B 截面有刚臂,不能转动相当于固定端支座;分别作出上面两种荷载的弯矩图如图 5-46(c)、(d)所示,将两个弯矩图叠加,即得固定状态 BCD 段的弯矩图。

固端弯矩为

$$M_{BA}^{\text{F}}=\frac{ql^2}{8}=16\text{kN}\cdot\text{m}, \quad M_{BC}^{\text{F}}=4\text{kN}\cdot\text{m}, \quad M_{CB}^{\text{F}}=40\text{kN}\cdot\text{m}, \quad M_{CD}^{\text{F}}=-40\text{kN}\cdot\text{m}$$

(2)计算分配系数

BC 杆 B 端的转动刚度与 B 端的传递弯矩与 C 端铰支时相同,如图 5-46(e)所示。

$$S_{BA}=3\cdot\frac{2EI}{4}=1.5EI, \quad S_{BC}=3\cdot\frac{EI}{4}=0.75EI, \quad \sum S=2.25EI$$

$$\mu_{BA}=\frac{1.5EI}{2.25EI}=0.67, \quad \mu_{BC}=\frac{0.75EI}{2.25EI}=0.33, \quad \sum\mu=1$$

(3)力矩分配

力矩分配如图 5-47(a)所示。

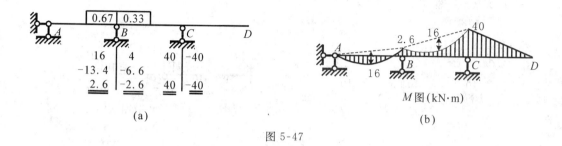

图 5-47

(4)作 M 图

M 图如图 5-47(b)所示。

例题 5-14 试计算图 5-48(a)所示结构,作弯矩图。

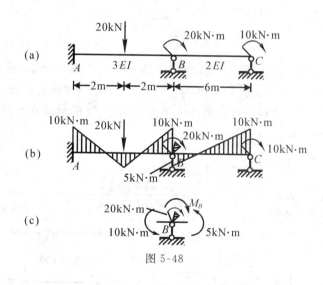

图 5-48

解 (1)计算分配系数

$$S_{BA}=4 \cdot \frac{3EI}{4}=3EI, \quad S_{BC}=3 \cdot \frac{2EI}{6}=EI, \quad \sum S=4EI$$

$$\mu_{BA}=\frac{3EI}{4EI}=0.75, \quad \mu_{BC}=\frac{EI}{4EI}=0.25, \quad \sum \mu=1$$

(2)计算固端弯矩

固定状态的弯矩图如图 5-48(b)所示,其中结点 B 上的外力偶不引起固端弯矩,它由刚臂承受;而结点 C 上的外力偶引起固端弯矩,它由杆端承受,由传递系数的概念可知另一端的固端弯矩为它的一半。

$$M_{AB}^{F}=-10 \text{kN} \cdot \text{m}, \quad M_{BA}^{F}=10 \text{kN} \cdot \text{m}, \quad M_{BC}^{F}=5 \text{kN} \cdot \text{m}, \quad M_{CB}^{F}=10 \text{kN} \cdot \text{m}$$

约束力矩不能直接由固端弯矩相加得到。由图 5-48(c)所示隔离体的平衡,得约束力矩为

$$M_B = 10\text{kN} \cdot \text{m} + 5\text{kN} \cdot \text{m} - 20\text{kN} \cdot \text{m} = -5\text{kN} \cdot \text{m}$$

（3）力矩分配。如图 5-49(a)所示。

（4）作弯矩图。如图 5-49(b)所示。

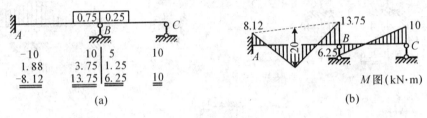

图 5-49

学习指导：熟练掌握转动刚度、分配系数、传递系数、约束力矩的概念，熟练掌握用力矩分配法计算具有一个转动结点的刚架、连续梁的内力。注意结点上有力偶作用的情况和有悬臂端的情况。请做习题：5-6，5-7，5-8，5-13，5-14，5-26，5-27。

2. 多结点力矩分配

上节通过具有一个转动结点的结构介绍了力矩分配法的基本概念，可以作出结构的弯矩图。根据求解过程可知所得结果是精确的，而力矩分配法是一种渐进解法，一般情况下只能求近似解，因此前面所述求解过程没有一般性。下面以图 5-50 所示的具有两个结点的连续梁为例，介绍力矩分配法的一般求解过程。

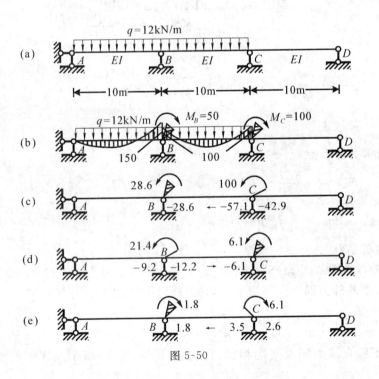

图 5-50

(1)固定状态

对于图 5-50(a)所示结构,先加约束,然后加荷载,得固定状态。作固定状态的弯矩图,如图 5-50(b)所示(为了简洁,图中的力矩单位省略了)。由所作弯矩图,可得各杆端的固端弯矩为

$$M_{BA}^F = \frac{ql^2}{8} = 150\text{kN} \cdot \text{m}, \quad M_{BC}^F = -\frac{ql^2}{12} = -100\text{kN} \cdot \text{m}, \quad M_{CB}^F = 100\text{kN} \cdot \text{m}$$

$$M_{AB}^F = M_{CD}^F = M_{DC}^F = 0$$

结点 B、C 的约束力矩为

$$M_B = M_{BA}^F + M_{BC}^F = 50\text{kN} \cdot \text{m}, \quad M_C = M_{CB}^F + M_{CD}^F = 100\text{kN} \cdot \text{m}$$

下面考虑放松状态。

若在两个结点上同时加反向的约束力矩,即将两个结点同时放松,这会是与上一小节所讨论的情况不同的问题。为了利用前一小节所介绍的方法,在放松一个结点时另一结点保持固定,如图 5-50(c)所示。这时图 5-50(c)所示情况与前一小节所讨论的情况完全相同,可以利用分配系数、传递系数计算。下面计算图 5-50(c)所示的放松状态。

(2)固定 B 结点,放松 C 结点

①计算转动刚度、分配系数、分配弯矩

计算 BC 杆 C 端转动刚度时,B 端看成固定端。结果如下:

$$S_{CB} = 4i, \quad S_{CD} = 3i$$

$$\mu_{CB} = \frac{4i}{4i+3i} = 0.571, \quad \mu_{CD} = \frac{3i}{4i+3i} = 0.429$$

$$M_{CB} = \mu_{CB}(-M_C) = 0.571 \times (-100\text{kN} \cdot \text{m}) = -57.1\text{kN} \cdot \text{m}$$

$$M_{CD} = \mu_{CD}(-M_C) = 0.429 \times (-100\text{kN} \cdot \text{m}) = -42.9\text{kN} \cdot \text{m}$$

②计算传递系数、传递弯矩

传递系数为

$$C_{CB} = 0.5, \quad C_{CD} = 0$$

传递弯矩为

$$M_{BC} = C_{CB}M_{CB} = 0.5 \times (-57.1\text{kN} \cdot \text{m}) = -28.6\text{kN} \cdot \text{m}$$

$$M_{DC} = C_{CD}M_{CD} = 0 \times (-42.9\text{kN} \cdot \text{m}) = 0$$

由结点 B 的平衡可求得 B 结点上附加刚臂中的反力矩等于 $28.6\text{kN} \cdot \text{m}$(逆时针转),如图 5-50(c)所示。图中还标出了分配弯矩和传递弯矩。

将图 5-50(b)、(c)所示受力状态相加,会发现除 B 结点比原结构多一个顺时针方向的 $21.4\text{kN} \cdot \text{m}$ 的约束力矩,其他相同。在结点 B 加反向的约束力矩,为了利用前一小节的知识,在加荷载前仍需将另一结点固定,如图 5-50(d)所示。

(3)固定 C 结点,放松 B 结点

①计算转动刚度、分配系数、分配弯矩

计算 BC 杆 BC 端转动刚度时,C 端看成固定端。结果如下:

$$S_{BC} = 4i, \quad S_{BA} = 3i$$

$$\mu_{BC} = \frac{4i}{4i+3i} = 0.571, \quad \mu_{BA} = \frac{3i}{4i+3i} = 0.429$$

$$M_{BC} = \mu_{BC}(-M_B) = 0.571 \times (-21.4\text{kN} \cdot \text{m}) = -12.2\text{kN} \cdot \text{m}$$

$$M_{BA} = \mu_{BA}(-M_B) = 0.429 \times (-21.4\text{kN} \cdot \text{m}) = -9.2\text{kN} \cdot \text{m}$$

②计算传递系数、传递弯矩

传递系数为

$$C_{BC}=0.5, \quad C_{BA}=0$$

传递弯矩为

$$M_{CB}=C_{BC}M_{BC}=0.5\times(-12.2\text{kN}\cdot\text{m})=-6.1\text{kN}\cdot\text{m}$$
$$M_{AB}=C_{BA}M_{BA}=0\times(-9.2\text{kN}\cdot\text{m})=0$$

由结点 C 的平衡可求得 C 结点上附加刚臂中的反力矩等于$-6.1\text{kN}\cdot\text{m}$（逆时针转），如图 5-50(d)所示。

将图 5-50(b)、(c)、(d)所示受力状态相加，与原结构受力相比较，在 C 结点多一个逆时针方向的大小为 $6.1\text{kN}\cdot\text{m}$ 的约束力矩。约束 B 结点，在 C 结点加反向的约束力矩，如图 5-50(e)所示。

（4）固定 B 结点，放松 C 结点

分配系数、传递系数已在(2)中计算过，分配弯矩和传递弯矩分别为

$$M_{CB}=0.571\times6.1=3.5\text{kN}\cdot\text{m}, \quad M_{CD}=0.429\times6.1=2.6\text{kN}\cdot\text{m}$$
$$M_{BC}=0.5\times3.5=1.8\text{kN}\cdot\text{m}, \quad M_{DC}=0\times2.6=0$$

这时在 B 结点又会产生新的约束力矩，需要继续像前面那样固定 C 结点放松 B 结点。这样的计算是无止境的，由于约束力矩会愈来愈小，当小到可以略去不计时，可终止计算。将各部分计算出的杆端弯矩，包括固端弯矩、分配弯矩、传递弯矩相加即得最终的杆端弯矩。

整个计算过程列表进行，如图 5-51 所示，图中的分配弯矩下面画一横线表示该结点分配结束后的约束力矩为零。

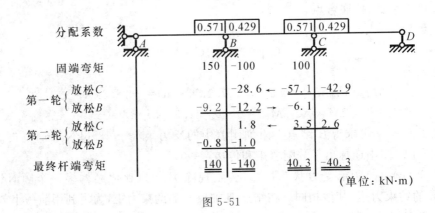

图 5-51

结构的弯矩图如图 5-52 所示。

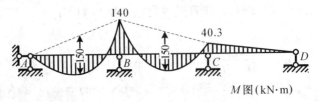

M 图(kN·m)

图 5-52

计算中需注意以下几点：

(1)约束力矩在分配时需变号。

(2)所有结点均被分配一次，称作计算一轮。一般计算2~3轮即可获得较满意计算结果。

(3)第一轮计算最好从约束力矩大的结点开始。

(4)当结点多于3个时，不相邻的结点可以同时放松。

(5)作剪力图的方法与静定结构已知弯矩图作剪力图的方法相同。

例题 5-15 试用力矩分配法计算图 5-53(a)所示刚架，作弯矩图。

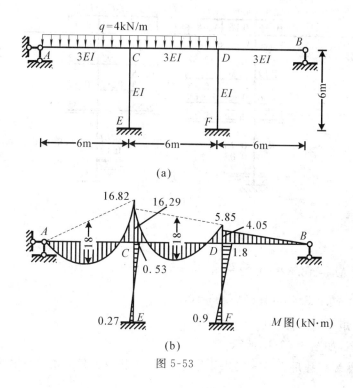

图 5-53

解 此刚架有两个结点，无结点线位移，故可用力矩分配法计算。

(1)计算分配系数

因为荷载作用下的超静定结构内力只与各杆的相对刚度有关，所以计算内力时可取相对刚度。为了方便，取 $EI=6$。

结点 C：

$$S_{CA}=9, \quad S_{CD}=12, \quad S_{CE}=4, \quad \sum S=25$$

$$\mu_{CA}=\frac{9}{25}=0.36, \quad \mu_{CD}=\frac{12}{25}=0.48, \quad \mu_{CE}=\frac{4}{25}=0.16$$

$$\sum \mu=0.36+0.48+0.16=1$$

结点 D：

$$S_{DB}=9, \quad S_{DC}=12, \quad S_{DF}=4, \quad \sum S=25$$

$$\mu_{DB}=\frac{9}{25}=0.36, \quad \mu_{DC}=\frac{12}{25}=0.48, \quad \mu_{DF}=\frac{4}{25}=0.16$$

$$\sum \mu = 0.36 + 0.48 + 0.16 = 1$$

(2)计算固端弯矩

$$M_{CA}^{F} = \frac{ql^2}{8} = 18 \text{kN} \cdot \text{m}, \quad M_{CD}^{F} = -\frac{ql^2}{12} = -12 \text{kN} \cdot \text{m}, \quad M_{DC}^{F} = 12 \text{kN} \cdot \text{m}$$

(3)力矩分配

力矩分配过程如图 5-54 所示。

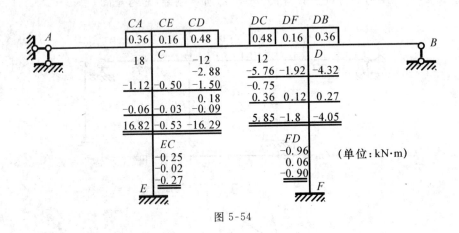

图 5-54

(4)校核

结点 C：$\sum M_C = 16.82 - 0.53 - 16.29 = 0$

结点 D：$\sum M_D = 5.85 - 1.8 - 4.05 = 0$

满足结点力矩平衡条件。

(5)作弯矩图，如图 5-53(b)所示。

学习指导：熟练掌握用力矩分配法计算连续梁，掌握用力矩分配法计算无结点刚架。请做习题：5-28。

5-5　对称性利用

实际工程中的结构有许多是对称的,利用结构的对称性可以减少计算工作量。

1. 对称结构的概念

若结构的几何形状、支承情况、刚度分布对某轴对称则该结构称为对称结构,该轴称为对称轴。图 5-55 所示结构($EI =$ 常数)均为对称结构。

对于静定结构,因其内力与刚度无关,求内力时,只要几何形式和支承对称即使刚度分布不对称也可看作对称结构。

有些结构,几何形式和刚度分布对称但支承不对称,当不对称的支承是必要约束时,可将相应约束力用静力平衡条件求出,用约束力代替支承即可按对称结构计算内力。

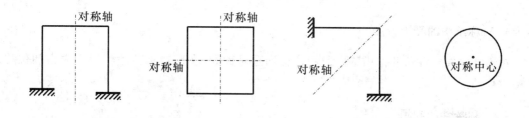

图 5-55

2. 对称结构上的荷载

对称结构上的荷载可分成三类：

对称荷载——作用在对称轴两侧、大小相等、作用点和方向对称的荷载。图 5-56 所示荷载均为对称荷载。

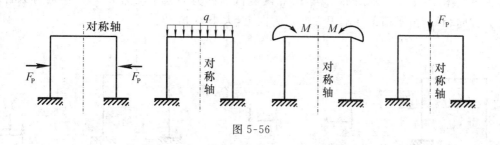

图 5-56

反对称荷载——作用在对称轴两侧、大小相等、作用点对称、方向反对称的荷载。图 5-57 所示荷载均为反对称荷载。

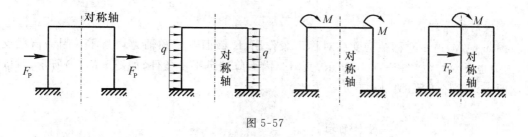

图 5-57

一般荷载——非对称、非反对称荷载。

一般荷载可分解为对称荷载和反对称荷载。如图 5-58 所示。

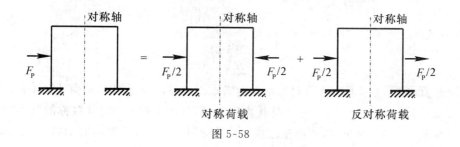

图 5-58

3. 对称结构的受力特点

对称结构在对称荷载作用下内力和位移均是对称的,在反对称荷载作用下内力和位移均是反对称的。

4. 对称条件的利用

(1)当对称结构受对称荷载或反对称荷载作用时可只计算对称轴一侧的内力,另一侧内力由对称性获得。

(2)当对称结构受对称荷载或反对称荷载作用时,利用对称性可判断对称轴处的内力。

①对称荷载情况

图 5-59(a)所示对称结构,K 截面的剪力为零。取隔离体如图所示,由对称条件,K 点两侧剪力方向相同,如图 5-59(b)所示;由平衡条件方向应相反,如图 5-59(c)所示,故该截面剪力必为零。图 5-60(a)所示对称结构,K 点两侧截面的剪力大小均为 $F_P/2$。由对称条件知两侧剪力方向相同,由平衡条件解得方向均为向上,大小为 $F_P/2$。

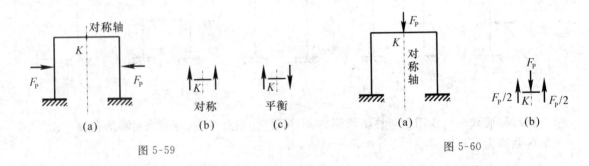

图 5-59 图 5-60

②反对称荷载情况

图 5-61(a)所示对称结构受反对称荷载作用,K 截面弯矩和轴力均为零。因为荷载反对称,内力也反对称,如图 5-61(b)所示,又因为内力应满足平衡条件,如图 5-61(c)所示,所以若使这两个条件都满足,轴力和弯矩必为零。

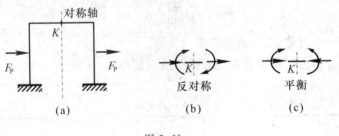

图 5-61

利用上面结论,在用力法计算对称结构时若取对称基本体系可以减少计算工作量。

图 5-62(a)所示对称结构在对称荷载作用时,若取图 5-62(b)所示对称的基本体系,则反对称的基本未知量 X_3 等于零,故可按二次超静定来计算。图 5-62(c)所示结构在反对称荷载

作用时,若取图 5-62(d)所示对称的基本体系,则对称的基本未知量 X_1、X_2 等于零,故可按一次超静定来计算。

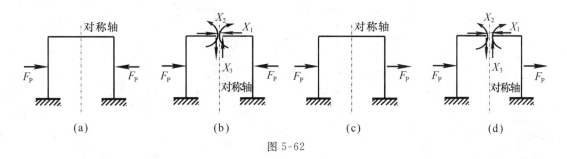

图 5-62

即使荷载为一般荷载,取图 5-62 中的对称基本体系也会使计算得到简化。对称基本未知量引起的单位弯矩图是对称弯矩图,反对称基本未知量引起反对称弯矩图,对称弯矩图与反对称弯矩图图乘结果为零,这使得力法方程会分解为两组,一组只含对称未知量,另一组只含反对称未知量。

(3)取半边结构计算

当荷载为对称或反对称荷载时,可以取半边结构计算。分两种情况讨论:奇数跨结构和偶数跨结构。

①奇数跨结构

a. 对称荷载情况

图 5-63(a)所示对称结构受对称荷载作用,若取出半边结构计算,要保证这半边结构与原结构的受力及变形相同。由于变形是对称的,原结构在梁的中点 A 处的截面不会产生水平位移和转角。当将右边去掉时,其对左半部分的作用应保留,滑动支座可以代替这种作用,如图 5-63(b)所示。因为图 5-63(b)所示体系与原结构左半部分的变形相同,内力也相同,故可用计算图 5-63(b)来代替计算原结构。

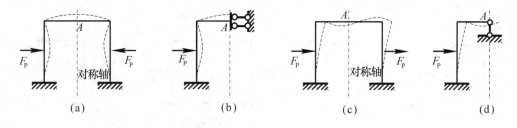

图 5-63

b. 反对称荷载情况

图 5-63(c)所示反对称荷载情况,变形是反对称的,A 截面不会发生竖向位移,取半边结构可在 A 点加竖向支杆来代替去掉的部分对保留下来部分的作用,如图 5-63(d)所示。

②偶数跨结构

a. 对称荷载情况

对于图 5-64(a)所示结构,由于不计轴向变形,A 点无竖向位移;荷载对称,因此变形对称,A

111

截面无水平和转角位移,AB杆无变形。取半结构时,应在 A 点加固定支座,如图 5-64(b)所示。

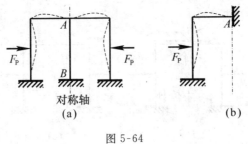

图 5-64

b. 反对称荷载情况

将刚度为 EI 的中柱看成是由刚度为 $EI/2$ 的两根柱子组成,对称轴在柱子之间穿过,如图 5-65(b)所示。图 5-65(a)所示偶数跨结构化成了图 5-65(b)奇数跨结构,利用前述奇数跨的结果,半结构如图 5-65(c)所示。A 处的竖向支杆约束 A 点的竖向位移,因为柱子已约束 A 点不能发生竖向位移,A 支座可以去掉。最终的半结构如图 5-65(d)所示。

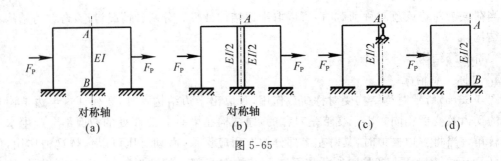

图 5-65

在对称结构的计算中,可能还会遇到其他情况,但理解了上面内容,不难给出相应的半结构。下面给出一些对称结构及相应的半边结构,如图 5-66 所示。读者可思考有这样结果的原因。

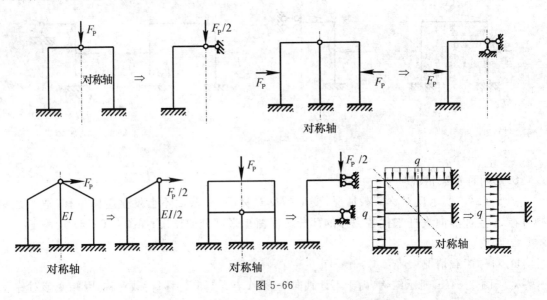

图 5-66

112

例题 5-16　试计算图 5-67(a)所示对称结构,作弯矩图。

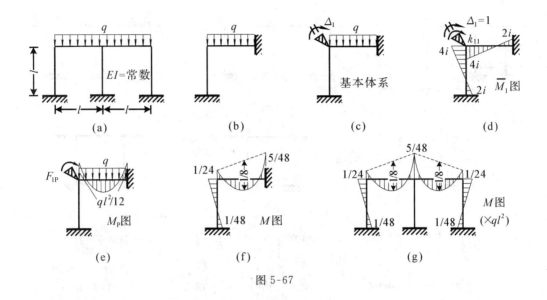

图 5-67

解　结构对称,荷载对称,取半边结构如图 5-67(b)所示。用力法计算半边结构有 3 个基本未知量,用位移法只有一个基本未知量,故选用位移法计算。

取位移法基本体系如图 5-67(c)所示。平衡条件和位移法典型方程为

$$F_1=0, \quad k_{11}\Delta_1+F_{1P}=0$$

作单位弯矩图和荷载弯矩图,如图 5-67(d)、(e)所示。由结点平衡条件求得刚度系数和自由项,为

$$k_{11}=8i, \quad F_{1P}=-\frac{ql^2}{12}$$

代入典型方程,求得结点位移为

$$\Delta_1=\frac{ql^2}{96i}$$

由叠加公式 $M=\overline{M}_1\Delta_1+M_P$ 作出半边结构的弯矩图如图 5-67(f)所示。

根据对称性,原结构的弯矩图是对称的,由左侧弯矩图作出右侧弯矩图,最终弯矩图如图 5-67(g)所示。

例题 5-17　试计算图 5-68(a)所示对称结构,作弯矩图。

解　将一般荷载分解成对称荷载与反对称荷载,如图 5-68(a)、(b)、(c)所示。图 5-68(b)所示对称荷载情况,结构无弯矩,故原结构的弯矩图与反对称荷载作用下的弯矩图相同。图 5-68(c)所示反对称荷载情况可取半边结构计算,半边结构如图 5-68(d)所示。图 5-68(d)所示半边结构仍为对称结构,再将荷载分解,如图 5-68(d)、(e)、(f)所示。图 5-68(e)所示对称荷载无弯矩,所以图 5-68(d)与图 5-68(f)的弯矩图相同。下面计算图 5-68(f)所示反对称荷载情况的弯矩图。取半结构,如图 5-68(g)所示,若用位移法计算有 2 个基本未知量,用力法计算只有 1 个基本未知量,故选用力法。

选力法基本体系如图 5-68(h)所示。列出变形条件和力法典型方程

$$\Delta_1 = 0, \quad \delta_{11}X_1 + \Delta_{1P} = 0$$

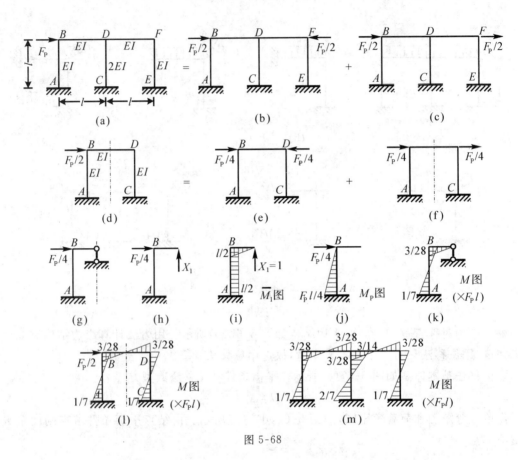

图 5-68

作单位弯矩图和荷载弯矩图,如图 5-68(i)、(j)所示。由图乘法求得柔度系数和自由项,为

$$\delta_{11} = \frac{7}{24}\frac{l^3}{EI}, \quad \Delta_{1P} = -\frac{F_P l^3}{16}$$

代入典型方程,求得多余未知力为

$$X_1 = \frac{3}{14}F_P$$

由叠加公式 $M = \overline{M}_1\Delta_1 + M_P$ 作出半边结构的弯矩图如图 5-68(k)所示。

根据对称性,图 5-68(d)刚架的弯矩图如图 5-68(l)所示。原结构左侧的弯矩图与图 5-68(l)相同,右侧与左侧反对称,中柱的弯矩是图 5-68(l)右柱的 2 倍。据此画出原结构的弯矩图如图 5-68(m)所示。

例题 5-18 试计算图 5-69(a)所示结构,作弯矩图。$EI = $ 常数。

解 该结构有两个对称轴,先考虑上下对称,取半边结构如图 5-69(b)所示。图 5-69(b)结构为左右对称的结构,再取其半边结构如图 5-69(c)所示。图 5-69(c)为静定结构,按静定结构计算方法作出其弯矩图如图 5-69(d)所示。根据弯矩图对称,画出上半部分的弯矩图,如图 5-69(e)所示。再根据上下对称画出整体结构的弯矩图,如图 5-69(f)所示。

114

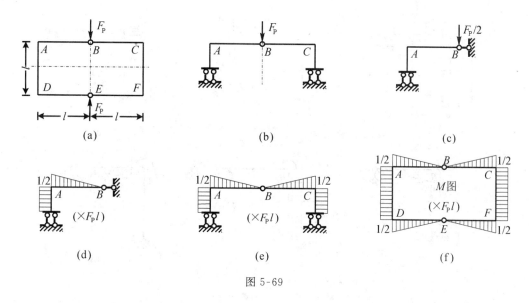

图 5-69

以上例题仅作出了弯矩图,剪力图和轴力图可用静定结构计算方法绘制。荷载对称时,弯矩图和轴力图是对称的,但剪力图正负号却是反对称的,即对称轴两侧的剪力图形状、数值相同,符号相反(实际上剪力也是对称的)。荷载反对称,弯矩图、轴力图反对称,剪力图符号对称。

对称结构受温度、支座位移等作用时也可利用对称性,方法与上面类似。

学习指导:理解对称结构、对称荷载、反对称荷载的概念,理解将一般性荷载分解为对称荷载和反对称荷载,理解对称结构的受力特点,能利用对称性判断结构中的一些内力。熟练掌握利用对称性计算结构内力。请做习题:5-29。

5-6 超静定结构的位移计算

计算超静定的位移仍可用单位荷载法,下面以计算图 5-70(a)所示结构 B 结点转角为例说明。

用单位荷载法计算时需构造单位力状态,单位力状态如图 5-70(d)所示。画出荷载状态和单位力状态的弯矩图,这两种状态的弯矩图均需用力法、位移法或力矩分配法画出。荷载弯矩图已在 5-2 节中画出,如图 5-70(c)所示;画单位弯矩图时采用力矩分配法,BC 杆 B 端分配系数为 0.6,AB 杆 B 端分配系数为 0.4,各杆端固端弯矩均为 0,约束弯矩为 −1;AB 杆 B 端分配弯矩为 0.4,AB 杆 A 端传递弯矩为 0.2,BC 杆分配弯矩为 0.6,据此画出弯矩图如图 5-70(d)所示。

图 5-70(c)和图 5-70(d)弯矩图图乘得 B 结点转角,为

$$\theta_B = \frac{1}{2EI}\left[\left(\frac{1}{2}l\cdot\frac{ql^2}{20}\right)\left(-\frac{2}{3}\cdot 0.6\right)+\left(\frac{2}{3}l\cdot\frac{ql^2}{8}\right)\left(\frac{1}{2}\cdot 0.6\right)\right]+$$

$$\frac{1}{EI}\left[\left(\frac{1}{2}l\cdot\frac{ql^2}{20}\right)(0.2)-\left(\frac{1}{2}l\cdot\frac{ql^2}{40}\right)(0)\right]=\frac{1}{80}\frac{ql^3}{EI}$$

结果为正,说明转角方向与单位力偶方向相同,顺时针转。

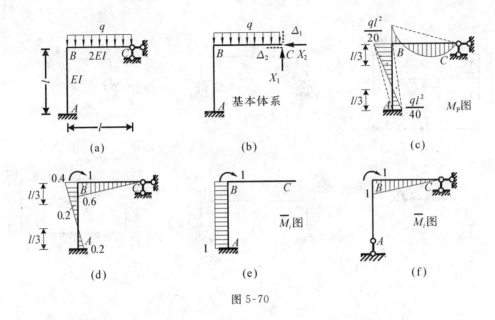

图 5-70

注意到力法基本体系图 5-70(b) 在满足力法变形条件时与原结构的受力、变形一致,可以用计算基本体系的位移来代替计算原结构的位移。在基本结构上加单位力偶如图 5-70(e) 所示,将图 5-70(e) 与图 5-70(c) 图乘,得

$$\theta_B = \frac{1}{EI}\left[\left(\frac{1}{2}l \cdot \frac{ql^2}{20}\right) \cdot 1 + \left(\frac{1}{2}l \cdot \frac{ql^2}{40}\right)(-1)\right] = \frac{1}{80}\frac{ql^3}{EI}$$

结果与求原结构的位移结果相同。

因为力法的基本结构不唯一,取其他基本结构算得的弯矩图相同,故也可以求其他基本体系的位移来代替求原结构的位移,比如选图 5-70(f) 所示结构为力法基本结构,单位弯矩图如图 5-70(f) 所示,将图 5-70(f) 和图 5-70(c) 弯矩图图乘,得

$$\theta_B = \frac{1}{2EI}\left[\left(\frac{1}{2}l \cdot \frac{ql^2}{20}\right)\left(-\frac{2}{3} \cdot 1\right) + \left(\frac{2}{3}l \cdot \frac{ql^2}{8}\right)\left(\frac{1}{2} \cdot 1\right)\right] = \frac{1}{80}\frac{ql^3}{EI}$$

通过上面讨论可知,单位荷载法计算超静定结构的位移时,单位力状态可在任意的力法基本结构上构造。

因为位移法的基本未知量为结点位移,当求超静定结构的结点位移时可直接用位移法计算。仍以求图 5-70(a) 所示结构 B 点转角为例说明(图 5-70(a) 现为图 5-71(a))。

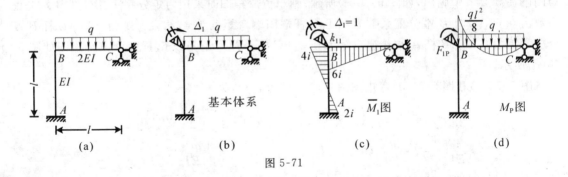

图 5-71

取位移法基本体系如图 5-71(b)所示,作单位弯矩图、荷载弯矩图如图 5-71(c)、(d)所示,位移法方程为

$$k_{11}\Delta_1 + F_{1P} = 0$$

系数与自由项为

$$k_{11} = 10i, F_{1P} = -\frac{ql^2}{8}$$

解得 B 结点转角为

$$\Delta_1 = \frac{ql^2}{80i} = \frac{ql^3}{80}$$

学习指导:掌握超静定结构的位移计算方法。请做习题:5-30。

5-7 计算结果的校核

由于超静定结构的计算过程冗长,容易出错,因此对计算过程的检查,对计算结果的校核是非常重要的。

1. 计算过程的检查

对于力法和位移法,要检查基本结构的选取、基本未知量个数、典型方程、单位弯矩图和荷载弯矩图、系数和自由项的计算、副系数是否满足互等定理、方程的解和最终弯矩图等各个环节是否正确。当各杆抗弯刚度、杆长不相等时要特别注意。

对于力矩分配法,要检查转动刚度、分配系数、同一结点的弯矩分配系数之和是否等于 1、固端弯矩、约束力矩的大小及符号、分配时是否对约束力矩变号、传递弯矩、最终杆端弯矩累加计算等是否正确。特别要注意各杆抗弯刚度、杆长不相等时转动刚度的计算结果。

2. 最终结果的校核

对于超静定结构,既满足平衡条件也满足变形协调条件的结果才是正确的。所以校核时既要校核平衡条件也要校核变形条件。

(1)校核变形条件

按求解出的内力结果,用上一节介绍的方法计算原结构上已知点的位移,如支座、约束处的位移,看是否满足原结构的变形连续性条件和支座处的位移边界条件。

例如图 5-72(a)所示结构,用力法、位移法或力矩分配法作出的弯矩图如图 5-72(b)所示,现校核 C 点竖向位移是否为零。

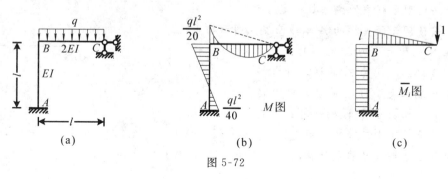

图 5-72

在力法基本结构上构造单位力状态,如图 5-72(c)所示。将图 5-72(b)和图 5-72(c)弯矩图图乘,得

$$\Delta_{Cy}=\frac{1}{2EI}\Big[\Big(\frac{1}{2}l\cdot\frac{ql^2}{20}\Big)\Big(\frac{2}{3}l\Big)+\Big(\frac{2}{3}l\cdot\frac{ql^2}{8}\Big)\Big(-\frac{1}{2}l\Big)\Big]+\frac{1}{EI}\Big[\Big(\frac{1}{2}l\cdot\frac{ql^2}{20}\Big)(l)+\Big(\frac{1}{2}l\cdot\frac{ql^2}{40}\Big)(-l)\Big]=0$$

满足 C 点竖向位移为零的边界位移条件。

(2)校核平衡条件

在结构上取出任一隔离体,隔离体在内力和荷载共同作用下均应是平衡的,具体校核方法与静定结构的内力校核方法相同。

上面提到的检查及校核中,最重要的是变形条件的校核。

学习指导: 了解超静定结构内力的校核方法,掌握变形条件的校核。请做习题:5-31。

5-8　超静定结构的特性

与静定结构相比,超静定结构有如下特性:

(1)内力分布与结构各杆件的刚度有关,即与杆件截面的几何性质、材料的物理性质有关。荷载不变,改变各杆刚度一般会使内力重新分布。

(2)在荷载作用下,内力分布与各杆件的刚度比值有关,而与刚度的绝对值无关。

(3)温度改变、支座位移、制造误差一般会使结构产生内力。一般情况下,这种内力与刚度的绝对值成正比。

(4)抵抗破坏的能力较强。当一些多余约束失去作用后,仍具有一定的承载能力。

(5)内力分布较均匀。

习　题　5

一、选择题

5-1　下列说法中,错误的一项是(　　)。

A. 荷载作用下,超静定结构的内力与刚度的大小无关,与各杆刚度的相对比值有关

B. 力法典型方程是变形协调条件,表示基本结构在多余约束力和荷载及其他外部作用下所产生的解除约束处的位移与原体系相同

C. 温度变化、支座位移等因素影响下,任何结构一般均会产生内力

D. 力法典型方程中的主系数一定大于零

5-2　若使图示简支梁的 A 端截面发生图示转角,应(　　)。

A. 在 A 端加大小为 $3i$ 的顺时针力偶

B. 在 A 端加大小为 $3i$ 的逆时针力偶

C. 在 B 端加大小为 $4i$ 的顺时针力偶

题 5-2 图

D. 在 B 端加大小为 $4i$ 的逆时针力偶

5-3　下面说法中正确的一项是(　　)。

A. 位移法是解算超静定结构的基本方法,不能求解静定结构

B. 位移法典型方程是变形协调条件

C. 位移法基本未知量的个数与超静定次数相同

D. 位移法可以解任意结构

5-4　用位移法解图示结构,基本未知量最少为 2 个的结构是(　　)。

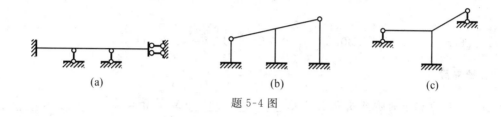

题 5-4 图

A. (a)、(b)　　　　B. (b)、(c)　　　　C. (c)、(a)　　　　D. (a)、(b)、(c)

5-5　用位移法解图示结构,基本未知量最少为 3 个的结构是(　　)。

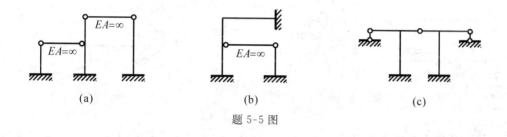

题 5-5 图

A. (a)、(b)　　　　B. (b)、(c)　　　　C. (c)、(a)　　　　D. (a)、(b)、(c)

5-6　下面说法中,正确的一项是(　　)。

A. 力矩分配法中,杆端的转动刚度只与杆的另一端支承情况有关

B. 用力矩分配法计算任何结构所得到的解均为近似解

C. 用力矩分配法只能计算连续梁

D. 一个刚结点无论连接多少杆件,这些杆件的弯矩分配系数之和一定等于 1

5-7　图示结构中,不能直接用力矩分配法计算的结构有(　　)。

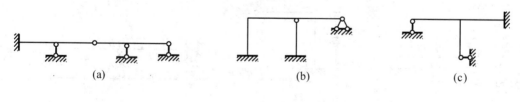

题 5-7 图

A. (a)、(b)　　　　B. (b)、(c)　　　　C. (c)、(a)　　　　D. (a)、(b)、(c)

5-8　图示结构各杆 EI＝常数,AB 杆 A 端的分配系数为(　　)。

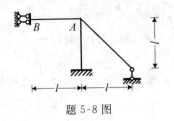

题 5-8 图

A. 0.56   B. 0.30   C. 0.21   D. 0.14

二、填充题

5-9 力法方程中的系数 δ_{ij} 的含义是_____;Δ_{iP} 的含义是_____。

5-10 在_____情况下,只需给出各杆刚度的相对值,在_____情况下,需给出绝对值。

5-11 图(a)所示梁,取图(b)所示基本结构,力法方程为_____,自由项 $\Delta_{1C}=$_____。

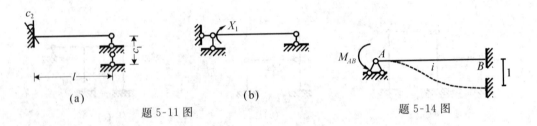

(a)   (b)

题 5-11 图   题 5-14 图

5-12 位移法典型方程实质上是_____方程,方程中主系数的值恒_____,副系数 k_{ij} 和 k_{ji} 的值_____,符合_____定理。

5-13 当远端为滑动支座时,杆的弯矩传递系数为_____。

5-14 图示梁的跨度为 l,若使 A 端截面的转角为零,在 A 端施加的弯矩 $M_{AB}=$_____。

三、计算题

5-15 试用力法计算图示结构,作弯矩图(将图(c)中 C 支座去掉作基本结构)。

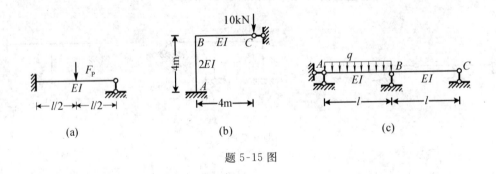

(a)   (b)   (c)

题 5-15 图

5-16 试确定图示结构的超静定次数。

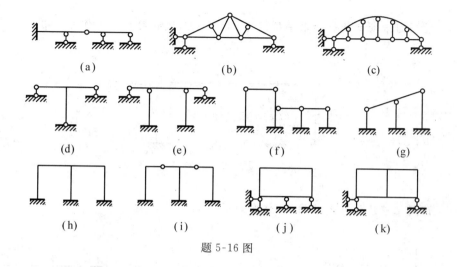

(a) (b) (c)

(d) (e) (f) (g)

(h) (i) (j) (k)

题 5-16 图

5-17 试用力法计算图示结构,作弯矩图。

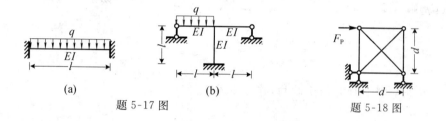

(a) (b)

题 5-17 图

题 5-18 图

5-18 试用力法计算图示桁架,求各杆件轴力。EA=常数。

5-19 试用力法计算图示排架,作弯矩图。横梁 $EA=\infty$。

题 5-19 图

题 5-20 图

5-20 试用力法计算图示梁由支座发生位移引起的内力,作弯矩图。

5-21 试用力法计算图示结构由温度变化引起的内力,作弯矩图。已知线膨胀系数为 α,截面为高度 $h=l/10$ 的矩形,EI=常数。

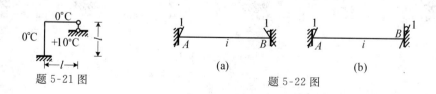

题 5-21 图

(a) (b)

题 5-22 图

5-22 试根据表 5-1 用叠加法作图示梁的弯矩图。

5-23 已知图示结构的柱端水平位移为 $\Delta_1 = \dfrac{F_P l^3}{9EI}$，试利用表 5-1 作弯矩图。

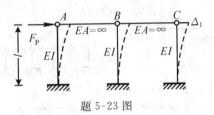

题 5-23 图

5-24 试用位移法计算图示结构，作弯矩图。

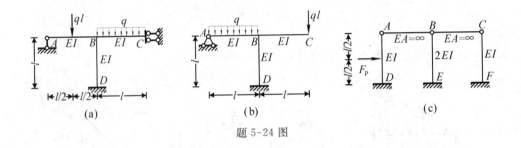

题 5-24 图

5-25 试用位移法计算图示结构，作弯矩图。

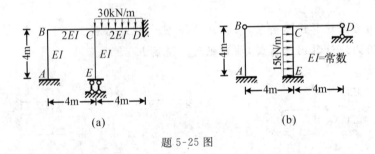

题 5-25 图

5-26 试用力矩分配法计算图示结构，作弯矩图、剪力图，并求支座反力。

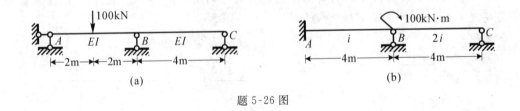

题 5-26 图

5-27 试用力矩分配法计算图示结构，作弯矩图。

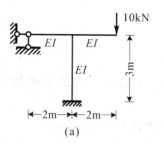
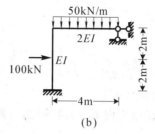

(a)   (b)

题 5-27 图

5-28 试用力矩分配法计算图示结构,作弯矩图。

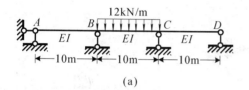
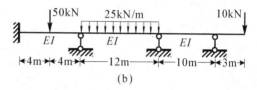

(a)   (b)

题 5-28 图

5-29 利用对称性计算图示结构,作弯矩图。$EI=$常数。

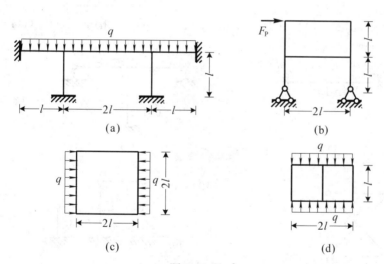

题 5-29 图

5-30 试求题 5-24 图(b)所示结构中 A 截面转角和 C 点竖向位移。

5-31 图示结构的弯矩图是错误的,试根据是否满足平衡条件或变形协调条件来说明。

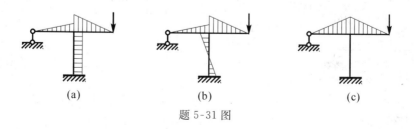

(a)   (b)   (c)

题 5-31 图

5-1 C　5-2 A　5-3 D　5-4 D　5-5 A　5-6 D　5-7 C　5-8 D

5-9　$X_j=1$ 引起的基本结构上 X_i 作用点沿 X_i 方向的位移;荷载引起的基本结构上 X_i 作用点沿 X_i 方向的位移;

5-10　荷载作用求内力;温度变化、支座位移或求位移时

5-11　$\delta_{11}X_1+\Delta_{1C}=-c_2$，$c_1/l$

5-12　平衡方程,正,相等,反力互等

5-13　－1

5-14　$6i/l$

5-15

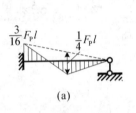

(a)

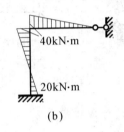

(b)

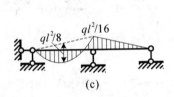

(c)

5-16　(a)2　(b)2　(c)1　(d)1　(e)3　(f)3　(g)3　(h)6　(i)4　(j)4　(k)6

5-17

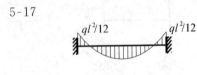

(a)

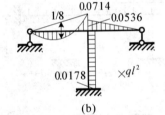

(b)

5-18

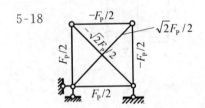

5-19

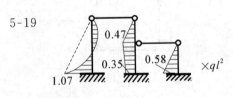

5-20

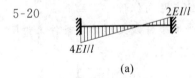

(a)

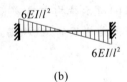

(b)

5-21

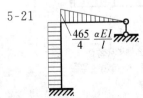

5-22　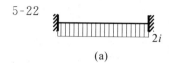　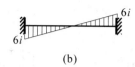

　　　　(a)　　　　　　　　　　　(b)

5-23　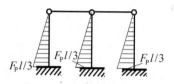

5-24　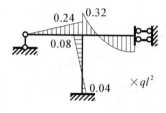　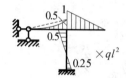　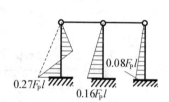

5-25　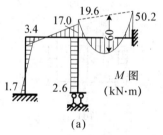　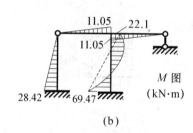

　　　　M 图　　　　　　　　　M 图
　　　　(kN·m)　　　　　　　　(kN·m)

　　　　(a)　　　　　　　　　　　(b)

5-26　(a)$F_{yA}=40.6$kN($\uparrow$)$,F_{yB}=68.75$kN($\uparrow$)$,F_{yC}=9.4$($\downarrow$)

　　M 图(kN·m)　　　　F_Q 图(kN)

(b)$F_{yA}=15$kN($\uparrow$)$,F_{yB}=0,F_{yC}=15$($\uparrow$)

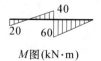　

　　M图(kN·m)　　　　F_Q图(kN)

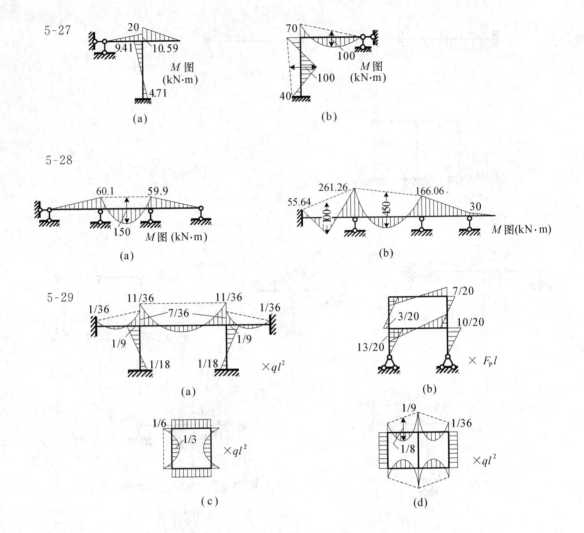

5-30 $\quad \theta_A = \dfrac{1}{24}\dfrac{ql^3}{EI}$ 逆时针转;$\Delta_C = \dfrac{11}{24}\dfrac{ql^4}{EI}(\downarrow)$

5-31 （a）图中结点处三个杆端弯矩不满足结点平衡条件;（b）图中,竖杆剪力不为零,若将竖杆截断取上部分为隔离体则不满足水平方向的平衡条件;（c）图弯矩图不满足变形协调条件,将其与任一力法基本结构的单位弯矩图图乘均不为零。

第6章 移动荷载作用下的结构计算

结构除承受固定荷载外,有时还会受到移动荷载的作用,如桥梁上行驶的汽车、火车,吊车梁上行驶的吊车等。结构在移动荷载作用下,内力将随荷载的移动而变化,结构设计中需确定变化中的内力最大值。对于适用叠加原理的结构分析问题,通常采用影响线作为解决移动荷载作用下受力分析的工具。本章首先介绍影响线的概念和作法,然后讨论它的应用。

6-1 移动荷载和影响线的概念

1. 移动荷载

方向、大小不变,作用位置变化的荷载称为移动荷载。最常见的移动荷载有上面提到的吊车梁上行驶的吊车、桥梁上行驶的汽车等。移动荷载作用下结构会发生振动,严格来说它是动荷载,应按动力学方法进行分析,但为了简化计算通常按静荷载计算,动力效应通过冲击系数考虑。因此本章只考虑移动荷载在不同位置时对结构的影响,不考虑动力效应,即认为无论移动荷载作用于结构的任何位置结构都是平衡的,可以按静力学方法分析。

2. 影响线

移动荷载类型繁多,如移动荷载可以由一台汽车构成,也可以由若干台汽车组成的车队构成。如果将只由一个单位力组成的移动荷载对结构的作用分析清楚,利用叠加原理即可获得由若干力组成的移动荷载组对结构作用的效果。

单位力在结构上移动时所引起的结构的某一内力(或反力)变化规律的图形称作该内力(反力)的影响线。例如悬臂梁在单位移动荷载 $F_P = 1$ 作用下,固端弯矩 M_A 将随荷载的位置不同而取不同的值,如图 6-1(b) 所示。将荷载位置作为横坐标,M_A 的值作为纵坐标,画出 M_A 的函数图形如图 6-1(a) 所示,此即 M_A 的影响线。

要注意影响线与内力图的区别,内力图也是表示内力变化的函数图形,只不过内力图的横坐标是截面位置,纵坐标为截面位置处的截面内力值。图 6-2 为悬臂梁在固定荷载 F_P 作用下的弯矩图和弯矩图纵标的含义示意图,与图 6-1 对比可分清两者的差别:影响线的横坐标为荷载作用位置,弯矩图为截面位置;影响线的纵标为一个截面的弯矩,弯矩图为各个截面的弯矩。为了加深对影响线纵标的理解,下面看这样一个例子。

例题 6-1 图 6-3(a) 所示结构,其支杆反力 F_{RA}、F_{RB} 的影响线形状如图 6-3(b)、(c) 所示,试求影响线的纵标值 y_A、y_B。

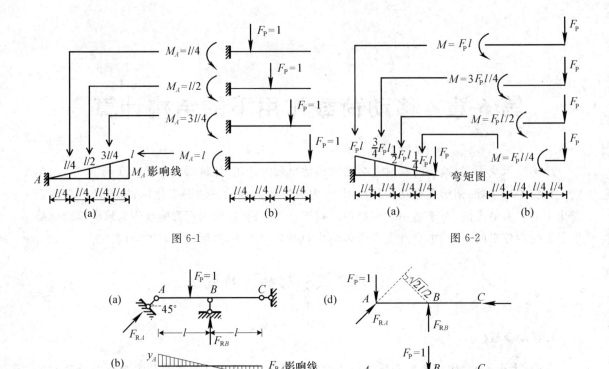

图 6-1   图 6-2

图 6-3

解 （1）求 y_A

根据影响线纵标的含义，可知 y_A 为 $F_P = 1$ 作用于 A 点时 F_{RA} 的值。将 $F_P = 1$ 作用于 A 点，取隔离体如图 6-3(d) 所示，由隔离体的平衡可得

$$\sum M_B = 0： \quad F_{RA} \cdot \frac{\sqrt{2}}{2}l - 1 \cdot 1 = 0$$

$$F_{RA} = \sqrt{2}$$

因此，$y_A = \sqrt{2}$。

（2）求 y_B

根据影响线纵标的含义，可知 y_B 为 $F_P = 1$ 作用于 B 点时 F_{RB} 的值。将 $F_P = 1$ 作用于 B 点，取隔离体如图 6-3(e) 所示，由隔离体的平衡可得

$$\sum M_A = 0： \quad F_{RB} \cdot l - 1 \cdot l = 0$$

$$F_{RB} = 1$$

所以，$y_B = 1$。

从此例可见，求某量影响线在某处的纵标与固定荷载求解方法完全一致，只需将 $F_P = 1$ 作用在该处按固定荷载求该量的值即可。若将各处的影响线纵标都求出来，连线即为影响线。

比较图 6-1 和图 6-2 中的影响线和弯矩图，还会发现两者纵标的量纲也是不同的。弯矩图

128

纵标的量纲是弯矩的量纲,而弯矩影响线的量纲是长度的量纲。这是因为作影响线时的荷载是量纲为1的单位力,某量影响线纵坐标的量纲乘以力的量纲后才是该量的量纲,因此剪力、反力影响线纵标的量纲为1,而弯矩影响线纵标的量纲为长度量纲。

影响线的作法有静力法和虚功法两种,先介绍静力法。

学习指导:了解什么是移动荷载,理解影响线的概念,理解影响线纵标的含义,能根据影响线含义计算影响线指定纵标值,了解影响线的量纲,了解影响线与内力图的区别。请做习题:6-1,6-4 ~ 6-10。

6-2 静力法作静定梁影响线

通过影响线方程作影响线的方法称为静力法。某量的影响线方程是该量随单位荷载位置变化的函数方程,是利用静力平衡条件建立起来的。下面以简支梁为例介绍静力法作影响线的过程。

1. 简支梁支座反力的影响线

(1) 建立影响线方程

将荷载 $F_P = 1$ 置于任意位置,设荷载作用点与 A 点的距离为 x,并设支座反力向上为正,如图 6-4(a) 所示。取整体为隔离体,由隔离体的平衡得

图 6-4

$$\sum M_B = 0 : F_{RA}l - 1 \times (l - x) = 0$$

$$F_{RA} = 1 - \frac{x}{l} \quad (0 \leqslant x \leqslant 1) \qquad (6\text{-}1)$$

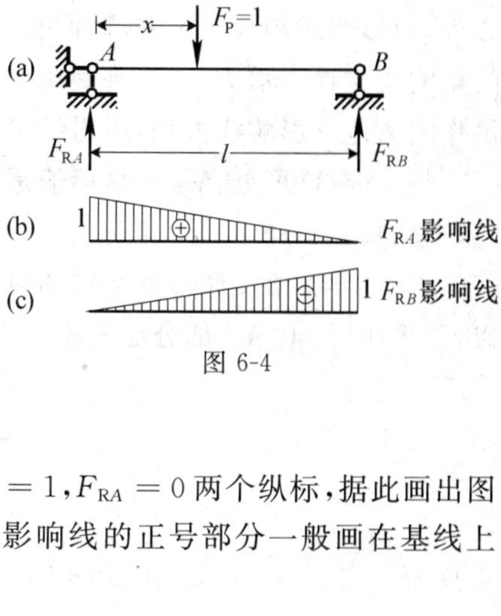

上式即为 F_{RA} 的影响线方程,它表达了 F_{RA} 随荷载位置 x 变化的规律。可见,列影响线方程与求影响线纵标类似,所不同的是求纵标时荷载位置是固定的,而列影响线方程时的荷载位置是变量 x。

(2) 作影响线

由式(6-1)可见,F_{RA} 的影响线方程是 x 的线性函数,函数图像是一条直线。将 $x = 0, x = l$ 代入方程得 $F_{RA} = 1, F_{RA} = 0$ 两个纵标,据此画出图形并标出纵标和符号即得 F_{RA} 影响线,如图 6-4(b) 所示。影响线的正号部分一般画在基线上侧。

类似地,F_{RB} 的影响线方程为

$$\sum M_A = 0 : \quad F_{RB}l - 1 \times x = 0$$

$$F_{RB} = \frac{x}{l} \quad (0 \leqslant x \leqslant 1) \tag{6-2}$$

作出 F_{RB} 的影响线如图 6-4(c) 所示。

2. 简支梁弯矩影响线

下面作图 6-5(a) 所示简支梁 C 截面的弯矩影响线。

仍将单位荷载 $F_P = 1$ 置于距 A 点 x 处,前面已求得支座反力为

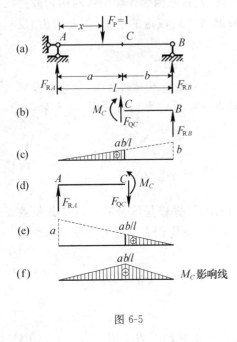

(a)

(b)

(c)

(d)

(e)

(f) M_C影响线

图 6-5

$$F_{RA} = 1 - \frac{x}{l} \quad (0 \leqslant x \leqslant l)$$

$$F_{RB} = \frac{x}{l} \quad (0 \leqslant x \leqslant l)$$

截取隔离体,如图 6-5(b) 所示。将 C 点作矩心列力矩平衡方程,可得

$$M_C = F_{RB} \cdot b \qquad (6\text{-}3)$$

将 $F_{RB} = \frac{x}{l}$ 代入,得 M_C 影响线方程

$$M_C = \frac{b}{l}x \qquad (6\text{-}4)$$

此式只在 $0 \leqslant x \leqslant a$ 成立,因为当 $x > a$ 时,$F_P = 1$ 将作用于 C 点右侧,作用在所取隔离体 CB 上,这时所列方程会与 $x < a$ 时的不同。即是说,式(6-4) 仅是 $F_P = 1$ 在 AC 上移动时 M_C 的变化规律,是 AC 这段的影响线方程。式(6-4) 是直线方程,由两点坐标 $M_C(0) = 0$,$M_C(a) = \frac{ab}{l}$ 画出这段影响线如图 6-5(c) 所示。常常有人在这里提出疑问,为什么取右侧作隔离体列影响线方程,而影响线却画在了左侧?回答是:影响线画在哪侧与取哪侧作隔离体没有关系,要看建立的影响线方程表示 $F_P = 1$ 在哪部分移动时的变化规律,当求 $F_P = 1$ 在 AC 上移动时,若取左侧作隔离体求影响线方程,所得结果与式(6-4)是完全一样的。

从式(6-3)可见,M_C 的纵标值是 F_{RB} 的 b 倍,只要将 F_{RB} 的影响线画出并将纵标值乘以 b 即可,当然只在 $0 \leqslant x \leqslant a$ 部分有效,见图 6-5(c)。

当 $F_P = 1$ 在 CB 部分上移动时,取 AC 部分作隔离体,如图 6-5(d) 所示。取 CB 部分也可以,结果相同。但 AC 部分受力相对简单,列方程也简单。以 C 点为矩心列力矩平衡方程,得

$$M_C = F_{RA} \cdot a \qquad (6\text{-}5)$$

将式(6-1)代入,得

$$M_C = \left(1 - \frac{x}{l}\right)a \qquad (6\text{-}6)$$

它只在 $a \leqslant x \leqslant l$ 有效。由式(6-5) 或式(6-6) 可作出 CB 部分上的影响线,如图 6-5(e) 所示。

将两部分影响线画在一起即为 M_C 影响线,如图 6-5(f) 所示。

3. 简支梁剪力影响线

求 C 截面剪力影响线的过程与求弯矩影响线类似,要分两段进行。当 $0 \leqslant x < a$ 时,取右侧部分作隔离体如图 6-6(b) 所示,列竖向投影平衡方程,得

$$F_{QC} = -F_{RB} = -\frac{x}{l}$$

据此可绘出影响线在 $0 \leqslant x < a$ 上的部分,如图 6-6(c) 所示;当 $a < x \leqslant l$ 时,取左侧部分作隔离体,如图 6-6(d) 所示,列竖向投影平衡方程,得

130

$$F_{QC} = F_{RA} = 1 - \frac{x}{l}$$

据此可绘出影响线在 $a < x \leqslant l$ 上的部分,如图 6-6(c) 所示;当 $x = a$,即 $F_P = 1$ 作用在 C 点时,F_{QC} 的值为不定值。

F_{QC} 的影响线如图 6-6(f) 所示。

由上面作简支梁影响线的过程可归纳出静力法作某量 S 影响线的步骤为:

（1）选择坐标原点,将 $F_P = 1$ 加在任意位置,以 x 表示单位力的横坐标。

（2）写静力平衡方程,将 S 表示为自变量 x 的函数,即影响线方程。

（3）绘出影响线方程的函数图形并标出纵标值和正负号此即 S 的影响线。

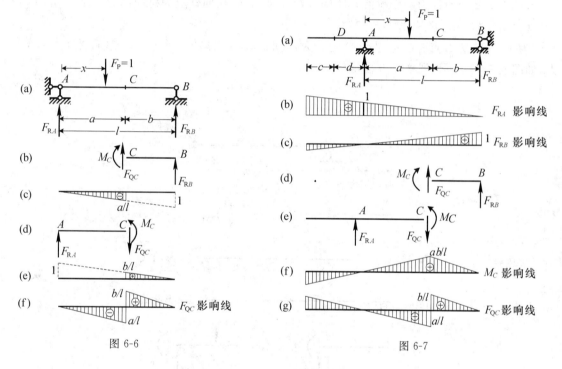

图 6-6   图 6-7

例题 6-2   试作图 6-7(a) 所示伸臂梁 F_{RA}、F_{RB}、M_C、F_{QC} 以及 M_D、F_{QD}、F_{QA}^R 影响线,其中 F_{QA}^R 为 A 点右侧截面的剪力。

解 （1）作 F_{RA}、F_{RB} 影响线

取整体为隔离体,由隔离体的平衡条件得影响线方程为:

$$F_{RA} = 1 - \frac{x}{l}$$

$$F_{RB} = \frac{x}{l}$$

它们都是由整体平衡条件得到的,无论 $F_P = 1$ 作用于梁的什么位置都是有效的。画出影响线如图 6-7(b)、(c) 所示。可见在跨间与简支梁相同,伸臂部分为跨间部分的延长线。F_{RB} 的影响线在伸臂部分的纵标为负值,表明 $F_P = 1$ 在伸臂部分移动时 F_{RB} 为负,即方向向下。

（2）作 M_C、F_{QC} 影响线

$F_P = 1$ 在 C 点左侧时,取右部分作隔离体,如图 6-7(d) 所示,列平衡方程,得

$$M_C = \frac{b}{l}x$$

$$F_{QC} = -\frac{x}{l}$$

$F_P = 1$ 在 C 点右侧时,取左部分做隔离体,如图 6-7(e) 所示,列平衡方程,得

$$M_C = \left(1 - \frac{x}{l}\right)a$$

$$F_{QC} = 1 - \frac{x}{l}$$

据此画出 M_C、F_{QC} 影响线如图 6-7(f)、(g) 所示。

可见,跨间截面内力的影响线在跨间与简支梁相同,在伸臂上为跨间部分的延长线。

(3) 作 M_D、F_{QD} 影响线

为了方便,选 E 点为坐标原点,x 向右为正。取 ED 为隔离体,当 $x > c$ 时,隔离体上无单位力,如图 6-8(b) 所示,列平衡方程得

$$M_D = 0, \quad F_{QD} = 0$$

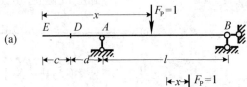

图 6-8

当 $x < c$ 时,隔离体上有单位力作用,如图 6-8(c) 所示,列平衡方程得

$$M_D = -(c - x)$$

$$F_{QD} = -1$$

所作影响线如图 6-8(d)、(e) 所示。

(4) 作 F_{QA}^R 影响线

仍选 E 点为坐标原点,x 向右为正。取整体为隔离体,列平衡方程求支座反力 F_{RA},得

$$F_{RA} = 1 + \frac{c+d-x}{l}$$

取 EA 为隔离体,当 $x > c+d$ 时,隔离体上无单位力,如图 6-8(f) 所示,列平衡方程得

$$F_{QA}^R = F_{RA} = 1 + \frac{c+d-x}{l}$$

当 $x > c+d$ 时,隔离体上有单位力作用,如图 6-8(g) 所示,列平衡方程得

$$F_{QA}^R = F_{RA} - 1 = \frac{c+d-x}{l}$$

所作影响线如图 6-8(h) 所示。其实这相当于图 6-7(g)C 截面的剪力影响线在 C 截面靠近 A 点 $(a = 0)$ 时的情况。

学习指导:熟练掌握静力法作单跨梁的影响线。请做习题:6-13 ～ 6-16。

6-3 机动法作静定梁影响线

内力或反力的影响线方程是静力平衡方程,由平衡条件可以建立,由与平衡条件等价的虚功方程也可以建立。这就像用平衡条件可以求静定结构内力,用虚功方程也可以求解一样,见 4-2 节,只不过这里的荷载位置是变化的。下面以简支梁为例说明如何用虚功方程建立影响线方程并从中引出作影响线的机动法。

用静力法作图 6-9 所示支座反力 F_{RB} 影响线已在 6-2 节介绍了,影响线方程为

$$F_{RB} = \frac{x}{l} \quad (0 \leqslant x \leqslant l)$$

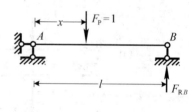

下面用虚位移原理求解。

为了求 F_{RB},将 B 支座去掉代之以反力 F_{RB},得到具有一个自由度的机构,如图 6-9(b) 所示。该机构在支座反力 F_{RB} 和外力 $F_P = 1$ 作用下处于平衡状态。使体系发生虚位移,支座反力作用点的虚位移为 δ,$F_P = 1$ 作用点的虚位移为 $y(x)$。由刚体系虚位移原理,列虚功方程,即

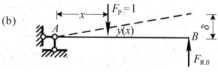

图 6-9

$$F_{RB} \cdot \delta - F_P \cdot y(x) = 0 \tag{6-7}$$

将几何关系 $\dfrac{y(x)}{\delta} = \dfrac{x}{l}$ 代入上式,得影响线方程

$$F_{RB} = \frac{x}{l}$$

这与静力法的结果是一样的。由于虚位移具有任意性,可以令 $\delta = 1$,代入式(6-7),得

$$F_{RB}(x) = y(x)$$

从上式可见,F_{RB} 随 x 的变化规律与 $F_P = 1$ 作用点处的虚位移 y 随 x 的变化规律相同,即杆件 AB 的位移图($F_P = 1$ 在所有作用点处的虚位移连成的图形)即是 F_{RB} 的影响线。这样,作 F_{RB} 影响线可以不列影响线方程,只需解除与 F_{RB} 对应的约束,令体系发生使与 F_{RB} 正向的位移为单位位移的刚体虚位移,虚位移图即是影响线,上侧为正。对于弯矩和剪力影响线,作法也一

样。将这样作影响线的方法称作机动法或虚功法。它是利用刚体虚位移原理将作影响线的静力计算问题转换为作位移图这种几何问题的方法。

机动法作某量 S 影响线的具体步骤为：

（1）解除与 S 对应的约束，标出 S 的正向。

（2）令解除约束的体系沿 S 的正向发生单位虚位移。

（3）体系的虚位移图即为 S 影响线的形状，基线上面部分标正号，下面标负号，并标出纵标值，即得 S 的影响线。

下面按以上步骤作图 6-10 所示简支梁 C 截面弯矩、剪力影响线。

1. 作 M_C 影响线

C 点可以看做刚结点。刚结点相当于 3 个约束，限制两个截面发生相对水平位移、相对竖向位移和相对转角。去掉与 M_C 对应的限制发生相对转角的约束，保留限制发生相对线位移的约束，相当于将刚结点换成铰结点。将 C 截面由刚结点换成铰结点后，标出 M_C 的正向（使下侧受拉为正），如图 6-10(b) 所示。令体系发生虚位移，使 M_C 对应的广义位移，即铰 C 两侧截面的相对转角为单位转角 $\theta = 1$，如图 6-10(c) 所示。画出位移图并标出纵标值和符号即为 M_C 影响线。因为虚位移是微小的，故 A 点纵标为 a，如图 6-10(d) 所示。

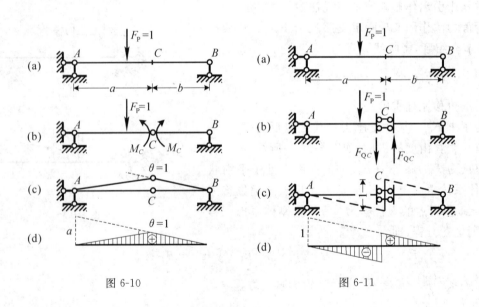

图 6-10   图 6-11

2. 作 F_{QC} 影响线

解除与 F_{QC} 对应的约束，即将 C 截面由刚结点换成平行链杆，使 C 两侧截面可以发生垂直于杆轴的相对线位移，标出 F_{QC} 的正向，如图 6-11(b) 所示。令体系发生虚位移，使 F_{QC} 对应的广义位移，即 C 两侧截面的相对竖向线位移为单位位移 $\Delta = 1$，如图 6-11(c) 所示。初学者有时不理解这种虚位移，可分析一下图 6-11(b) 所示体系能发生怎样的虚位移。AC 杆件只能发生绕 A 点的转动，CB 杆件只能发生绕 B 点的转动，两杆之间的约束不允许它们发生相对转动，因此两根杆的转角相同，即发生位移后二杆是平行的。在不破坏约束的条件下只能发生这种位

134

移。令 F_{QC} 对应的广义位移等于1,使 C 两侧截面竖向相对位移为1,使 C 左截面相对向下, C 右截面相对向上。画出位移图并标出纵标值和正负号即为 F_{QC} 影响线,如图 6-11(d) 所示。

用机动法作单跨梁和多跨静定梁影响线非常方便,也可以用它校核用静力法作出的影响线。

例题 6-3 试作图 6-12(a) 所示梁的 F_{RB}、M_A、M_C、F_{QC} 影响线。

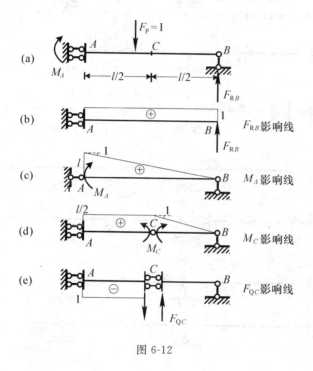

图 6-12

解 (1) 作 F_{RB} 影响线

将 B 支座去掉,得图 6-12(b) 所示体系。由于 A 处定向支座的约束,杆 AB 只能上下平动,令 B 点发生沿 F_{RB} 正向的单位虚位移,得 F_{RB} 影响线,如图 6-12(b) 所示。

(2) 作 M_A 影响线

A 支座为定向支座,约束 A 端的水平位移和转角。去掉与 M_A 对应的限制转动的约束,保留限制水平位移的约束,如图 6-12(c) 所示。杆件 AB 只能绕 B 点转动,使其转动并使 A 端截面发生按 M_A 正向的单位转角,即得 M_A 影响线,如图 6-12(c) 所示。

(3) 作 M_C 影响线

在 C 点加铰。相当于将刚结点换成铰结点,解除了与 M_C 对应的约束。AC 杆只能上下平动,CB 杆只能绕 B 点转动,使铰两侧截面发生 M_C 正向的相对单位转角,如图 6-12(c) 所示,即为 M_C 影响线。

(4) 作 F_{QC} 影响线

去掉限制 C 点两侧截面发生竖向相对线位移的约束,保留限制发生相对水平位移和相对转角的约束 —— 平行链杆。AC 杆只能上下平动,CB 杆只能发生绕 B 点的转动。由于 C 点平行链杆约束不允许 C 点两侧截面发生相对转动,故 AC 不发生转动,CB 杆也不能转动,B 支座又限制了 CB 杆的上下平动,故 CB 杆只能不动。使 C 点两侧截面发生与 F_{QC} 正向相同的竖向相对单位位移,得 F_{QC} 影响线,如图 6-12(e) 所示。

例题 6-4 试作图 6-13(a) 所示多跨静定梁 M_1、F_{Q1}、M_2、F_{QC}^L、F_{QC}^R、M_E、F_{RE} 影响线。

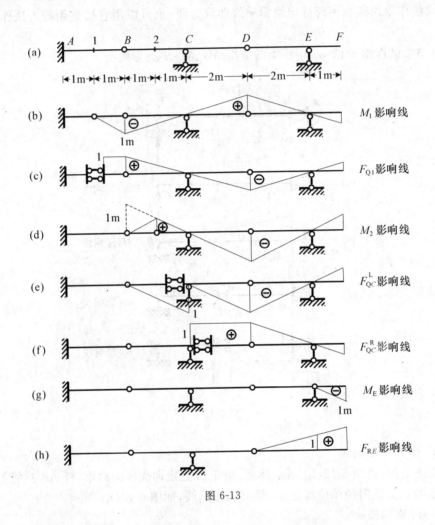

图 6-13

解 (1) 作 M_1 影响线

在 1 点加铰后,A1 杆不动,1B 杆可绕 1 点转动并带动其他部分发生位移,如图 6-13(b) 所示。令 1B 杆转动单位转角(即铰两侧相对转角为 1),上侧标正号,下侧标负号,得 M_1 影响线。

(2) 作 F_{Q1} 影响线

在 1 点加滑动约束,A1 杆不动,1B 杆平动并带动其他杆件转动,令 1 点两侧截面沿 F_{Q1} 正向发生等于 1 的竖向相对位移,得 F_{Q1} 影响线,如图 6-13(c) 所示。

(3) 作 M_2 影响线

在 2 点加铰后,AB 杆不动,B2 杆可绕 2 点转动并带动其他部分发生位移。令铰两侧相对转角为 1,上侧标正号,下侧标负号,得 M_2 影响线,如图 6-13(d) 所示。

(4) 作 F_{QC}^L 影响线

在 C 点左侧加滑动约束,AB 杆不动,BC 杆可绕 B 点转动,CD 杆只能绕 C 点转动。由于滑动约束两侧截面不能发生相对转动,故 CD 杆的转角与 BC 杆的转角相同。令滑动约束两侧的竖向线位移为单位位移,得 F_{QC}^L 影响线,如图 6-13(e)所示。

(5) 作 F_{QC}^R 影响线

在 C 点右侧加滑动约束,BC 杆不动,CD 杆只能上下平动并带动右侧杆件转动。令滑动约束两侧的竖向线位移为单位位移,得 F_{QC}^R 影响线,如图 6-13(f)所示。

(6) 作 M_E 影响线

在 E 点加铰,只有 EF 杆可绕 E 点转动,令 E 两侧截面发生与 M_E 正向相同的单位相对转角,得 M_E 的影响线,如图 6-13(g)所示。

(7) 作 F_{RE} 影响线

去掉 E 支座,只有杆件 DF 能绕 D 点转动,使 E 点发生竖向单位线位移,得 F_{RE} 影响线,如图 6-13(h)所示。

从上面例子中所作的影响线可看出:多跨静定梁基本部分上的弯矩、剪力和支座反力影响线一般分布在全梁;附属部分上的弯矩、剪力和支座反力影响线只分布在附属部分,基本部分纵标为零。非零部分一般是在铰结点处出现转折,弯矩、剪力影响线在支座处为零值。

由于静定结构解除一个约束后是具有一个自由度的机构,体系虚位移是刚体位移,故静定结构的影响线是由直线段组成的。

影响线纵标值可令发生单位虚位移来计算,也可按影响线纵标含义来确定。用机动法确定影响线形状,由纵标含义确定纵标及符号。例如作上例中的 F_{RE} 影响线,先用机动法确定影响线的形状,如图 6-14(a) 所示。将 $F_P = 1$ 作用于 E 点,如图 6-14(b) 所示,求 F_{RE} 的值,得 F_{RE} 影响线在 E 点的纵标值为:

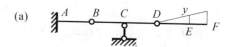

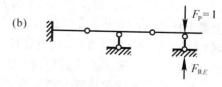

$$y = +1$$

图 6-14

学习指导:掌握机动法作单跨、多跨静定梁的影响线。请做习题:6-2,6-19。

6-4 机动法作连续梁影响线

用线弹性体系的虚功互等定理可以将作超静定结构影响线的静力计算问题转换为作弹性曲线位移图问题。下面先介绍做法,然后予以证明。

机动法作连续梁影响线的做法基本与作静定梁影响线相同。欲求量 S 的影响线,先将与 S 对应的约束解除,代之以 S,体系仍是几何不变体系。在 S 作用下,体系发生弹性变形,该弹性位移图即是 S 的影响线形状,基线上侧为正。

例如作图 6-15(a)所示连续梁 F_{RD} 影响线,可将 D 支座去掉,加力 F_{RD},如图 6-15(b)所示。画出 F_{RD} 引起的弹性变形曲线即是 F_{RD} 影响线形状,基线上侧为正。

证明如下:

将图 6-15(a)$F_P = 1$ 作用状态作为 1 状态,将图 6-15(b)F_{RD} 作用状态作为 2 状态。根据线弹性变形体系的虚功互等定理(见 4-7 节),状态 1 上的外力在状态 2 位移上做的虚功等于状态 2 上的外力在状态 1 位移上做的虚功,即

$$W_{12} = W_{21} \tag{6-8}$$

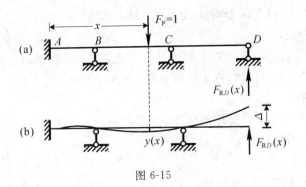

图 6-15

状态 1 上的外力在状态 2 位移上做的虚功为

$$W_{12} = F_P y(x) + F_{RD}(x)\Delta \tag{6-9}$$

因为状态 2 上的外力所对应的状态 1 上的位移为 0,所以

$$W_{21} = 0 \tag{6-10}$$

将式(6-9)、式(6-10)代入式(6-8),得

$$F_{RD}(x)\Delta = - y(x)$$

若使 F_{PD} 引起的位移 $\Delta = 1$,则

$$F_{RD}(x) = - y(x) \tag{6-11}$$

式中:x 为 $F_P = 1$ 作用位置,$y(x)$ 为 F_{RD} 引起的 $F_P = 1$ 作用点对应的位移,由于 $F_P = 1$ 在整个梁上移动,$y(x)$ 为 F_{RD} 引起的整个梁的位移曲线。从式(6-11)可见,F_{RD} 随 x 的变化规律与 $y(x)$ 随 x 的变化规律相同,可见弹性变形曲线即是影响线的形状。$y(x)$ 与 $F_P = 1$ 方向一致为正,即向下为正,则 F_{RD} 的影响线上侧为正。

机动法作连续梁某量 S 影响线的步骤为:

(1) 解除与 S 对应的约束,代以正向 S。

(2) 绘出 S 引起的弹性变形曲线。

(3) 在基线以上部分标出正号,下侧标出负号即为 S 影响线的形状。

例题 6-5 试作图 6-16(a)所示连续梁 M_1、M_B、F_{Q1} 和 F_{RC} 影响线形状。

解 (1) 作 M_1 影响线形状

在 1 点加铰,将 M_1 暴露出来。在 M_1 作用下作出变形图如图 6-16(b)所示,标出符号即为 M_1 影响线形状。

(2) 作 M_B 影响线形状

将 B 结点改为全铰结点,在 M_B 作用下的变形图如图 6-16(c)所示,B 点有竖向支座不能竖向运动。标出符号即得 M_B 影响线。

(3) 作 F_{Q1} 影响线形状

在 1 点加滑动约束,将剪力 F_{Q1} 暴露出来。作出 F_{Q1} 引起的位移图如图 6-16(d)所示,即得 F_{Q1} 影响线形状。

(4) 作 F_{RC} 影响线形状

将 C 支座去掉,作 F_{RC} 引起的变形曲线如图 6-16(e)所示,即得 F_{RC} 影响线形状。

从机动法作出的连续梁反力、内力影响线可见,超静定结构反力、内力的影响线一般是曲线图形。

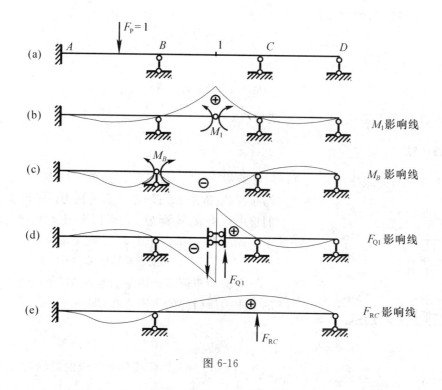

图 6-16

学习指导:了解机动法作连续梁影响线的理论根据,会用机动法作连续梁影响线的形状。请做习题:6-11,6-12,6-17,6-18。

6-5 固定荷载作用下利用影响线求内力和支座反力

如前所述,影响线是研究结构承受移动荷载时的分析工具。在学习了如何作影响线后,下面学习如何利用影响线确定移动荷载作用下内力或反力的最大值。当移动荷载位于某位置时,相当于固定荷载,内力或反力是一个确定的量,先研究如何用影响线求这个量的值。

1. 集中荷载

图 6-17 所示简支梁上受位置固定的集中荷载作用,欲求 C 截面弯矩。可以用截面法,列平衡方程求解。根据影响线的意义,利用影响线也可以求解。

为了用影响线求 M_C,作 M_C 影响线如图 6-17(b) 所示。根据影响线纵标的物理意义,y_1 为 $F_P = 1$ 作用于1点时 M_C 的值,现在 $F_P = 1$ 换成了 F_{P1},M_C 的值为

$$M_C = F_{P1} y_1$$

当梁上有 F_{P1}、F_{P2} 作用时,如图 6-17(c) 所示,根据叠加原理,所引起的 M_C 的值应等于两个力单

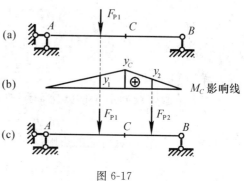

图 6-17

139

独作用所引起的 M_C 值相加,即

$$M_C = F_{P1} y_1 + F_{P2} y_2$$

有 N 个力时,则为

$$M_C = \sum_i^N F_{Pi} y_i \qquad (6\text{-}12)$$

对于求剪力、支座反力,其计算方法相同。

2. 均布荷载

当梁上有均布荷载作用时也可以用影响线来求内力或反力。如图 6-18 所示,梁上作用有

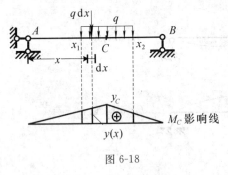

图 6-18

均布荷载,欲求 M_C。均布荷载可视为由无限多个微段上的集中力构成。坐标为 x 的微段 dx 上的均布荷载视为集中力 $q dx$,在它单独作用下,C 截面弯矩为

$$dM_C = q dx \cdot y(x)$$

全部均布荷载作用下引起的 M_C 值应等于各微段上的集中力所引起的弯矩之和,即

$$M_C = \int_{x_1}^{x_2} q y(x) dx = q \int_{x_1}^{x_2} y(x) dx$$

其中:$\int_{x_1}^{x_2} y(x) dx$ 为荷载分布对应的影响线的面积,记作

A_0。因此均布荷载所引起的 M_C 为荷载分布集度 q 与荷载分布区间的影响线面积的乘积,即

$$M_C = q A_0 \qquad (6\text{-}13)$$

例题 6-6 利用影响线求图 6-19(a) 所示伸臂梁支座反力 F_{yA}、E 截面剪力 F_{QE}。

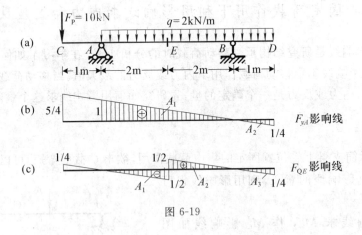

图 6-19

解 (1) 求 F_{yA}

作 F_{yA} 影响线如图 6-19(b) 所示。按式(6-12) 和式(6-13),在梁上固定荷载作用下,F_{yA} 为

$$F_{yA} = F_P y_1 + q A_1 + q A_2$$

其中:y_1 为 F_P 作用点对应的影响线纵标,A_1、A_2 为影响线面积,分别为

$$y_1 = \frac{5}{4}, \quad A_1 = \frac{1}{2} \times 4m \times 1 = 2m, \quad A_2 = -\frac{1}{2} \times 1m \times \frac{1}{4} = -\frac{1}{8}m$$

140

代入上式,得

$$F_{yA} = 10\text{kN} \times \frac{5}{4} + 2\text{kN/m} \times 2\text{m} - 2\text{kN/m} \times \frac{1}{8}\text{m} = 16.25\text{kN}(\uparrow)$$

（2）求 F_{QE}

作 F_{QE} 影响线如图 6-19(c) 所示。图中：

$$y_1 = \frac{1}{4}, \quad A_1 = -\frac{1}{2} \times 2\text{m} \times \frac{1}{2} = -\frac{1}{2}\text{m}, \quad A_2 = \frac{1}{2}\text{m}, \quad A_3 = -\frac{1}{2} \times 1\text{m} \times \frac{1}{4} = -\frac{1}{8}\text{m}$$

代入公式得

$$F_{QE} = 10\text{kN} \times \frac{1}{4} + 2\text{kN/m} \times \left(-\frac{1}{2}\text{m}\right) + 2\text{kN/m} \times \frac{1}{2} + 2\text{kN/m} \times \left(-\frac{1}{8}\text{m}\right) = 2.25\text{kN}$$

学习指导：掌握利用影响线求固定荷载作用下的内力和支座反力的方法。请做习题：6-20。

6-6 确定最不利荷载位置

1. 最不利荷载位置

移动荷载在结构上移动,使结构某量 S 达到最大值时的荷载位置称为 S 的最不利荷载位置。

当移动荷载只有一个集中力时,借助影响线能方便地确定最不利荷载位置。例如求图 6-20(a) 所示外伸梁在移动荷载 F_P 作用下 C 截面弯矩的最不利荷载位置。先作出 M_C 影响线如图 6-20(b) 所示,根据上节所介绍的内容,若使 M_C 发生最大值,荷载应位于影响线纵标值最大的位置。当荷载位于 C 点时 M_C 最大,最大值为

$$M_{C\max} = 10\text{kN} \times \frac{4}{3}\text{m} = 13.33\text{kN} \cdot \text{m}$$

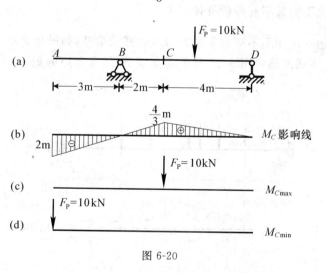

图 6-20

M_C 的最不利荷载如图 6-20(c) 所示。从影响线可见,荷载位于 A 点能使 M_C 发生最大负号值,即最小值,使 C 截面发生上侧受拉的最大值,这也是 M_C 的最不利荷载位置,如图 6-20(d) 所示。

当移动荷载是由若干个集中力组成时,就不能这样一目了然了,需作进一步分析,稍后讨论。

2. 均布活荷的最不利分布

均布活荷是指分布集度为常数,可以任意布置的均布荷载。能使结构某量 S 发生最大值的荷载分布称为 S 的最不利分布。利用影响线可方便地确定均布活荷的最不利分布。例如图 6-21(a) 所示梁受分布集度为 q 的均布活荷作用,欲确定 M_C 的最不利荷载分布。作 M_C 影响线如图 6-21(b) 所示,根据式(6-10),若使 M_C 最大,应使荷载分布于影响线全部正号部分;若使 M_C 最小(最大负弯矩),应使荷载分布于影响线全部负号部分,最不利荷载分布如图 6-21(c)、(d) 所示。

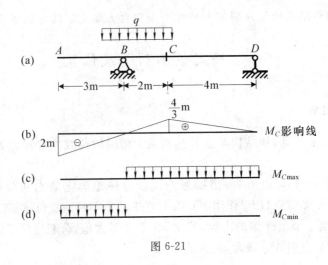

图 6-21

3. 行列荷载作用下的最不利荷载位置

行列荷载是指由一组间距不变的集中力组成的移动荷载,如吊车梁承受的吊车轮压、桥梁承受的汽车轮压等。下面以确定图 6-22 所示简支梁 K 截面弯矩的最不利荷载位置为例进行讨论。

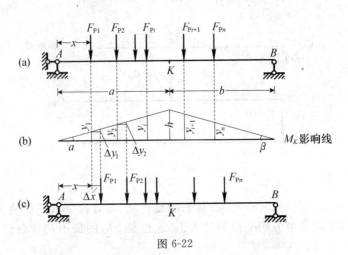

图 6-22

作 M_K 影响线,如图 6-22(b) 所示,其由两条直线构成,有一个顶点。当荷载处于图 6-22(a) 所示位置时,由式(6-9)可知 M_K 的值为

$$M_K = F_{P1} y_1 + F_{P2} y_2 + \cdots + F_{Pn} y_n \tag{6-14}$$

是荷载位置 x 的函数。将荷载向右移动 Δx,各集中力对应的影响线纵标 y_i 有增量 Δy_i,如图 6-22(b)、(c) 所示。M_K 也产生增量 ΔM_K,这时 K 截面弯矩为

$$M_K + \Delta M_K = F_{P1}(y_1 + \Delta y_1) + F_{P2}(y_2 + \Delta y_2) + \cdots + F_{Pn}(y_n + \Delta y_n) \tag{6-15}$$

式(6-15)减式(6-14),得

$$\Delta M_K = F_{P1} \Delta y_1 + F_{P2} \Delta y_2 + \cdots + F_{Pn} \Delta y_n \tag{6-16}$$

其中:位于 K 点左侧的各集中力所对应的影响线纵标在同一直线上,纵标增量相同,即

$$\Delta y_1 = \Delta y_2 = \cdots = \Delta y_i = \frac{h}{a} \Delta x = \Delta x \cdot \tan\alpha$$

同样,位于 K 点右侧的各集中力所对应的影响线纵标在同一直线上,纵标增量也相同,即

$$\Delta y_{i+1} = \Delta y_{i+2} = \cdots = \Delta y_n = -\frac{h}{b} \Delta x = -\Delta x \cdot \tan\beta$$

将上式代入式(6-16)得

$$\Delta M_K = (F_{P1} + F_{P2} + \cdots + F_{Pi}) \tan\alpha \cdot \Delta x - (F_{Pi+1} + F_{Pi+2} + \cdots + F_{Pn}) \tan\beta \cdot \Delta x$$

写成变化率的形式为

$$\frac{\Delta M_K}{\Delta x} = (F_{P1} + F_{P2} + \cdots + F_{Pi}) \tan\alpha - (F_{Pi+1} + F_{Pi+2} + \cdots + F_{Pn}) \tan\beta \tag{6-17}$$

求 M_K 最大值属于求 M_K 的极值,可通过分析 M_K 的变化率获得。从式(6-17)可见,若移动荷载时没有集中力越过顶点 K,变化率 $\frac{\Delta M_K}{\Delta x}$ 为常数,M_K 为 x 的线性函数,是直线图形;当荷载移动时有集中力越过顶点,变化率 $\frac{\Delta M_K}{\Delta x}$ 将有突变。可见 M_K 在坐标系中是由若干直线组成的折线图形,比如像图 6-23 所示的那样。从图中可见,A、B、C、D、E 点的函数值为 M_K 的极值。

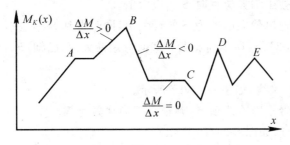

图 6-23

① 发生 B、D、E 3 个点的极值,变化率满足下面的条件:

荷载向右移($\Delta x > 0$)时,$\frac{\Delta M_K}{\Delta x} < 0$;荷载向左移($\Delta x < 0$)时,$\frac{\Delta M_K}{\Delta x} > 0$。

② 发生 A 点极值,变化率满足的条件为:

荷载向右移($\Delta x > 0$)时,$\frac{\Delta M_K}{\Delta x} = 0$;荷载向左移($\Delta x < 0$)时,$\frac{\Delta M_K}{\Delta x} > 0$。

③ 发生 C 点极值,变化率满足的条件为:

荷载向右移($\Delta x > 0$) 时,$\dfrac{\Delta M_K}{\Delta x} < 0$;荷载向左移($\Delta x < 0$) 时,$\dfrac{\Delta M_K}{\Delta x} = 0$。

若要使极值发生,必须有一个集中力作用于影响线顶点,然后将荷载左移,再右移,看是否能满足上面的条件。将能满足上面条件的力称作临界荷载,记作 F_{Pcr}。临界荷载位于影响线顶点时的荷载位置称作临界位置。为了方便,将上面的条件合并为:

$$\left. \begin{array}{l} \text{荷载向右移}(\Delta x > 0) \text{ 时,} \dfrac{\Delta M_K}{\Delta x} \leqslant 0 \\[2mm] \text{荷载向左移}(\Delta x < 0) \text{ 时,} \dfrac{\Delta M_K}{\Delta x} \geqslant 0 \end{array} \right\} \tag{6-18}$$

由式(6-17),上面条件可以写成

$$\left. \begin{array}{l} \text{荷载向右移}(\Delta x > 0) \text{ 时,} \dfrac{F_R^L}{a} \leqslant \dfrac{F_{Pcr} + F_R^R}{b} \\[2mm] \text{荷载向左移}(\Delta x < 0) \text{ 时,} \dfrac{F_R^L + F_{Pcr}}{a} \leqslant \dfrac{F_R^R}{b} \end{array} \right\} \tag{6-19}$$

式中,F_R^L 为临界荷载左边的梁上荷载的合力,F_R^R 为临界荷载右边的梁上荷载的合力。式(6-19)称做临界荷载判别式。式(6-19)表明临界荷载计入哪一侧,哪一侧的荷载平均集度大。满足判别式的荷载可能不止一个,即可能有多个临界荷载,对应有多个临界位置。计算出荷载处于临界位置时的 M_K 值,它们是 M_K 的极值,通过比较即可求出 M_K 的最大值。与发生最大值对应的荷载位置即为 M_K 的最不利荷载位置。

以上是针对简支梁 K 截面弯矩 M_K 的最不利荷载位置讨论的,只用到了影响线是三角形的这一特点,对于其他梁,只要影响线是三角形的,做法相同。

根据上面讨论,确定具有三角形影响线的某量 S 的最不利荷载位置的步骤为:

(1) 作出 S 的影响线。

(2) 将每个荷载置于影响线顶点处,由判别式(6-19)判定其是否为临界荷载。

(3) 逐个计算荷载处于临界位置时 S 的极大值。

(4) 从各极大值中选出最大的即为 S 的最大值,同时得到 S 的最不利荷载位置。

例题 6-7 试求图 6-24(a)所示简支梁 C 截面弯矩最大值。已知:$F_{P1} = 4.5\text{kN}$,$F_{P2} = 2\text{kN}$,$F_{P3} = 7\text{kN}$,$F_{P4} = 3\text{kN}$。

解 (1) 作出 M_C 影响线,如图 6-24(b)所示。

(2) 将各荷载分别置于影响线顶点,判定是否为临界荷载。

F_{P1} 置于影响线顶点,如图 6-24(c)所示。

荷载左移,有

$$\frac{F_R^L + F_{P1}}{a} = \frac{2 + 4.5}{6} = 1.08 > \frac{F_R^R}{b} = \frac{0}{10} = 0$$

荷载右移,有

$$\frac{F_R^L}{a} = \frac{2}{6} = 0.33 < \frac{F_{P1} + F_R^R}{b} = \frac{4.5}{10} = 0.45$$

满足判别条件,故 F_{P1} 是临界荷载。

F_{P2} 置于影响线顶点,如图 6-24(d)所示。

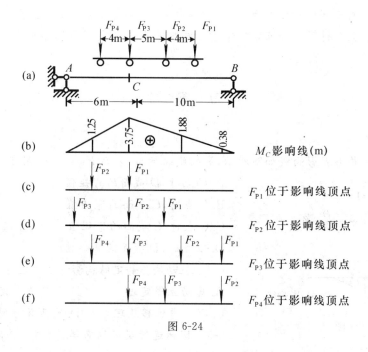

图 6-24

荷载左移,有

$$\frac{F_{\mathrm{R}}^{\mathrm{L}}+F_{\mathrm{P2}}}{a} = \frac{7+2}{6} = 1.5 > \frac{F_{\mathrm{R}}^{\mathrm{R}}}{b} = \frac{4.5}{10} = 0.45$$

荷载右移,有

$$\frac{F_{\mathrm{R}}^{\mathrm{L}}}{a} = \frac{7}{6} = 1.17 > \frac{F_{\mathrm{P2}}+F_{\mathrm{R}}^{\mathrm{R}}}{b} = \frac{2+4.5}{10} = 0.65$$

不满足判别条件,故 F_{P2} 不是临界荷载。

类似地,可判断出 F_{P3} 是临界荷载,F_{P4} 不是临界荷载。

(3)计算荷载处于临界位置时的 M_C 极大值。

对于图 6-24(c)所示临界位置,M_C 的值为

$$M_C = F_{\mathrm{P1}} \cdot 3.75\mathrm{m} + F_{\mathrm{P2}} \cdot 1.25\mathrm{m} = 19.375\mathrm{kN} \cdot \mathrm{m}$$

对于图 6-24(e)所示临界位置,M_C 的值为

$$M_C = F_{\mathrm{P1}} \cdot 0.38\mathrm{m} + F_{\mathrm{P2}} \cdot 1.88\mathrm{m} + F_{\mathrm{P3}} \cdot 3.75\mathrm{m} + F_{\mathrm{P4}} \cdot 1.25\mathrm{m} = 35.47\mathrm{kN} \cdot \mathrm{m}$$

(4)比较算出的 M_C 的极值,可得 M_C 最大值为

$$M_{C\max} = 35.47\mathrm{kN} \cdot \mathrm{m}$$

最不利荷载位置如图 6-24(e)所示。

因为发生最大值时必有一个力位于影响线顶点,对于上例只有 4 个荷载的情况,发生最大值只有 4 种可能情况,判定临界荷载只是从中去掉了两种不可能的情况,对于荷载较少时,不判定临界荷载也是可以的,只需将所有力置于影响线顶点,逐个计算然后比较即可。在计算前,先根据荷载大小及对应的影响线数值可删掉一些情况,不必计算。比如上例,F_{P1} 对应的临界位置显然比 F_{P3} 对应的临界位置所引起的 M_C 的值小,荷载处于 F_{P1} 对应的临界位置时的 M_C 是不必计算的。

学习指导:掌握最不利荷载位置、最不利荷载分布、临界荷载、临界位置的概念,能确定静定梁和连续梁的最不利荷载分布,能确定三角形影响线的最不利荷载位置。请做习题:6-3, 6-21,6-22。

习 题 6

一、选择题

6-1 图示结构 M_D 影响线如图所示,影响线纵标 y_C 表示 $F_P = 1$ 作用在( )。

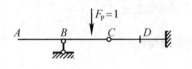

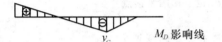

题 6-1 图

A. C 点时,D 截面的弯矩值

B. D 点时,C 截面的弯矩值

C. C 点时,C 截面的弯矩值

D. D 点时,D 截面的弯矩值

6-2 机动法作静定结构影响线的理论基础是( )。

A. 虚功互等定理　　　B. 位移互等定理

C. 刚体虚位移原理　　D. 变形体虚功原理

6-3 图示连续梁受均布活荷作用,若使 M_C 发生最大值,荷载应分布于( )。

A. AB 和 CD 段　　B. BC 和 DE 段　　C. BC 和 CD 段　　D. AB 和 DE 段

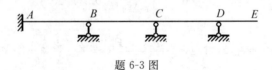

题 6-3 图

二、填充题

6-4 移动荷载与固定荷载的不同之处是_____,相同之处是_____。

6-5 图(a)为 A 截面弯矩影响线,图(b)为固定荷载 F_P 作用下的弯矩图。图(a)中 y_B 的物理意义为_____,图(b)中 y_B 的物理意义为_____。

6-6 图示桁架中 1 杆的轴力影响线如图所示,影响线纵标 y 的值为_____。

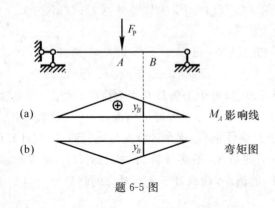

题 6-5 图

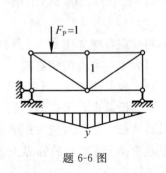

题 6-6 图

6-7 剪力影响线纵标的量纲为 _____,反力影响线纵标的量纲为 _____,弯矩影响线纵标的量纲为 _____。

6-8 弯矩影响线与弯矩图的区别有:作影响线时的荷载为 _____,横坐标为 _____,纵坐标为 _____;作弯矩图时的荷载为 _____,横坐标为 _____,纵坐标为 _____。

6-9 作影响线的方法有 _____ 法和 _____ 法。

6-10 图示结构 M_E(右侧受拉为正)影响线如图所示,CD 杆长度为 3m,影响线纵标 $y_C =$ _____。

6-11 静定结构的内力影响线是 _____ 图形,超静定结构的影响线一般是 _____ 图形。

6-12 用静力法作影响线,影响线方程是 _____ _____;用机动法作影响线,影响线是 _____ _____ 图。

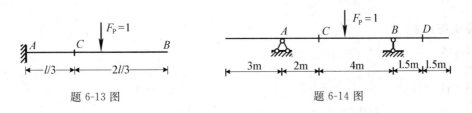

题 6-10 图

三、计算题

6-13 试用静力法作图示梁 F_{RA}、M_A、F_{QC} 和 M_C 影响线。

6-14 试用静力法作图示梁 F_{yB}、M_A、F_{QC}、F_{QB}^L、F_{QB}^R 和 M_D 影响线。

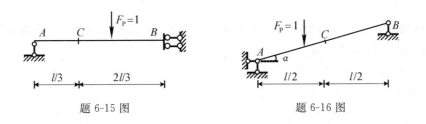

题 6-13 图   题 6-14 图

6-15 试用静力法作图示梁 F_{yA}、M_C、F_{QC} 和 M_B 影响线。

6-16 试用静力法作图示梁 F_{xA}、F_{yA}、M_C、F_{QC}、F_{NC} 和 F_{yB} 影响线。

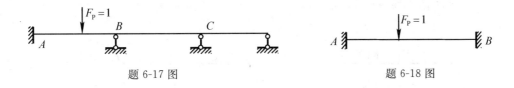

题 6-15 图   题 6-16 图

6-17 试用机动法作图示连续梁 M_A、F_{yA}、F_{QC}^L、F_{QC}^R 影响线的形状。

6-18 试作图示两端固定梁 A 支座的竖向反力和固端弯矩的影响线形状。

题 6-17 图   题 6-18 图

6-19 试作图示多跨静定梁 M_B、F_{QB}、F_{yA}、F_{yE}、M_D 影响线。

6-20 试利用影响线求图示梁在固定荷载作用下的 M_E、F_{yB}、F_{QB}^L。

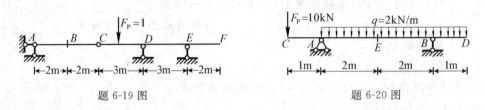

题 6-19 图   题 6-20 图

6-21 试求图示梁在行列荷载作用下 C 支座反力最大值。

6-22 图示吊车梁上有两台吊车行驶,已知: $F_{P1} = F_{P2} = F_{P3} = F_{P4} = 324.5$kN,试求截面 C 的弯矩最大值。

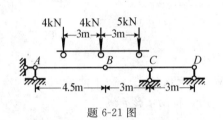   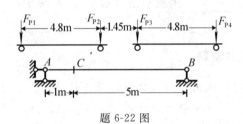

题 6-21 图   题 6-22 图

【参考答案】

6-1 A

6-2 C

6-3 D

6-4 荷载位置是变化的,均为静荷载

6-5 $F_P = 1$ 作用于 B 点时 A 截面弯矩;作用于 A 点的固定荷载引起的 B 截面弯矩

6-6 -1

6-7 $1,1,L$

6-8 移动的,荷载位置,指定的一个截面的弯矩值;固定的,截面位置,各截面弯矩值

6-9 静力法,机动法

6-10 3m

6-11 直线,曲线

6-12 平衡方程,位移图

6-13

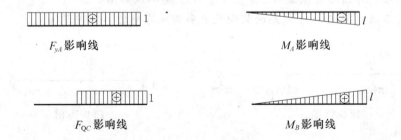

F_{yA} 影响线 M_A 影响线

F_{QC} 影响线 M_B 影响线

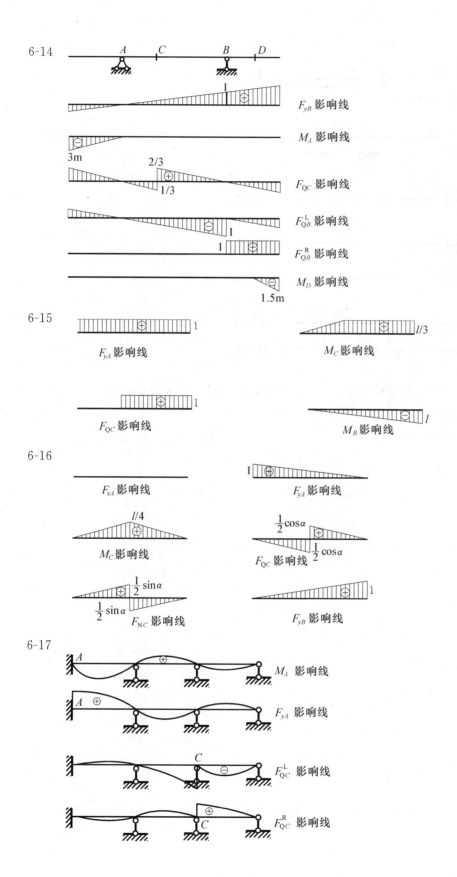

6-14

F_{yB} 影响线

M_A 影响线

3m

2/3
1/3

F_{QC} 影响线

F_{QB}^{L} 影响线

1

1

F_{QB}^{R} 影响线

M_D 影响线

1.5m

6-15

1

F_{yA} 影响线

$l/3$

M_C 影响线

1

F_{QC} 影响线

l

M_B 影响线

6-16

F_{xA} 影响线

1

F_{yA} 影响线

$l/4$

M_C 影响线

$\frac{1}{2}\cos\alpha$

$\frac{1}{2}\cos\alpha$

F_{QC} 影响线

$\frac{1}{2}\sin\alpha$

$\frac{1}{2}\sin\alpha$

F_{NC} 影响线

1

F_{yB} 影响线

6-17

A

M_A 影响线

A

F_{yA} 影响线

C

F_{QC}^{L} 影响线

C

F_{QC}^{R} 影响线

6-18

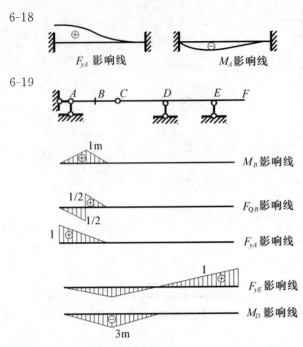

F_{yA} 影响线 M_A 影响线

6-19

M_B 影响线

F_{QB} 影响线

F_{yA} 影响线

F_{yE} 影响线

M_D 影响线

6-20 $F_{yB} = 3.75\text{kN}(\uparrow)$，$M_E = -1.5\text{kN} \cdot \text{m}$，$F_{QB}^L = -1.75\text{kN}$

6-21 15.667kN

6-22 462.4kN $\cdot$ m

第7章 矩阵位移法

结构设计中常用计算机对结构作受力分析,所用的程序通常是用矩阵位移法或有限单元法编制的。矩阵位移法是以位移法为理论基础,矩阵为数学表达工具,计算机为计算手段的现代结构分析方法之一,可以解决具有很多未知量的实际工程结构的受力分析问题。通过本章的学习,可以了解矩阵位移法的基本理论、概念和分析过程,为掌握结构分析程序的使用及进一步学习打好理论基础。

7-1 矩阵位移法分析过程概述

首先以图7-1(a)所示结构为例介绍矩阵位移法的分析步骤,从中可了解矩阵位移法的基本思想。矩阵位移法的分析分以下几步:

1. 离散化

将结构拆成若干杆件,每一个杆件称为单元,单元之间的连接点称为结点。将单元和结点分别从1开始依次编号,如图7-1(a)所示结构可分成3个单元,有4个结点。

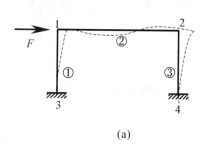

(a)

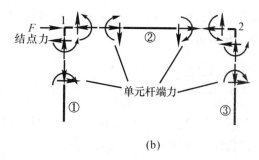

(b)

图 7-1

2. 单元分析

单元两端截面有内力,称为单元杆端力,记作 F^e;单元两端有杆端位移,称单元杆端位移,记作 Δ^e。通过分析可获得单元杆端力与杆端位移的关系,该关系记作

$$F^e \Longleftrightarrow \Delta^e \tag{a}$$

具体是什么关系将在后面介绍。

3. 整体分析

将离散开的单元合成结构,建立结点力与结点位移的关系。

结点外力记作 P，由结点平衡条件可得结点外力与单元杆端力的关系，该关系记作：

$$P \Leftrightarrow F^e \qquad \text{(b)}$$

将关系(a)代入关系(b)，消去单元杆端力，得结点外力与单元杆端位移的关系，即

$$P \Leftrightarrow \Delta^e \qquad \text{(c)}$$

结点位移记作 Δ，由变形协调条件，单元杆端位移与结构结点位移相等，姑且记作：

$$\Delta = \Delta^e \qquad \text{(d)}$$

将关系(d)代入关系(c)得结点力与结点位移的关系，即

$$P \Leftrightarrow \Delta \qquad \text{(e)}$$

4. 解方程

通过关系(e)可由已知的结点力 P 求得结点位移 Δ。

5. 求单元杆端力

将解出的结点位移 Δ 代入关系(d)可求得杆端位移 Δ^e；将单元杆端位移 Δ^e 代入关系(a)可求得单元杆端力 F^e，据此可绘出结构的内力图。

可见矩阵位移法的基本未知量为结点位移，与位移法一致。

学习指导：在学习矩阵位移法之前，从整体上了解一下分析过程对后面的学习会有较大的帮助，要求了解矩阵位移法的思路和上面的分析步骤，明确每一步要解决的问题。

7-2 矩阵位移法分析连续梁

连续梁的结点只有转角未知量，计算简单，因此先以连续梁为例介绍矩阵位移法的基本概念和分析过程。

1. 离散化

图 7-2(a) 所示两跨连续梁可分成两个单元，有三个结点。对单元、结点编码如图 7-2(b) 所示。图中，1、2、3 为结点编码，①、② 为单元编码。1、2、3 结点的转角位移设为 θ_1、θ_2 和 θ_3，下标 1、2、3 为结点位移编码，在图 7-2(b) 中记为 (1)，(2)，(3)，规定结点转角顺时针转为正。若结点处是固定支座，则结点位移编码为 0。这些编码称为结构整体编码。因为每个单元的两端均无线位移，离散化后每个单元相当于一个简支梁，称为简支单元，如图 7-2(c) 所示。

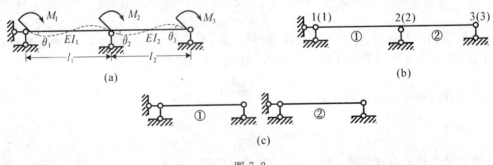

图 7-2

2. 单元分析

两个单元除长度、弯曲刚度可能不同外，其他相同。故可取图 7-3 所示单元作为代表来分析，e 为单元编码。设单元左端为 1 端，右端为 2 端，两端的杆端弯矩分别记作 M_1^e、M_2^e，两端的杆端转角分别记作 θ_1^e、θ_2^e，均规定顺时针为正，用矩阵表示为

图 7-3

$$\boldsymbol{F}^e = \begin{bmatrix} M_1^e \\ M_2^e \end{bmatrix}, \ \boldsymbol{\Delta}^e = \begin{bmatrix} \theta_1^e \\ \theta_2^e \end{bmatrix}$$

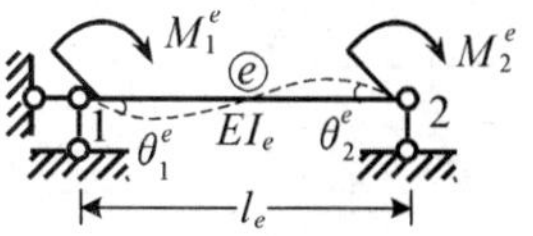

分别称为 e 单元的杆端力向量和杆端位移向量，简称为单元的杆端力和杆端位移。

单元分析的目的是建立单元杆端力与杆端位移的关系。由例题 4-8 可知：

$$\theta_1^e = \frac{l_e}{3EI_e}M_1^e - \frac{l_e}{6EI_e}M_2^e, \ \theta_2^e = -\frac{l_e}{6EI_e}M_1^e + \frac{l_e}{3EI_e}M_2^e$$

用矩阵表示为

$$\begin{Bmatrix} \theta_1^e \\ \theta_2^e \end{Bmatrix} = \begin{bmatrix} \dfrac{l_e}{3EI_e} & -\dfrac{l_e}{6EI_e} \\ -\dfrac{l_e}{6EI_e} & \dfrac{l_e}{3EI_e} \end{bmatrix} \begin{Bmatrix} M_1^e \\ M_2^e \end{Bmatrix} \tag{7-1}$$

解方程，并设 $i_e = EI_e/l_e$，可得

$$\begin{Bmatrix} M_1^e \\ M_2^e \end{Bmatrix} = \begin{bmatrix} 4i_e & 2i_e \\ 2i_e & 4i_e \end{bmatrix} \begin{Bmatrix} \theta_1^e \\ \theta_2^e \end{Bmatrix} = \begin{bmatrix} k_{11}^e & k_{12}^e \\ k_{21}^e & k_{22}^e \end{bmatrix} \begin{Bmatrix} \theta_1^e \\ \theta_2^e \end{Bmatrix} \tag{7-2a}$$

或

$$\boldsymbol{F}^e = \boldsymbol{k}^e \boldsymbol{\Delta}^e \tag{7-2b}$$

称为单元刚度方程，其中

$$\boldsymbol{k}^e = \begin{bmatrix} k_{11}^e & k_{12}^e \\ k_{21}^e & k_{22}^e \end{bmatrix} = \begin{bmatrix} 4i_e & 2i_e \\ 2i_e & 4i_e \end{bmatrix} \tag{7-3}$$

称为单元 e 的单元刚度矩阵。它是用单元杆端位移表示单元杆端力的联系矩阵。

由式(7-2a)可理解单元刚度矩阵中各元素的物理意义：

当单元发生 $\theta_1^e = 1$、$\theta_2^e = 0$ 杆端位移时，由式(7-2a) 可得

$$\begin{Bmatrix} M_1^e \\ M_2^e \end{Bmatrix} = \begin{bmatrix} k_{11}^e & k_{12}^e \\ k_{21}^e & k_{22}^e \end{bmatrix} \begin{Bmatrix} 1 \\ 0 \end{Bmatrix} = \begin{Bmatrix} k_{11}^e \\ k_{21}^e \end{Bmatrix}$$

即单元刚度矩阵中的第一列为发生 $\theta_1^e = 1$、$\theta_2^e = 0$ 杆端位移时的杆端力。令单元发生 $\theta_1^e = 1$、$\theta_2^e = 0$ 杆端位移，如图 7-4(a) 所示，可求得 $M_1^e = 4i_e$，$M_2^e = 2i_e$，即 $k_{11}^e = 4i_e$，$k_{21}^e = 2i_e$。同理，单元刚度矩阵中的第二列元素为发生 $\theta_1^e = 0$、$\theta_2^e = 1$ 杆端位移时的杆端力，如图 7-4(b) 所示。这与由式(7-1)求出的结果相同。

根据单元刚度矩阵元素的物理意义可知单元刚度矩阵有如下性质：

(1) 主对角线上的元素 k_{11}^e、k_{22}^e 一定大于零。

(2) 非对角线上的元素 $k_{12}^e = k_{21}^e$，满足反力互等定理，因此单元刚度矩阵是对称矩阵。

把各单元的线刚度代入式(7-3)即可得到各单元的单元刚度矩阵，各单元的杆端力与杆

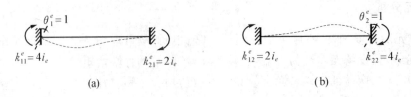

(a)   (b)

图 7-4

端位移的关系也就确定了。

学习指导：这一部分主要掌握单元刚度方程、单元刚度矩阵的概念，掌握单元刚度矩阵元素的物理意义及单元刚度矩阵的性质。请做习题：7-1～7-5,7-22～7-24。

3. 整体分析

(1) 结点力与结点位移的关系

设连续梁只在结点上有外力偶作用,在结点力偶作用下结点有转角位移,如图 7-5 所示,杆中有荷载的情况稍后讨论。规定这些力偶和转角位移顺时针为正。用矩阵表示为

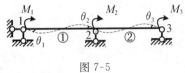

图 7-5

$$F = \begin{bmatrix} M_1 \\ M_2 \\ M_3 \end{bmatrix}, \Delta = \begin{bmatrix} \theta_1 \\ \theta_2 \\ \theta_3 \end{bmatrix}$$

分别称为结点力向量和结点位移向量,简称为结点力和结点位移。注意,单元的杆端力和杆端位移用写在右上角的单元编号以与结构的结点力和结点位移相区别。整体分析的目的是建立结点力和结点位移的关系。

取结点为隔离体(为了看得清楚,将单元一并画出),如图 7-6 所示。由隔离体的平衡可得

$$M_1 = M_1^① , M_2 = M_2^① + M_1^② , M_3 = M_2^②$$

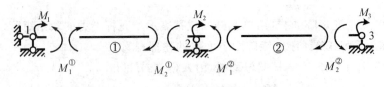

图 7-6

将单元刚度方程(7-2),即 $M_1^e = k_{11}^e \theta_1^e + k_{12}^e \theta_2^e$, $M_2^e = k_{21}^e \theta_1^e + k_{22}^e \theta_2^e$ $(e = 1,2)$ 代入上式,得

$$M_1 = k_{11}^① \theta_1^① + k_{12}^① \theta_2^①, M_2 = k_{21}^① \theta_1^① + k_{22}^① \theta_2^① + k_{11}^② \theta_1^② + k_{12}^② \theta_2^②, M_3 = k_{21}^② \theta_1^② + k_{22}^② \theta_2^② \quad (7\text{-}4)$$

由变形协调条件,结点转角与单元杆端转角相同,即

$$\theta_1 = \theta_1^① , \theta_2 = \theta_2^① = \theta_1^② , \theta_3 = \theta_2^②$$

将上式代入式(7-4),得

$$M_1 = k_{11}^① \theta_1 + k_{12}^① \theta_2, M_2 = k_{21}^① \theta_1 + (k_{22}^① + k_{11}^②)\theta_2 + k_{12}^② \theta_3, M_3 = k_{21}^② \theta_2 + k_{22}^② \theta_3$$

用矩阵表示为

$$
\begin{Bmatrix} M_1 \\ M_2 \\ M_3 \end{Bmatrix} = \begin{bmatrix} k_{11}^{①} & k_{12}^{①} & 0 \\ k_{21}^{①} & k_{22}^{①}+k_{11}^{②} & k_{12}^{②} \\ 0 & k_{21}^{②} & k_{22}^{②} \end{bmatrix} \begin{Bmatrix} \theta_1 \\ \theta_2 \\ \theta_3 \end{Bmatrix} \tag{7-5}
$$

或写成

$$
\begin{Bmatrix} M_1 \\ M_2 \\ M_3 \end{Bmatrix} = \begin{bmatrix} K_{11} & K_{12} & K_{13} \\ K_{21} & K_{22} & K_{23} \\ K_{31} & K_{32} & K_{33} \end{bmatrix} \begin{Bmatrix} \theta_1 \\ \theta_2 \\ \theta_3 \end{Bmatrix} \tag{7-6}
$$

或

$$
\boldsymbol{F} = \boldsymbol{K}\boldsymbol{\Delta} \tag{7-7}
$$

称为结构刚度方程,是用结点位移表示的结点平衡方程,其中

$$
\boldsymbol{K} = \begin{bmatrix} K_{11} & K_{12} & K_{13} \\ K_{21} & K_{22} & K_{23} \\ K_{31} & K_{32} & K_{33} \end{bmatrix}
$$

称为结构刚度矩阵,它是用结点位移表示结点力的联系矩阵。当结构有 N 个结点位移时,结构刚度矩阵的阶数为 $N \times N$。

由式(7-6)可理解结构刚度矩阵中各元素的物理意义:

当结构发生 $\theta_1 = 1$、$\theta_2 = \theta_3 = 0$ 结点位移时,由式(7-6)可得 $M_1 = K_{11}$、$M_2 = K_{21}$、$M_3 = K_{31}$,即结构刚度矩阵中的第一列元素为发生 $\theta_1 = 1$、$\theta_2 = \theta_3 = 0$ 结点位移时的结点力,如图 7-7 所示。

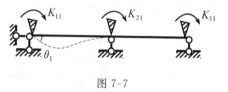

图 7-7

根据结构刚度矩阵元素的物理意义可知:结构刚度矩阵主对角线上的元素 K_{ii} 一定大于零,非对角线上的元素 $K_{ij} = K_{ji}$,满足反力互等定理,因此结构刚度矩阵是对称矩阵。当 i、j 两个结点无单元直接相连时(如结点 1 和 3),$K_{ij} = K_{ji} = 0$,这一结论可借助图 7-7 由其物理意义直接获得。

例题 7-1 连续梁及整体编码如图 7-8(a)所示,试求结构刚度矩阵中元素 K_{22}、K_{32} 和 K_{42}。

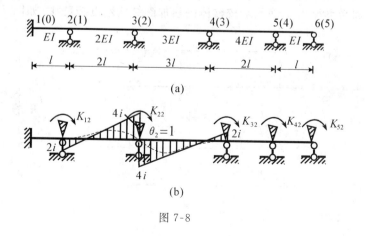

(a)

(b)

图 7-8

解 根据结构刚度矩阵中元素的物理意义可知 K_{22}、K_{32} 和 K_{42} 为发生 $\theta_2=1$、$\theta_1=\theta_3=\theta_4=0$ 结点位移时的结点力 M_2、M_3 和 M_4。令结构发生 $\theta_2=1$、$\theta_1=\theta_3=\theta_4=0$ 结点位移，作出弯矩图，如图 7-8(b) 所示。由结点平衡可求得：

$$K_{22}=8i,\ K_{32}=2i,\ K_{42}=0$$

(2) 结构刚度矩阵的形成

尽管利用结构刚度矩阵中元素的物理意义可以求出结构刚度矩阵，但不便于编制计算机程序。编制矩阵位移法计算机程序通常采用的是刚度集成法，直接用各单元的单元刚度矩阵元素集成结构刚度矩阵。

从式(7-5) 可见，结构刚度矩阵中的元素是由各单元的单元刚度矩阵元素组成的。单元刚度矩阵中的元素在结构刚度矩阵中的位置有规律可循。若 e 单元的杆端位移与结点位移有如下关系：

$$\theta_1^e=\theta_i,\ \theta_2^e=\theta_j$$

则由单元刚度矩阵元素和结构刚度矩阵元素的意义，即图 7-9(a)、(b) 可见：k_{11}^e 贡献于 K_{ii}，k_{21}^e 贡献于 K_{ji}，k_{12}^e 贡献于 K_{ij}，k_{22}^e 贡献于 K_{jj}。即 e 单元刚度矩阵的第一行元素应位于结构刚度矩阵的第 i 行，第二行元素应位于结构刚度矩阵的第 j 行；第一列元素应位于结构刚度矩阵的第 i 列，第二列元素应位于结构刚度矩阵的第 j 列。据此可得到形成结构刚度矩阵的刚度集成法，也形象地称其为“对号入座”。

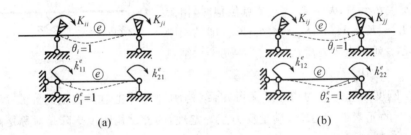

K_{ii}
K_{ji}
$\theta_i=1$
k_{11}^e
k_{21}^e
$\theta_1^e=1$
(a)
K_{ij}
K_{jj}
$\theta_j=1$
k_{12}^e
k_{22}^e
$\theta_2^e=1$
(b)

图 7-9

具体做法是：求出单元的单元刚度矩阵，在第一行旁边标出 1 端杆端位移所对应的结点位移编号，第二行旁边标出 2 端杆端位移所对应的结点位移编号，在 1、2 列的上方也标出相应的结点位移编号，将单元刚度矩阵元素按整体码累加到结构刚度矩阵中，如图 7-10 所示。

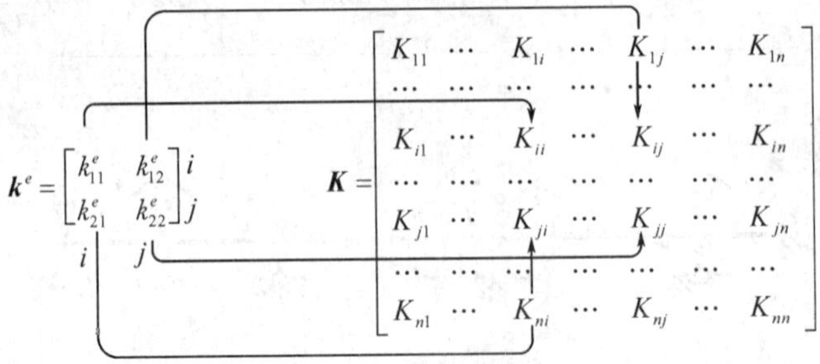

$\boldsymbol{k}^e=\begin{bmatrix}k_{11}^e & k_{12}^e\\ k_{21}^e & k_{22}^e\end{bmatrix}\begin{matrix}i\\ j\end{matrix}$
i j
$\boldsymbol{K}=\begin{bmatrix}K_{11} & \cdots & K_{1i} & \cdots & K_{1j} & \cdots & K_{1n}\\ \cdots & \cdots & \cdots & \cdots & \cdots & \cdots & \cdots\\ K_{i1} & \cdots & K_{ii} & \cdots & K_{ij} & \cdots & K_{in}\\ \cdots & \cdots & \cdots & \cdots & \cdots & \cdots & \cdots\\ K_{j1} & \cdots & K_{ji} & \cdots & K_{jj} & \cdots & K_{jn}\\ \cdots & \cdots & \cdots & \cdots & \cdots & \cdots & \cdots\\ K_{n1} & \cdots & K_{ni} & \cdots & K_{nj} & \cdots & K_{nn}\end{bmatrix}$

图 7-10

按上面做法形成图 7-5 所示结构的刚度矩阵的过程为：

a. 形成 ① 单元的单元刚度矩阵，① 单元两端对应的结点位移编号为 1、2，在单元刚度矩阵的行列上标出 1、2，将单元刚度矩阵元素累加入结构刚度矩阵，如图 7-11 所示。

$k^{①} = \begin{bmatrix} k_{11}^{①} & k_{12}^{①} \\ k_{21}^{①} & k_{22}^{①} \end{bmatrix}$ 1 2
1 2
$K = \begin{bmatrix} k_{11}^{①} & k_{12}^{①} & 0 \\ k_{21}^{①} & k_{22}^{①} & 0 \\ 0 & 0 & 0 \end{bmatrix}$ 1 2 3
1 2 3

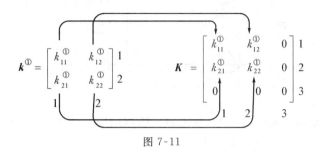

图 7-11

b. 形成 ② 单元的单元刚度矩阵，② 单元两端对应的结点位移编号为 2、3，在单元刚度矩阵的行列上标出 2、3，将单元刚度矩阵元素累加入结构刚度矩阵，如图 7-12 所示。

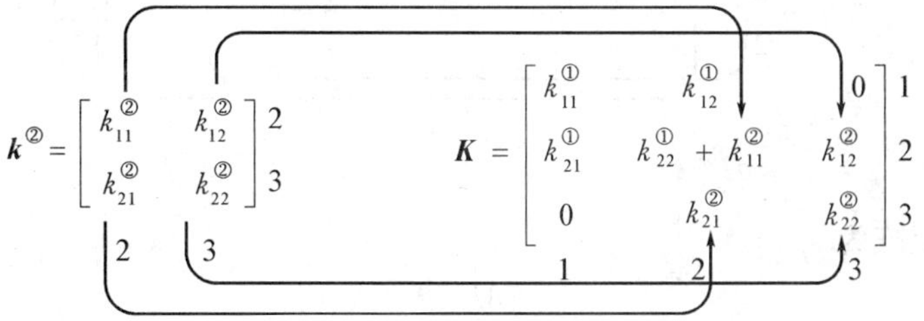

$k^{②} = \begin{bmatrix} k_{11}^{②} & k_{12}^{②} \\ k_{21}^{②} & k_{22}^{②} \end{bmatrix}$ 2 3
2 3
$K = \begin{bmatrix} k_{11}^{①} & k_{12}^{①} & 0 \\ k_{21}^{①} & k_{22}^{①} + k_{11}^{②} & k_{12}^{②} \\ 0 & k_{21}^{②} & k_{22}^{②} \end{bmatrix}$ 1 2 3
1 2 3

图 7-12

与前面求出的式(7-5) 中的结构刚度矩阵相比，可见完全相同。

例题 7-2　试求图 7-13 所示连续梁的结构刚度矩阵。

1(0) ① 2(1) ② 3(2) ③ 4(3)
EI
EI
2EI
l
2l
2l

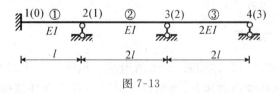

图 7-13

解　设 $i = EI/l$。结构有 3 个结点位移，故结构刚度矩阵为 3×3 阶矩阵。

(1) 求出 ① 单元的单元刚度矩阵，并累加到结构刚度矩阵中，如图 7-14 所示。

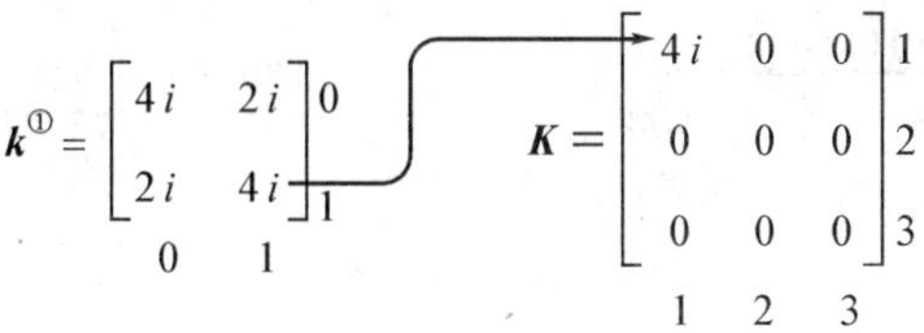

$k^{①} = \begin{bmatrix} 4i & 2i \\ 2i & 4i \end{bmatrix}$ 0 1
0 1
$K = \begin{bmatrix} 4i & 0 & 0 \\ 0 & 0 & 0 \\ 0 & 0 & 0 \end{bmatrix}$ 1 2 3
1 2 3

图 7-14

（2）求出 ② 单元的单元刚度矩阵，并累加到结构刚度矩阵中，如图 7-15 所示。

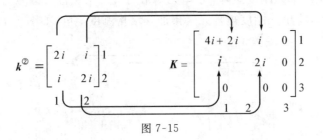

图 7-15

（3）求出 ③ 单元的单元刚度矩阵，并累加到结构刚度矩阵中，如图 7-16 所示。

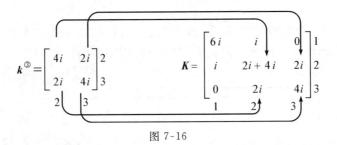

图 7-16

结构的刚度矩阵为

$$\boldsymbol{K} = \begin{bmatrix} 6i & i & 0 \\ i & 6i & 2i \\ 0 & 2i & 4i \end{bmatrix}$$

学习指导：这一部分主要掌握结构刚度方程，结构刚度矩阵的概念，结构刚度矩阵元素的物理意义和结构刚度矩阵的性质，能根据物理意义求结构刚度矩阵元素，能用"对号入座"方法计算结构刚度矩阵。请做习题：7-6 ～ 7-9，7-25。

4. 方程求解与杆端力计算

当连续梁上只有结点外力偶作用时，求出结构刚度矩阵后直接解刚度方程可求得结点位移。因为结点位移与单元杆端位移相等，由结点位移可得各单元杆端位移，再利用单元刚度方程(7-2)由单元杆端位移可求得单元杆端力，最后由杆端力可作出弯矩图。这些已在 7-1 节中说过了，下面举例说明。

例题 7-3　试用矩阵位移法计算图 7-17(a) 所示结构，作弯矩图。

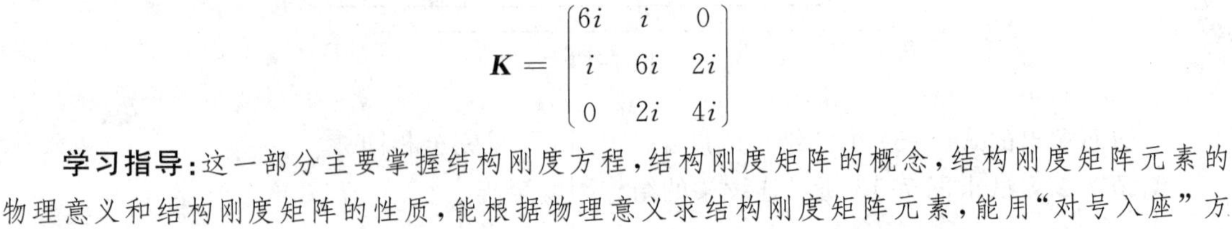

（a）

（b）

图 7-17

解 单元编号、结点编号和结点位移编号如图 7-17(b) 所示。

各单元的单元刚度矩阵为

$$\pmb{k}^① = \begin{pmatrix} 4i & 2i \\ 2i & 4i \end{pmatrix}, \ \pmb{k}^② = \begin{pmatrix} 2i & i \\ i & 2i \end{pmatrix}, \ \pmb{k}^③ = \begin{pmatrix} 4i & 2i \\ 2i & 4i \end{pmatrix}$$

已在例题 7-2 中求出了结构刚度矩阵,即

$$\pmb{K} = \begin{bmatrix} 6i & i & 0 \\ i & 6i & 2i \\ 0 & 2i & 4i \end{bmatrix}$$

结构的结点力为

$$\pmb{F} = \begin{Bmatrix} M_1 \\ M_2 \\ M_3 \end{Bmatrix} = \begin{Bmatrix} 0 \\ 10\text{kN} \cdot \text{m} \\ 0 \end{Bmatrix}$$

结构刚度方程为

$$\begin{Bmatrix} 0 \\ 10\text{kN} \cdot \text{m} \\ 0 \end{Bmatrix} = \begin{bmatrix} 6i & i & 0 \\ i & 6i & 2i \\ 0 & 2i & 4i \end{bmatrix} \begin{Bmatrix} \theta_1 \\ \theta_2 \\ \theta_3 \end{Bmatrix}$$

解方程得结点位移为

$$\pmb{\Delta} = \begin{Bmatrix} \theta_1 \\ \theta_2 \\ \theta_3 \end{Bmatrix} = \begin{Bmatrix} -\dfrac{10}{29i} \\ \dfrac{60}{29i} \\ -\dfrac{30}{29i} \end{Bmatrix}$$

由解得的结点位移可知各单元杆端位移为

$$\begin{Bmatrix} \theta_1^① \\ \theta_2^① \end{Bmatrix} = \begin{pmatrix} 0 \\ -10/29i \end{pmatrix}, \ \begin{Bmatrix} \theta_1^② \\ \theta_2^② \end{Bmatrix} = \begin{pmatrix} -10/29i \\ 60/29i \end{pmatrix}, \ \begin{Bmatrix} \theta_1^③ \\ \theta_2^③ \end{Bmatrix} = \begin{pmatrix} 60/29i \\ -30/29i \end{pmatrix}$$

计算单元杆端力

$$\begin{Bmatrix} M_1^① \\ M_2^① \end{Bmatrix} = \begin{pmatrix} 4i & 2i \\ 2i & 4i \end{pmatrix} \begin{Bmatrix} \theta_1^① \\ \theta_2^① \end{Bmatrix} = \begin{pmatrix} 4i & 2i \\ 2i & 4i \end{pmatrix} \begin{pmatrix} 0 \\ -10/29i \end{pmatrix} = \begin{pmatrix} -0.69 \\ -1.38 \end{pmatrix} \text{kN} \cdot \text{m}$$

$$\begin{Bmatrix} M_1^② \\ M_2^② \end{Bmatrix} = \begin{pmatrix} 2i & i \\ i & 2i \end{pmatrix} \begin{Bmatrix} \theta_1^② \\ \theta_2^② \end{Bmatrix} = \begin{pmatrix} 2i & i \\ i & 2i \end{pmatrix} \begin{pmatrix} -10/29i \\ 60/29i \end{pmatrix} = \begin{pmatrix} 1.38 \\ 3.79 \end{pmatrix} \text{kN} \cdot \text{m}$$

$$\begin{Bmatrix} M_1^③ \\ M_2^③ \end{Bmatrix} = \begin{pmatrix} 4i & 2i \\ 2i & 4i \end{pmatrix} \begin{Bmatrix} \theta_1^③ \\ \theta_2^③ \end{Bmatrix} = \begin{pmatrix} 4i & 2i \\ 2i & 4i \end{pmatrix} \begin{pmatrix} 60/29i \\ -30/29i \end{pmatrix} = \begin{pmatrix} 6.21 \\ 0 \end{pmatrix} \text{kN} \cdot \text{m}$$

由单元杆端力可画出结构的弯矩图如图 7-18 所示。

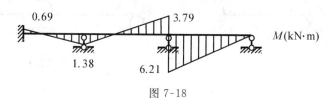

图 7-18

学习指导:注意单元杆端弯矩是顺时针为正,根据杆端弯矩的符号可判断杆端是上侧受拉还是下侧受拉。可这样判断:将杆端力(这里是杆端弯矩)画在杆端,使表示弯矩的旋转箭头凹向在外侧对着杆端,箭头尾部一侧即是受拉侧。弯矩图需画在受拉侧。请做习题:7-30。

5. 非结点荷载的处理

作用在连续梁的实际荷载一般为集中力和分布力,如图 7-19(a) 所示,是非结点荷载。这时需将作用于杆中的非结点荷载按引起的结点位移相等的原则化成结点荷载,如图 7-19(b) 所示,称为结构等效结点荷载,规定顺时针为正,用矩阵表示为

$$P = \begin{bmatrix} P_1 \\ P_2 \\ P_3 \end{bmatrix}$$

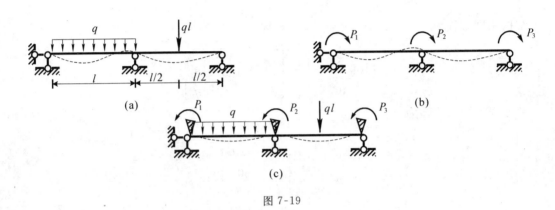

图 7-19

计算结构等效结点荷载可采用如下方法:

在加荷载之前用刚臂将结点锁住,使其不能发生结点转角位移,然后加载如图 7-19(c) 所示。由结点平衡可求出刚臂反力矩。将反力矩反向加在结点上如图 7-19(b) 所示。根据叠加原理,原结构受力情况图 7-16(a) 等于图 7-16(b)、(c) 受力相加,图 7-19(a) 位移也等于图 7-19(b)、(c) 相加,因为图 7-19(c) 无结点位移,故图 7-19(a) 与图 7-19(b) 的结点位移相等。因此,图 7-19(b) 结点荷载即为图 7-19(a) 荷载的等效结点荷载。

例题 7-4 试求图 7-19(a) 所示体系的等效结点荷载。

解 在结点处加刚臂如图 7-19(c) 所示,作弯矩图并由结点平衡求刚臂反力矩,如图 7-20(a) 所示。

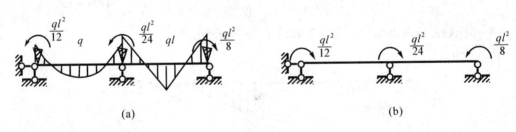

图 7-20

将反力矩反方向加在结点上如图 7-17(b) 所示,即得结构的等效结点荷载,即

$$\boldsymbol{P} = \begin{Bmatrix} P_1 \\ P_2 \\ P_3 \end{Bmatrix} = \begin{Bmatrix} ql^2/12 \\ ql^2/24 \\ -ql^2/8 \end{Bmatrix}$$

程序设计中采用"对号入座"的方法计算结构等效结点荷载。

根据上面所述,结构等效结点荷载可由计算附加刚臂反力矩并反其方向所定,而刚臂反力矩根据荷载引起的各单元两端无转角位移时的杆端弯矩计算,因此结构等效结点荷载也可这样确定:

首先将荷载引起的两端固定的梁单元的杆端弯矩用矩阵表示,对于图 7-19(a) 所示结构的两个单元,在两端固定时由荷载引起的杆端力,如图 7-21 所示,用矩阵表示为

$$\boldsymbol{F}_{\mathrm{P}}^{①} = \begin{Bmatrix} F_{\mathrm{P}1}^{①} \\ F_{\mathrm{P}2}^{①} \end{Bmatrix} = \begin{Bmatrix} -ql^2/12 \\ ql^2/12 \end{Bmatrix}, \quad \boldsymbol{F}_{\mathrm{P}}^{②} = \begin{Bmatrix} F_{\mathrm{P}1}^{②} \\ F_{\mathrm{P}2}^{②} \end{Bmatrix} = \begin{Bmatrix} -ql^2/8 \\ ql^2/8 \end{Bmatrix}$$

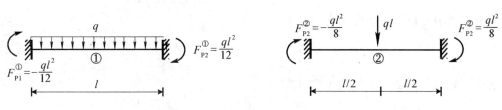

图 7-21

称为单元固端力向量,简称为单元固端力,顺时针为正。将单元固端力改变符号,表示为

$$\boldsymbol{P}^{①} = -\begin{Bmatrix} F_{\mathrm{P}1}^{①} \\ F_{\mathrm{P}2}^{①} \end{Bmatrix} = \begin{Bmatrix} ql^2/12 \\ -ql^2/12 \end{Bmatrix}, \quad \boldsymbol{P}^{②} = -\begin{Bmatrix} F_{\mathrm{P}1}^{②} \\ F_{2}^{②} \end{Bmatrix} = \begin{Bmatrix} ql^2/8 \\ -ql^2/8 \end{Bmatrix}$$

称为单元等效结点荷载向量。按"对号入座"形成结构刚度矩阵相同的过程由单元等效结点荷载可形成结构等效结点荷载矩阵,过程如下:

$$\boldsymbol{P}^{①} = \begin{Bmatrix} ql^2/12 \\ -ql^2/12 \end{Bmatrix} \begin{matrix} 1 \\ 2 \end{matrix} \qquad \boldsymbol{P} = \begin{Bmatrix} ql^2/12 \\ -ql^2/12 \\ 0 \end{Bmatrix} \begin{matrix} 1 \\ 2 \\ 3 \end{matrix}$$

$$\boldsymbol{P}^{②} = \begin{Bmatrix} ql^2/8 \\ -ql^2/8 \end{Bmatrix} \begin{matrix} 2 \\ 3 \end{matrix} \qquad \boldsymbol{P} = \begin{Bmatrix} ql^2/12 \\ -ql^2/12 + ql^2/8 \\ -ql^2/8 \end{Bmatrix} \begin{matrix} 1 \\ 2 \\ 3 \end{matrix}$$

求出的结构等效结点荷载矩阵 $\boldsymbol{P}$ 与例题 7-4 中得到的完全相同。

得到结构等效结点荷载后,即可按前述方法计算各单元杆端力。结构的最终杆端力等于结构等效结点荷载引起的杆端力加单元固端力。在图 7-19 中,图 7-19(a) 结构的各单元杆端力等于图 7-19(b) 各单元杆端力 $\boldsymbol{F}^e = \boldsymbol{k}^e \boldsymbol{\Delta}^e$ 加图 7-19(c) 各单元固端力 $\boldsymbol{F}_P^e$,即

$$\boldsymbol{F}^e = \boldsymbol{k}^e \boldsymbol{\Delta}^e + \boldsymbol{F}_P^e \tag{7-8}$$

例题 7-5 计算图 7-19(a) 所示结构,作弯矩图。各杆 $EI =$ 常数。

解 结构的单元、结点、结点位移编码如图 7-22 所示。

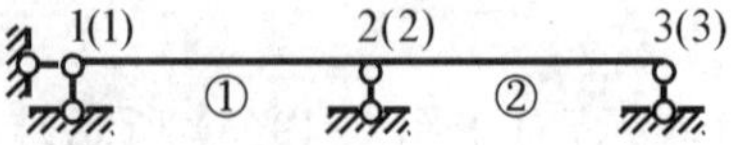

单元刚度矩阵为

图 7-22

$$\boldsymbol{k}^① = \boldsymbol{k}^② = \begin{pmatrix} 4i & 2i \\ 2i & 4i \end{pmatrix}$$

结构刚度矩阵为

$$\boldsymbol{K} = \begin{bmatrix} 4i & 2i & 0 \\ 2i & 8i & 2i \\ 0 & 2i & 4i \end{bmatrix}$$

各单元固端力矩阵已在前面求出,即

$$\boldsymbol{F}_P^① = \begin{bmatrix} -ql^2/12 \\ ql^2/12 \end{bmatrix}, \quad \boldsymbol{F}_P^② = \begin{bmatrix} -ql^2/8 \\ ql^2/8 \end{bmatrix}$$

结构等效结点荷载已在前面求出,即

$$\boldsymbol{P} = \begin{bmatrix} ql^2/12 \\ ql^2/24 \\ -ql^2/8 \end{bmatrix}$$

结构刚度方程为

$$\begin{bmatrix} ql^2/12 \\ ql^2/24 \\ -ql^2/8 \end{bmatrix} = \begin{bmatrix} 4i & 2i & 0 \\ 2i & 8i & 2i \\ 0 & 2i & 4i \end{bmatrix} \begin{bmatrix} \theta_1 \\ \theta_2 \\ \theta_3 \end{bmatrix}$$

解方程,得

$$\begin{bmatrix} \theta_1 \\ \theta_2 \\ \theta_3 \end{bmatrix} = \begin{bmatrix} 3/192 \\ 1/96 \\ -7/192 \end{bmatrix} \times \frac{ql^2}{i}$$

各单元杆端位移为

$$\begin{bmatrix} \theta_1^① \\ \theta_2^① \end{bmatrix} = \begin{pmatrix} 3/192 \\ 1/96 \end{pmatrix} \times \frac{ql^2}{i}, \quad \begin{bmatrix} \theta_1^② \\ \theta_2^② \end{bmatrix} = \begin{pmatrix} 1/96 \\ -7/192 \end{pmatrix} \times \frac{ql^2}{i}$$

由式(7-8) 计算各单元杆端力,得

$$\begin{bmatrix} M_1^① \\ M_2^① \end{bmatrix} = \begin{pmatrix} 4i & 2i \\ 2i & 4i \end{pmatrix} \begin{pmatrix} 3/192 \\ 1/96 \end{pmatrix} \times \frac{ql^2}{i} + \begin{bmatrix} -ql^2/12 \\ ql^2/12 \end{bmatrix} = \begin{pmatrix} 0 \\ 5/32 \end{pmatrix} ql^2$$

$$\begin{bmatrix} M_1^② \\ M_2^② \end{bmatrix} = \begin{pmatrix} 4i & 2i \\ 2i & 4i \end{pmatrix} \begin{pmatrix} 1/96 \\ -7/192 \end{pmatrix} \times \frac{ql^2}{i} + \begin{bmatrix} -ql^2/8 \\ ql^2/8 \end{bmatrix} = \begin{pmatrix} -5/32 \\ 0 \end{pmatrix} ql^2$$

由杆端力画出弯矩图如图 7-23 所示。

当结构上既有非结点荷载又有结点荷载时,只需将非结点荷载的等效结点荷载与作用于

结点的直接结点荷载相加,称为综合结点荷载,其他计算与前相同。

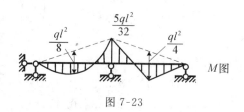

图 7-23

学习指导:理解等效结点荷载的概念,会计算单元等效结点荷载、结构等效结点荷载,结构综合结点荷载,能计算非结点荷载作用下的内力并绘弯矩图。请做习题:7-10,7-26,7-29。

6. 矩阵位移法计算连续梁的步骤

总结前面内容,可得矩阵位移法解连续梁的步骤为:

(1) 划分单元,并对单元、结点、结点位移编码。

(2) 计算单元刚度矩阵。

(3) 形成结构刚度矩阵。

(4) 计算单元固端力、单元等效结点荷载、结构等效结点荷载。

(5) 形成结构综合结点荷载。

(6) 解方程求结点位移。

(7) 计算单元杆端力。

(8) 作弯矩图。

例题 7-6 计算图 7-24(a)所示连续梁,作弯矩图。

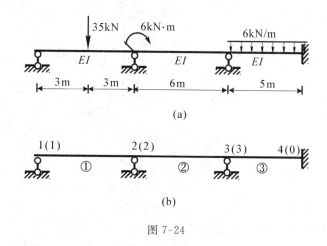

(a)

(b)

图 7-24

解 (1) 编码单元、结点和结点位移编码如图 7-24(b)所示。

(2) 计算单元刚度矩阵

为了计算方便,取 $EI = 1$。根据超静定结构在荷载作用下的内力只与各杆件的相对刚度有关而与刚度的绝对大小无关的性质,这样做只会影响结点位移而不会影响内力。计算过程中

163

的单位一并省略。

$$k^{①} = k^{②} = \begin{pmatrix} 0.667 & 0.333 \\ 0.333 & 0.667 \end{pmatrix}, \; k^{③} = \begin{pmatrix} 0.8 & 0.4 \\ 0.4 & 0.8 \end{pmatrix}$$

（3）集成结构刚度矩阵

按"对号入座"过程得结构刚度矩阵为

$$\boldsymbol{K} = \begin{bmatrix} 0.667 & 0.333 & 0 \\ 0.333 & 1.333 & 0.333 \\ 0 & 0.333 & 1.467 \end{bmatrix}$$

（4）计算结构等效结点荷载

① 计算单元固端力

$$\boldsymbol{F}_P^{①} = \begin{pmatrix} -26.25 \\ 26.25 \end{pmatrix}, \; \boldsymbol{F}_P^{②} = \begin{pmatrix} 0 \\ 0 \end{pmatrix}, \; \boldsymbol{F}_P^{③} = \begin{pmatrix} -12.5 \\ 12.5 \end{pmatrix}$$

② 计算单元等效结点荷载

$$\boldsymbol{P}^{①} = \begin{pmatrix} 26.25 \\ -26.25 \end{pmatrix}, \; \boldsymbol{P}^{②} = \begin{pmatrix} 0 \\ 0 \end{pmatrix}, \; \boldsymbol{P}^{③} = \begin{pmatrix} 12.5 \\ -12.5 \end{pmatrix}$$

③ 按"对号入座"过程得结构等效结点荷载

$$\boldsymbol{P} = \begin{bmatrix} 26.25 \\ -26.25 \\ 12.5 \end{bmatrix}$$

（5）计算结构综合结点荷载

$$F = \begin{bmatrix} 0 \\ 6 \\ 0 \end{bmatrix} + \begin{bmatrix} 26.25 \\ -26.25 \\ 12.5 \end{bmatrix} = \begin{bmatrix} 26.25 \\ -20.25 \\ 12.5 \end{bmatrix}$$

（6）形成结构刚度方程并求解

$$\begin{bmatrix} 0.667 & 0.333 & 0 \\ 0.333 & 1.333 & 0.333 \\ 0 & 0.333 & 1.467 \end{bmatrix} \begin{bmatrix} \theta_1 \\ \theta_2 \\ \theta_3 \end{bmatrix} = \begin{bmatrix} 26.25 \\ -20.25 \\ 12.5 \end{bmatrix}$$

解方程得结点位移

$$\begin{bmatrix} \theta_1 \\ \theta_2 \\ \theta_3 \end{bmatrix} = \begin{bmatrix} 55.97 \\ -33.20 \\ 16.07 \end{bmatrix}$$

（7）计算单元杆端力

① 由结点位移可确定单元杆端位移为

$$\boldsymbol{\Delta}^{①} = \begin{bmatrix} \theta_1^{①} \\ \theta_2^{①} \end{bmatrix} = \begin{pmatrix} 55.97 \\ -33.20 \end{pmatrix}; \; \boldsymbol{\Delta}^{②} = \begin{bmatrix} \theta_1^{②} \\ \theta_2^{②} \end{bmatrix} = \begin{pmatrix} -33.20 \\ 16.07 \end{pmatrix}; \; \boldsymbol{\Delta}^{③} = \begin{bmatrix} \theta_1^{③} \\ \theta_2^{③} \end{bmatrix} = \begin{pmatrix} 16.07 \\ 0 \end{pmatrix}$$

② 由式(7-8)计算单元杆端力

$$\boldsymbol{F}^{①} = \begin{bmatrix} M_1^{①} \\ M_2^{①} \end{bmatrix} = \begin{pmatrix} 0.667 & 0.333 \\ 0.333 & 0.667 \end{pmatrix} \begin{pmatrix} 55.97 \\ -33.20 \end{pmatrix} + \begin{pmatrix} -26.25 \\ 26.25 \end{pmatrix} = \begin{pmatrix} 0 \\ 22.74 \end{pmatrix}$$

$$\boldsymbol{F}^{②} = \begin{bmatrix} M_1^{②} \\ M_2^{②} \end{bmatrix} = \begin{pmatrix} 0.667 & 0.333 \\ 0.333 & 0.667 \end{pmatrix} \begin{pmatrix} -33.20 \\ 16.07 \end{pmatrix} = \begin{pmatrix} -16.79 \\ -0.35 \end{pmatrix}$$

$$\boldsymbol{F}^{③} = \begin{bmatrix} M_1^{③} \\ M_2^{③} \end{bmatrix} = \begin{pmatrix} 0.8 & 0.4 \\ 0.4 & 0.8 \end{pmatrix} \begin{pmatrix} 16.07 \\ 0 \end{pmatrix} + \begin{pmatrix} -12.5 \\ 12.5 \end{pmatrix} = \begin{pmatrix} 0.35 \\ 18.93 \end{pmatrix}$$

(8) 作 M 图

由单元杆端力作出的弯矩图如图 7-25 所示。

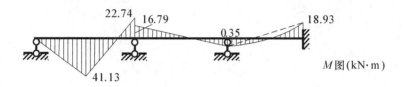

图 7-25

需要指出的是,以上计算过程所采用的简支单元也可以用于分析无结点线位移的刚架,但不能用于分析有结点线位移的结构。

学习指导:明确用简支单元只能计算无结点线位移的结构,掌握用矩阵位移法计算有 2、3 个结点位移的连续梁内力。请做习题:7-31 ~ 7-34。

7-3 矩阵位移法分析刚架

矩阵位移法分析刚架的过程与分析连续梁基本相同,不同处主要有两点:刚架的结点位移有 3 个;因为有竖杆和斜杆,需要进行坐标转换。

1. 离散化

为了方便分析,建立两种坐标系,一种是对结构而言的 xOy 坐标系,称为整体坐标系;另一种是对单元而言的 $\overline{xOy}$ 坐标系,称为单元局部坐标系。每个单元均有自身的局部坐标系,每个单元的局部坐标系的 $\overline{x}$ 轴沿杆轴方向,如图 7-26 所示,将 $\overline{x}$ 轴顺时针转 90° 为 $\overline{y}$ 轴,图中单元上的箭头为单元局部坐标系 $\overline{x}$ 轴正向,$\overline{y}$ 轴省略不画。

单元编号和结点编号如图 7-26 所示,编号顺序任意。图中括号内数字为结点位移编号,考虑杆件轴向变形,每个结点有 3 个结点位移,编号顺序为:先 x 向线位移,然后 y 向线位移,最后转角位移。被约束的结点位移编号为 0。以上这些编码总称为结构整体编码。

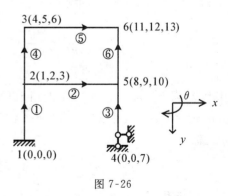

图 7-26

学习指导:理解结点位移编码的含义,理解单元局部坐标系,能对结构作整体编码。请做习题:7-13,7-14。

2. 单元分析

(1) 局部坐标下的单元杆端力与杆端位移的关系

在结构中任取一个单元作为代表,如图 7-27 所示。单元两端无约束,称为自由单元或刚架

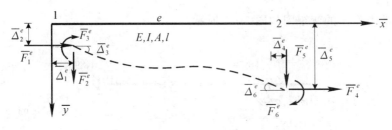

图 7-27

单元。规定从 1 端到 2 端为单元局部坐标系 x 轴的正向。单元两端共有 6 个杆端力,与坐标系方向相同为正,以从 1 端到 2 端的顺序,每端按 x 向、y 向和转角顺序排序;两端共有 6 个杆端位移,与杆端力同样排序。用矩阵表示为

$$\overline{\boldsymbol{F}}^e = \begin{bmatrix} \overline{F}_1^e & \overline{F}_2^e & \overline{F}_3^e & \overline{F}_4^e & \overline{F}_5^e & \overline{F}_6^e \end{bmatrix}^{\mathrm{T}}$$

$$\overline{\boldsymbol{\Delta}}^e = \begin{bmatrix} \overline{\Delta}_1^e & \overline{\Delta}_2^e & \overline{\Delta}_3^e & \overline{\Delta}_4^e & \overline{\Delta}_5^e & \overline{\Delta}_6^e \end{bmatrix}^{\mathrm{T}}$$

分别称为局部坐标系下的单元杆端力和单元杆端位移向量,字符上面画线是说明它们是在单元局部坐标系中定义的,以便与后面定义的整体坐标系下的单元杆端力和杆端位移相区别。与简支单元类似,两者应有如下形式的关系

$$\overline{\boldsymbol{F}}^e = \overline{\boldsymbol{k}}^e \overline{\boldsymbol{\Delta}}^e \tag{7-9a}$$

或

$$\begin{bmatrix} \overline{F}_1^e \\ \overline{F}_2^e \\ \overline{F}_3^e \\ \overline{F}_4^e \\ \overline{F}_5^e \\ \overline{F}_6^e \end{bmatrix} = \begin{bmatrix} \overline{k}_{11}^e & \overline{k}_{12}^e & \overline{k}_{13}^e & \overline{k}_{14}^e & \overline{k}_{15}^e & \overline{k}_{16}^e \\ \overline{k}_{21}^e & \overline{k}_{22}^e & \overline{k}_{23}^e & \overline{k}_{24}^e & \overline{k}_{25}^e & \overline{k}_{26}^e \\ \overline{k}_{31}^e & \overline{k}_{32}^e & \overline{k}_{33}^e & \overline{k}_{34}^e & \overline{k}_{35}^e & \overline{k}_{36}^e \\ \overline{k}_{41}^e & \overline{k}_{42}^e & \overline{k}_{43}^e & \overline{k}_{44}^e & \overline{k}_{45}^e & \overline{k}_{46}^e \\ \overline{k}_{51}^e & \overline{k}_{52}^e & \overline{k}_{53}^e & \overline{k}_{54}^e & \overline{k}_{55}^e & \overline{k}_{56}^e \\ \overline{k}_{61}^e & \overline{k}_{62}^e & \overline{k}_{63}^e & \overline{k}_{64}^e & \overline{k}_{65}^e & \overline{k}_{66}^e \end{bmatrix} \begin{bmatrix} \overline{\Delta}_1^e \\ \overline{\Delta}_2^e \\ \overline{\Delta}_3^e \\ \overline{\Delta}_4^e \\ \overline{\Delta}_5^e \\ \overline{\Delta}_6^e \end{bmatrix} \tag{7-9b}$$

其中:$\overline{\boldsymbol{k}}^e$ 称为局部坐标系下的单元刚度矩阵。根据单元刚度矩阵元素的物理意义,第一列元素为单元发生 $\overline{\Delta}_1^e = 1$,$\overline{\Delta}_2^e = \overline{\Delta}_3^e = \overline{\Delta}_4^e = \overline{\Delta}_5^e = \overline{\Delta}_6^e = 0$ 杆端位移时的杆端力,如图 7-28(a) 所示。即

$$\overline{k}_{11}^e = \frac{EA}{l}, \ \overline{k}_{21}^e = 0, \ \overline{k}_{31}^e = 0, \ \overline{k}_{41}^e = -\frac{EA}{l}, \ \overline{k}_{51}^e = 0, \ \overline{k}_{61}^e = 0$$

第二列元素为单元发生 $\overline{\Delta}_2^e = 1$,$\overline{\Delta}_1^e = \overline{\Delta}_3^e = \overline{\Delta}_4^e = \overline{\Delta}_5^e = \overline{\Delta}_6^e = 0$ 杆端位移时的杆端力,如图 7-28(b) 所示。即

$$\overline{k}_{12}^e = 0, \ \overline{k}_{22}^e = \frac{12EI}{l^3}, \ \overline{k}_{32}^e = \frac{6EI}{l^2}, \overline{k}_{42}^e = 0, \ \overline{k}_{52}^e = -\frac{12EI}{l^3}, \ \overline{k}_{62}^e = \frac{6EI}{l^2}$$

其他列,读者可仿照确定。

166

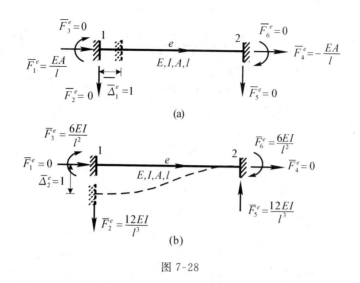

图 7-28

局部单元刚度矩阵为

$$
\bar{k}^e =
\begin{bmatrix}
\dfrac{EA}{l} & 0 & 0 & -\dfrac{EA}{l} & 0 & 0 \\[2ex]
0 & \dfrac{12EI}{l^3} & \dfrac{6EI}{l^2} & 0 & -\dfrac{12EI}{l^3} & \dfrac{6EI}{l^2} \\[2ex]
0 & \dfrac{6EI}{l^2} & \dfrac{4EI}{l} & 0 & -\dfrac{6EI}{l^2} & \dfrac{2EI}{l} \\[2ex]
-\dfrac{EA}{l} & 0 & 0 & \dfrac{EA}{l} & 0 & 0 \\[2ex]
0 & -\dfrac{12EI}{l^3} & -\dfrac{6EI}{l^2} & 0 & \dfrac{12EI}{l^3} & -\dfrac{6EI}{l^2} \\[2ex]
0 & \dfrac{6EI}{l^2} & \dfrac{2EI}{l} & 0 & -\dfrac{6EI}{l^2} & \dfrac{4EI}{l}
\end{bmatrix}
\qquad (7\text{-}10)
$$

单元刚度矩阵的性质与简支单元刚度矩阵基本相同,即自由式单元的单元刚度矩阵仍是对称矩阵。

（2）整体坐标系下的单元杆端力与杆端位移的关系

在作结构整体分析时需根据结点平衡确定结点力与单元杆端力的关系,还要引入单元杆端位移与结点位移的关系。对于图 7-29(a) 所示结构,若采用局部坐标系下的杆端力和杆端位移,如图 7-29(b) 所示(为了简洁,单元杆端弯矩未画),杆端位移与结点位移的关系、杆端力与结点力的关系将比较复杂;而采用图 7-29(c) 所示杆端力及相应的杆端位移,整体分析时就会比较简单。称图 7-29(c) 所示单元杆端力及相应的杆端位移为整体坐标系下的杆端力及杆端位移,方向与结构整体坐标系一致为正,编码也按整体坐标系 x、y、θ 的顺序确定。

下面建立整体坐标系下的单元杆端力与杆端位移的关系。可通过坐标转换由局部坐标系杆端力与杆端位移的关系获得。

用 $\pmb{F}^e$、$\pmb{\Delta}^e$ 表示整体坐标下的单元杆端力和杆端位移,它们之间的关系应有如下形式:

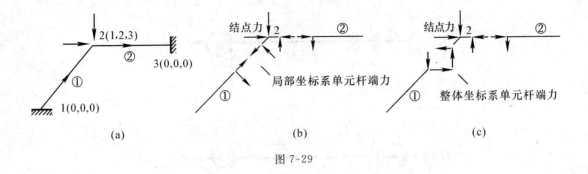

图 7-29

$$\begin{Bmatrix} F_1^e \\ F_2^e \\ F_3^e \\ F_4^e \\ F_5^e \\ F_6^e \end{Bmatrix} = \begin{bmatrix} k_{11}^e & k_{12}^e & k_{13}^e & k_{14}^e & k_{15}^e & k_{16}^e \\ k_{21}^e & k_{22}^e & k_{23}^e & k_{24}^e & k_{25}^e & k_{26}^e \\ k_{31}^e & k_{32}^e & k_{33}^e & k_{34}^e & k_{35}^e & k_{36}^e \\ k_{41}^e & k_{42}^e & k_{43}^e & k_{44}^e & k_{45}^e & k_{46}^e \\ k_{51}^e & k_{52}^e & k_{53}^e & k_{54}^e & k_{55}^e & k_{56}^e \\ k_{61}^e & k_{62}^e & k_{63}^e & k_{64}^e & k_{65}^e & k_{66}^e \end{bmatrix} \begin{Bmatrix} \Delta_1^e \\ \Delta_2^e \\ \Delta_3^e \\ \Delta_4^e \\ \Delta_5^e \\ \Delta_6^e \end{Bmatrix} \tag{7-11a}$$

即

$$\boldsymbol{F}^e = \boldsymbol{k}^e \boldsymbol{\Delta}^e \tag{7-11b}$$

其中：$\boldsymbol{k}^e$ 为单元整体坐标系下的单元刚度矩阵，可由局部坐标系下的单元刚度矩阵 $\overline{\boldsymbol{k}}^e$ 通过坐标转换得到。

① 两种坐标系下的单元杆端力之间的关系

图 7-30(a) 所示为局部坐标杆端力，7-30(b) 为整体坐标杆端力。因为它们均表示同一杆端的内力，故它们在任意方向应合力相同，力矩相同，故有

$$\left. \begin{aligned} \overline{F}_1^e &= F_1^e \cos\alpha + F_2^e \sin\alpha \\ \overline{F}_2^e &= - F_1^e \sin\alpha + F_2^e \cos\alpha \\ \overline{F}_3^e &= F_3^e \\ \overline{F}_4^e &= F_4^e \cos\alpha + F_5^e \sin\alpha \\ \overline{F}_5^e &= - F_4^e \sin\alpha + F_5^e \cos\alpha \\ \overline{F}_6^e &= F_6^e \end{aligned} \right\} \tag{7-12}$$

用矩阵表示为

$$\begin{Bmatrix} \overline{F}_1 \\ \overline{F}_2 \\ \overline{F}_3 \\ \overline{F}_4 \\ \overline{F}_5 \\ \overline{F}_6 \end{Bmatrix}^e = \begin{bmatrix} \cos\alpha & \sin\alpha & 0 & 0 & 0 & 0 \\ -\sin\alpha & \cos\alpha & 0 & 0 & 0 & 0 \\ 0 & 0 & 1 & 0 & 0 & 0 \\ 0 & 0 & 0 & \cos\alpha & \sin\alpha & 0 \\ 0 & 0 & 0 & -\sin\alpha & \cos\alpha & 0 \\ 0 & 0 & 0 & 0 & 0 & 1 \end{bmatrix}^e \begin{Bmatrix} F_1 \\ F_2 \\ F_3 \\ F_4 \\ F_5 \\ F_6 \end{Bmatrix}^e \tag{7-13}$$

或

$$\overline{\boldsymbol{F}}^e = \boldsymbol{T}^e \boldsymbol{F}^e \tag{7-14}$$

168

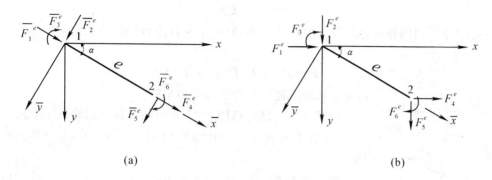

$$(a) \qquad\qquad\qquad (b)$$

图 7-30

其中：

$$\boldsymbol{T}^e = \begin{pmatrix} \cos\alpha & \sin\alpha & 0 & 0 & 0 & 0 \\ -\sin\alpha & \cos\alpha & 0 & 0 & 0 & 0 \\ 0 & 0 & 1 & 0 & 0 & 0 \\ 0 & 0 & 0 & \cos\alpha & \sin\alpha & 0 \\ 0 & 0 & 0 & -\sin\alpha & \cos\alpha & 0 \\ 0 & 0 & 0 & 0 & 0 & 1 \end{pmatrix} \qquad (7\text{-}15)$$

称为单元坐标转换矩阵,它是用整体杆端力表示局部杆端力的联系矩阵。作如下计算：

$$\boldsymbol{T}^e\boldsymbol{T}^{e\mathrm{T}} = \begin{pmatrix} \cos\alpha & \sin\alpha & 0 & 0 & 0 & 0 \\ -\sin\alpha & \cos\alpha & 0 & 0 & 0 & 0 \\ 0 & 0 & 1 & 0 & 0 & 0 \\ 0 & 0 & 0 & \cos\alpha & \sin\alpha & 0 \\ 0 & 0 & 0 & -\sin\alpha & \cos\alpha & 0 \\ 0 & 0 & 0 & 0 & 0 & 1 \end{pmatrix} \begin{pmatrix} \cos\alpha & -\sin\alpha & 0 & 0 & 0 & 0 \\ \sin\alpha & \cos\alpha & 0 & 0 & 0 & 0 \\ 0 & 0 & 1 & 0 & 0 & 0 \\ 0 & 0 & 0 & \cos\alpha & -\sin\alpha & 0 \\ 0 & 0 & 0 & \sin\alpha & \cos\alpha & 0 \\ 0 & 0 & 0 & 0 & 0 & 1 \end{pmatrix} = [\mathrm{I}]$$

其中:[I] 为单位矩阵,可见 $\boldsymbol{T}^{e\mathrm{T}}$ 是 $\boldsymbol{T}^e$ 的逆矩阵,即

$$\boldsymbol{T}^{e\mathrm{T}} = \boldsymbol{T}^{e-1} \qquad (7\text{-}16)$$

② 两种坐标下的单元杆端位移关系

杆端位移的编码与符号规定与杆端力相同,整体坐标系下的单元杆端位移与局部坐标系下的单元杆端位移的关系与杆端力相同,有

$$\overline{\boldsymbol{\Delta}}^e = \boldsymbol{T}^e\boldsymbol{\Delta}^e \qquad (7\text{-}17)$$

③ 整体单元刚度矩阵

将式(7-14)两端左乘 $\boldsymbol{T}^{e\mathrm{T}}$,可得

$$\boldsymbol{F}^e = \boldsymbol{T}^{e\mathrm{T}}\overline{\boldsymbol{F}}^e \qquad (7\text{-}18)$$

将局部坐标系下的单元刚度方程(7-9)代入式(7-18),得

$$\boldsymbol{F}^e = \boldsymbol{T}^{e\mathrm{T}}\overline{\boldsymbol{k}}^e\overline{\boldsymbol{\Delta}}^e \qquad (7\text{-}19)$$

将式(7-17)代入式(7-19),得整体坐标系下的单元杆端力与杆端位移的关系为

$$\boldsymbol{F}^e = \boldsymbol{T}^{e\mathrm{T}}\overline{\boldsymbol{k}}^e\boldsymbol{T}^e\boldsymbol{\Delta}^e = \boldsymbol{k}^e\boldsymbol{\Delta}^e \qquad (7\text{-}20)$$

其中:整体单元刚度矩阵为

$$\boldsymbol{k}^e = \boldsymbol{T}^{e\mathrm{T}}\bar{\boldsymbol{k}}^e\boldsymbol{T}^e \tag{7-21}$$

将式(7-21)两侧作转置运算$[(\boldsymbol{ABC})^{\mathrm{T}} = \boldsymbol{C}^{\mathrm{T}}\boldsymbol{B}^{\mathrm{T}}\boldsymbol{A}^{\mathrm{T}}]$,并注意到局部单元刚度矩阵是对称矩阵($\bar{\boldsymbol{k}}^e = \bar{\boldsymbol{k}}^{e\mathrm{T}}$),得

$$\boldsymbol{k}^{e\mathrm{T}} = (\boldsymbol{T}^{e\mathrm{T}}\bar{\boldsymbol{k}}^e\boldsymbol{T}^e)^{\mathrm{T}} = \boldsymbol{T}^{e\mathrm{T}}\bar{\boldsymbol{k}}^{e\mathrm{T}}\boldsymbol{T}^e = \boldsymbol{T}^{e\mathrm{T}}\bar{\boldsymbol{k}}^e\boldsymbol{T}^e = \boldsymbol{k}^e$$

可见整体单元刚度矩阵也为对称矩阵。

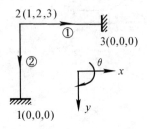

图 7-31

例题 7-7 试计算图 7-31 所示结构各单元的整体单元刚度矩阵,已知各单元 $E = 3 \times 10^7\,\mathrm{kN/m^2}$, $I = 0.04\,\mathrm{m^4}$, $A = 0.5\,\mathrm{m^2}$, $l = 4\,\mathrm{m}$。

解 $EA/l = 375 \times 10^4\,\mathrm{kN/m}$, $EI/l = 31.5 \times 10^4\,\mathrm{kN \cdot m}$,

$6EI/l^2 = 47.3 \times 10^4\,\mathrm{kN}$, $12EI/l^3 = 23.6 \times 10^4\,\mathrm{kN/m}$

局部单元刚度矩阵为(为了简洁,下面将矩阵中各元素的单位略去了)

$$\bar{\boldsymbol{k}}^{\textcircled{1}} = \bar{\boldsymbol{k}}^{\textcircled{2}} = \begin{bmatrix} 375 & 0 & 0 & -375 & 0 & 0 \\ 0 & 23.6 & 47.3 & 0 & -23.6 & 47.3 \\ 0 & 47.3 & 126 & 0 & -47.3 & 63 \\ -375 & 0 & 0 & 375 & 0 & 0 \\ 0 & -23.6 & -47.3 & 0 & 23.6 & -47.3 \\ 0 & 47.3 & 63 & 0 & -47.3 & 126 \end{bmatrix} \times 10^4$$

单元 $\textcircled{1}$: $\alpha^{\textcircled{1}} = 0$

$$\boldsymbol{T}^{\textcircled{1}} = \begin{bmatrix} 1 & 0 & 0 & 0 & 0 & 0 \\ 0 & 1 & 0 & 0 & 0 & 0 \\ 0 & 0 & 1 & 0 & 0 & 0 \\ 0 & 0 & 0 & 1 & 0 & 0 \\ 0 & 0 & 0 & 0 & 1 & 0 \\ 0 & 0 & 0 & 0 & 0 & 1 \end{bmatrix} = [I]$$

$$\boldsymbol{k}^{\textcircled{1}} = \boldsymbol{T}^{\textcircled{1}\mathrm{T}}\bar{\boldsymbol{k}}^{\textcircled{1}}\boldsymbol{T}^{\textcircled{1}} = \bar{\boldsymbol{k}}^{\textcircled{1}}$$

单元 $\textcircled{2}$: $\alpha^{\textcircled{2}} = 90°$

$$\boldsymbol{T}^{\textcircled{2}} = \begin{bmatrix} 0 & 1 & 0 & 0 & 0 & 0 \\ -1 & 0 & 0 & 0 & 0 & 0 \\ 0 & 0 & 1 & 0 & 0 & 0 \\ 0 & 0 & 0 & 0 & 1 & 0 \\ 0 & 0 & 0 & -1 & 0 & 0 \\ 0 & 0 & 0 & 0 & 0 & 1 \end{bmatrix}$$

$$\boldsymbol{k}^{\textcircled{2}} = \boldsymbol{T}^{\textcircled{2}\mathrm{T}}\bar{\boldsymbol{k}}^{\textcircled{2}}\boldsymbol{T}^{\textcircled{2}} = \begin{bmatrix} 23.6 & 0 & -47.3 & -23.6 & 0 & -47.3 \\ 0 & 375 & 0 & 0 & -375 & 0 \\ -47.3 & 0 & 126 & 47.3 & 0 & 63 \\ -23.6 & 0 & 47.3 & 23.6 & 0 & 47.3 \\ 0 & -375 & 0 & 0 & 375 & 0 \\ -47.3 & 0 & 63 & 47.3 & 0 & 126 \end{bmatrix} \times 10^4$$

学习指导:掌握局部坐标系下单元刚度矩阵中元素的物理意义,掌握单元刚度矩阵的性质,理解什么是整体坐标系下的杆端力和杆端位移、它们与局部坐标系下的单元杆端力和杆端位移有何关系,什么是坐标转换、为何作坐标转换。局部单元刚度矩阵与整体单元刚度矩阵有何关系。理解单元坐标转换矩阵的转置矩阵是其逆矩阵。请做习题:7-15,7-27。

3. 整体分析

整体分析的目的是建立结构结点力与结点位移的关系,二者之间由结构刚度矩阵相联系,得到结构刚度矩阵后,二者之间的关系就确定了。确定结构刚度矩阵的方法与7-2节所介绍的基本相同。下面结合图7-32所示结构介绍整体分析的过程。

(1) 结点力与结点位移的关系

图7-32所示结构的结点力和结点位移均以与结构整体坐标系方向一致为正,记作

$$\boldsymbol{P} = \begin{bmatrix} P_1 \\ P_2 \\ P_3 \end{bmatrix}, \quad \boldsymbol{\Delta} = \begin{bmatrix} \Delta_1 \\ \Delta_2 \\ \Delta_3 \end{bmatrix}$$

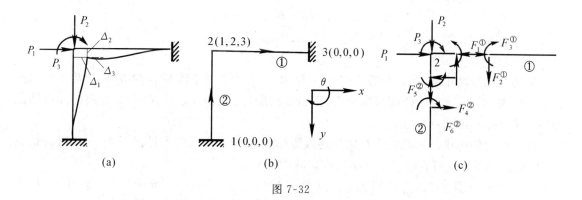

图 7-32

由结点 2 的平衡条件,可得

$$P_1 = F_1^{①} + F_4^{②}, \quad P_2 = F_2^{①} + F_5^{②}, \quad P_3 = F_3^{①} + F_6^{②} \tag{7-22}$$

由结点 2 的位移协调条件,可得

$$\Delta_1 = \Delta_1^{①} = \Delta_4^{②}, \quad \Delta_2 = \Delta_2^{①} = \Delta_5^{②}, \quad \Delta_3 = \Delta_3^{①} = \Delta_6^{②} \tag{7-23}$$

由结点 1、3 的位移边界条件,可得

$$\Delta_4^{①} = \Delta_5^{①} = \Delta_6^{①} = 0, \quad \Delta_1^{②} = \Delta_2^{②} = \Delta_3^{②} = 0 \tag{7-24}$$

对于 ① 单元,由式(7-11a),有

$$F_1^{①} = k_{11}^{①}\Delta_1^{①} + k_{12}^{①}\Delta_2^{①} + k_{13}^{①}\Delta_3^{①} + k_{14}^{①}\Delta_4^{①} + k_{15}^{①}\Delta_5^{①} + k_{16}^{①}\Delta_6^{①}$$

将式(7-23)、式(7-24) 代入上式,得

$$F_1^{①} = k_{11}^{①}\Delta_1 + k_{12}^{①}\Delta_2 + k_{13}^{①}\Delta_3 \tag{7-25a}$$

同理,有

$$F_2^{①} = k_{21}^{①}\Delta_1 + k_{22}^{①}\Delta_2 + k_{23}^{①}\Delta_3 \tag{7-25b}$$

$$F_3^{①} = k_{31}^{①}\Delta_1 + k_{32}^{①}\Delta_2 + k_{33}^{①}\Delta_3 \tag{7-25c}$$

类似地,对于 ② 单元,有

$$F_4^{②} = k_{44}^{②}\Delta_1 + k_{45}^{②}\Delta_2 + k_{46}^{②}\Delta_3 \tag{7-26a}$$

$$F_5^{②} = k_{54}^{②}\Delta_1 + k_{55}^{②}\Delta_2 + k_{56}^{②}\Delta_3 \tag{7-26b}$$

$$F_6^{②} = k_{64}^{②}\Delta_1 + k_{65}^{②}\Delta_2 + k_{66}^{②}\Delta_3 \tag{7-26c}$$

将式(7-25)、式(7-26)代入式(7-22),得

$$P_1 = F_1^{①} + F_4^{②} = (k_{11}^{①} + k_{44}^{②})\Delta_1 + (k_{12}^{①} + k_{45}^{②})\Delta_2 + (k_{13}^{①} + k_{46}^{②})\Delta_3$$

$$P_2 = F_2^{①} + F_5^{②} = (k_{21}^{①} + k_{54}^{②})\Delta_1 + (k_{22}^{①} + k_{55}^{②})\Delta_2 + (k_{23}^{①} + k_{56}^{②})\Delta_3$$

$$P_3 = F_3^{①} + F_6^{②} = (k_{31}^{①} + k_{64}^{②})\Delta_1 + (k_{32}^{①} + k_{65}^{②})\Delta_2 + (k_{33}^{①} + k_{66}^{②})\Delta_3$$

写成矩阵形式为

$$\begin{Bmatrix} P_1 \\ P_2 \\ P_3 \end{Bmatrix} = \begin{bmatrix} k_{11}^{①} + k_{44}^{②} & k_{12}^{①} + k_{45}^{②} & k_{13}^{①} + k_{46}^{②} \\ k_{21}^{①} + k_{54}^{②} & k_{22}^{①} + k_{55}^{②} & k_{23}^{①} + k_{56}^{②} \\ k_{31}^{①} + k_{64}^{②} & k_{32}^{①} + k_{65}^{②} & k_{33}^{①} + k_{66}^{②} \end{bmatrix} \begin{Bmatrix} \Delta_1 \\ \Delta_2 \\ \Delta_3 \end{Bmatrix} \tag{7-27a}$$

或

$$\boldsymbol{P} = \boldsymbol{K}\boldsymbol{\Delta} \tag{7-27b}$$

称为结构刚度方程,其中

$$\boldsymbol{K} = \begin{bmatrix} K_{11} & K_{12} & K_{13} \\ K_{21} & K_{22} & K_{23} \\ K_{31} & K_{32} & K_{33} \end{bmatrix}$$

称为结构刚度矩阵。当结构有 N 个结点位移时,结构刚度矩阵是 N 阶方阵,求出了结构中各单元的整体单元刚度矩阵即可求出它。求出结构刚度方程后,通过式(7-27),由已知的结点力即可求出结构的结点位移。

结构刚度矩阵中元素的物理意义与连续梁相同,即 K_{ij} 为结构当且仅当 $\Delta_j = 1$ 时的结点力 P_i。利用物理意义可直接求出结构刚度矩阵中的指定元素。

例题 7-8 图 7-32 所示结构,结点位移编码如图 7-32(b)所示。已知各单元 $E = 3 \times 10^7 \, \text{kN/m}^2$,$I = 0.04 \, \text{m}^4$,$A = 0.5 \, \text{m}^2$,$l = 4\text{m}$。试求结构刚度矩阵元素 K_{12}、K_{22}、K_{32}。

解 在 2 结点上加约束,锁住结点的 3 个位移,令约束发生 $\Delta_2 = 1$,$\Delta_1 = 0$,$\Delta_3 = 0$ 位移,作出弯矩图,并取结点为隔离体,如图 7-33 所示。

由结点平衡条件,可得

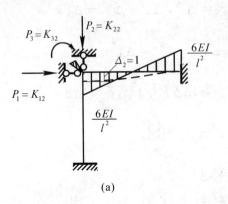

(a)

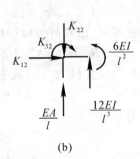

(b)

图 7-33

172

$$\sum F_x = 0: \quad K_{12} = 0$$

$$\sum F_y = 0: \quad K_{22} = \frac{EA}{l} + \frac{12EI}{l^3} = 375 \times 10^4 \,\text{kN/m} + 23.6 \times 10^4 \,\text{kN/m} = 398.6 \times 10^4 \,\text{kN/m}$$

$$\sum M = 0: \quad K_{32} = \frac{6EI}{l^2} = 47.3 \times 10^4 \,\text{kN}$$

结构刚度矩阵的性质与连续梁相同,为对称矩阵。

(2)"对号入座"形成结构刚度矩阵

由式(7-27a)可见,刚架的结构刚度矩阵与连续梁一样,也是由各单元的单元刚度矩阵中的元素构成的。不同点是,连续梁的单元刚度矩阵不分整体还是局部,而刚架的单元刚度矩阵有整体和局部之分,刚架的刚度矩阵是由整体单元刚度矩阵构成的。与连续梁一样,刚架的结构刚度矩阵也可通过"对号入座"的方法形成。下面仍以图 7-32 所示结构为例说明"对号入座"的过程。

首先根据结点位移的个数确定结构刚度矩阵的阶数,图 7-32 所示结构有 3 个结点位移,故结构刚度矩阵为 3 阶矩阵。

计算整体坐标系下的单元刚度矩阵,并在上侧(或下侧)和右侧标出杆端整体坐标系下的杆端位移编码所对应的结点位移编码,这些编码决定单元刚度矩阵元素在结构刚度矩阵中的位置,0 码对应的行与列上的元素在结构刚度矩阵中没有位置,如图 7-34、图 7-35 所示。

单元 ①

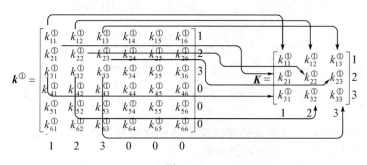

图 7-34

单元 ②

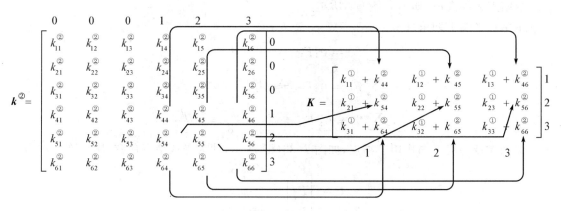

图 7-35

这样"对号入座"形成的结构刚度矩阵与前面推导出的式(7-27a)中的结果是一致的。

将决定单元刚度矩阵元素在结构刚度矩阵中位置的整体坐标系下的杆端位移编码所对应的结点位移编码,定义为单元定位向量,记为 $\boldsymbol{\lambda}^e$。单元 ① 的单元定位向量为

$$\boldsymbol{\lambda}^{①} = \begin{bmatrix} 1 & 2 & 3 & 0 & 0 & 0 \end{bmatrix}^{\mathrm{T}}$$

单元 ② 的单元定位向量为

$$\boldsymbol{\lambda}^{②} = \begin{bmatrix} 0 & 0 & 0 & 1 & 2 & 3 \end{bmatrix}^{\mathrm{T}}$$

单元定位向量反映了变形协调条件和支座处零位移边界条件。单元刚度矩阵元素向结构刚度矩阵中累加实现结点的平衡条件。

例题 7-9 试求例题 7-7 中结构的结构刚度矩阵。

解 求各单元整体坐标系下的单元刚度矩阵,见例题 7-7。

单元 ① 的单元定位向量为

$$\boldsymbol{\lambda}^{①} = \begin{bmatrix} 1 & 2 & 3 & 0 & 0 & 0 \end{bmatrix}^{\mathrm{T}}$$

单元 ② 的单元定位向量为

$$\boldsymbol{\lambda}^{②} = \begin{bmatrix} 1 & 2 & 3 & 0 & 0 & 0 \end{bmatrix}^{\mathrm{T}}$$

根据单元定位向量将整体坐标下的单元刚度矩阵元素累加到结构刚度矩阵中,得结构刚度矩阵为

$$\boldsymbol{K} = \begin{bmatrix} 398.6 & 0 & -47.3 \\ 0 & 398.6 & 47.3 \\ -47.3 & 47.3 & 252 \end{bmatrix} \times 10^4$$

学习指导:掌握根据物理意义计算结构刚度矩阵元素,掌握"对号入座"形成结构刚度矩阵的过程,理解单元定位向量。请做习题:7-16 ~ 7-20,7-28。

4. 等效结点荷载

作用在单元当中的非结点荷载仍像连续梁那样化成等效结点荷载处理。

(1)按物理意义计算结构等效结点荷载

计算方法已在 7-2 节介绍过,下面举例说明。

例题 7-10 试求图 7-36(a)所示结构的等效结点荷载。

解 加约束使结点不能发生结点位移,作荷载引起的弯矩图,如图 7-36(b)所示。

取结点为隔离体,如图 7-36(c)所示。

由结点平衡求约束反力

$$\sum F_x = 0 : F_{1P} = -\frac{ql}{2}$$

$$\sum F_y = 0 : F_{2P} = -\frac{ql}{2}$$

$$\sum M = 0 : F_{3P} = \frac{ql^2}{12} - \frac{ql^2}{8} = -\frac{ql^2}{24}$$

将约束反力反方向作用于结点,如图 7-36(d)所示,即为等效结点荷载,用矩阵表示为

$$\boldsymbol{P} = \begin{Bmatrix} P_1 \\ P_2 \\ P_3 \end{Bmatrix} = \begin{Bmatrix} ql/2 \\ ql/2 \\ ql^2/24 \end{Bmatrix}$$

174

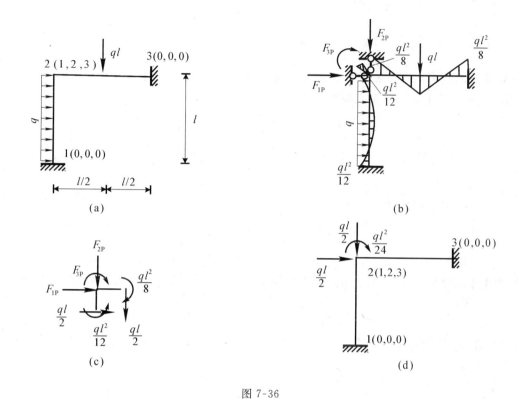

图 7-36

（2）按"对号入座"方法计算结构等效结点荷载

通过图 7-37(a) 所示体系说明。

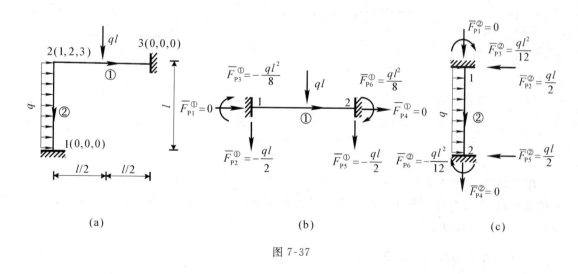

(a)　　　　　　　　　　(b)　　　　　　　　　　(c)

图 7-37

将荷载作用引起的两端固定单元的局部坐标系下的杆端力称作单元固端力，方向与局部坐标系方向一致为正，记作 $\overline{\boldsymbol{F}}_{\mathrm{P}}^{e}$。图 7-37(a)、(b) 所示的 ①、② 单元的单元固端力矩阵为

$$\overline{\boldsymbol{F}}_{\mathrm{P}}^{①} = \begin{bmatrix} 0 & -\dfrac{ql}{2} & -\dfrac{ql^2}{8} & 0 & -\dfrac{ql}{2} & \dfrac{ql^2}{8} \end{bmatrix}^{\mathrm{T}}$$

$$\overline{\boldsymbol{F}}_{\mathrm{P}}^{②} = \begin{bmatrix} 0 & \dfrac{ql}{2} & \dfrac{ql^2}{12} & 0 & \dfrac{ql}{2} & -\dfrac{ql^2}{12} \end{bmatrix}^{\mathrm{T}}$$

将单元固端力改变符号并转换成整体坐标系下的杆端力,称作单元等效结点荷载,记作 $\boldsymbol{P}^e$。①、② 单元的单元等效结点荷载矩阵为

$$\boldsymbol{P}^{①} = -\boldsymbol{T}^{①\mathrm{T}}\overline{\boldsymbol{F}}_{\mathrm{P}}^{①} = \begin{bmatrix} 0 & \dfrac{ql}{2} & \dfrac{ql^2}{8} & 0 & \dfrac{ql}{2} & -\dfrac{ql^2}{8} \end{bmatrix}^{\mathrm{T}}$$

$$\boldsymbol{P}^{②} = -\boldsymbol{T}^{②\mathrm{T}}\overline{\boldsymbol{F}}_{\mathrm{P}}^{②} = -\begin{pmatrix} 0 & -1 & 0 & 0 & 0 & 0 \\ 1 & 0 & 0 & 0 & 0 & 0 \\ 0 & 0 & 1 & 0 & 0 & 0 \\ 0 & 0 & 0 & 0 & -1 & 0 \\ 0 & 0 & 0 & 1 & 0 & 0 \\ 0 & 0 & 0 & 0 & 0 & 1 \end{pmatrix} \begin{pmatrix} 0 \\ ql/2 \\ ql^2/12 \\ 0 \\ ql/2 \\ -ql^2/12 \end{pmatrix} = \begin{pmatrix} ql/2 \\ 0 \\ -ql^2/12 \\ ql/2 \\ 0 \\ ql^2/12 \end{pmatrix}$$

根据单元定位向量"对号入座"形成结构等效结点荷载。①、② 单元的单元定位向量为

$$\boldsymbol{\lambda}^{①} = \begin{bmatrix} 1 & 2 & 3 & 0 & 0 & 0 \end{bmatrix}^{\mathrm{T}}$$
$$\boldsymbol{\lambda}^{②} = \begin{bmatrix} 1 & 2 & 3 & 0 & 0 & 0 \end{bmatrix}^{\mathrm{T}}$$

"对号入座"的过程如下:

因此,结构等效结点荷载为

$$\boldsymbol{P} = \begin{Bmatrix} P_1 \\ P_2 \\ P_3 \end{Bmatrix} = \begin{Bmatrix} ql/2 \\ ql/2 \\ ql^2/24 \end{Bmatrix}$$

学习指导:理解单元固端力、单元等效结点荷载、结构等效结点荷载的概念,会计算单元等效结点荷载,能根据物理意义求结构等效结点荷载中的指定元素,了解"对号入座"方法形成结构等效结点荷载的过程。请做习题 7-21。

5. 方程求解与杆端力计算

当求出结构刚度矩阵和结构结点荷载后,由结构刚度方程求结构结点位移。因为结点位移与整体坐标系下的单元杆端位移相等,由已知的结点位移 $\boldsymbol{\Delta}$ 即可得到整体坐标系下的单元杆端位移 $\boldsymbol{\Delta}^e$。将整体坐标系下的单元杆端位移作坐标转换,得局部坐标系下的杆端位移:

176

$$\overline{\boldsymbol{\Delta}}^e = \boldsymbol{T}^e\boldsymbol{\Delta}^e$$

代入局部坐标系下的单元刚度方程可求出单元局部坐标系下的杆端力,即

$$\overline{\boldsymbol{F}}^e = \overline{\boldsymbol{k}}^e\overline{\boldsymbol{\Delta}}^e = \overline{\boldsymbol{k}}^e\boldsymbol{T}^e\boldsymbol{\Delta}^e$$

这样求得的杆端力仅是等效结点荷载引起的杆端力,最终杆端力还需在其上加单元固端力,即

$$\overline{\boldsymbol{F}}^e = \overline{\boldsymbol{k}}^e\boldsymbol{T}^e\boldsymbol{\Delta}^e + \overline{\boldsymbol{F}}_{\mathrm{P}}^e \tag{7-28}$$

例题 7-11 试计算图 7-38(a) 所示结构,作内力图。已知各单元 $E = 3 \times 10^7\,\mathrm{kN/m^2}$,$I = 0.04\,\mathrm{m^4}$,$A = 0.5\,\mathrm{m^2}$,$l = 4\mathrm{m}$,$q = 6\mathrm{kN/m}$。

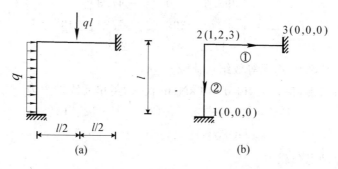

图 7-38

解 (1) 离散化单元、结点、结点位移编码及单元局部坐标系如图 7-38(b) 所示。

(2) 计算局部坐标系下的单元刚度矩阵

其已在例题 7-7 中算出,即

$$\overline{\boldsymbol{k}}^{\textcircled{1}} = \overline{\boldsymbol{k}}^{\textcircled{2}} = \begin{bmatrix} 375 & 0 & 0 & -375 & 0 & 0 \\ 0 & 23.6 & 47.3 & 0 & -23.6 & 47.3 \\ 0 & 47.3 & 126 & 0 & -47.3 & 63 \\ -375 & 0 & 0 & 375 & 0 & 0 \\ 0 & -23.6 & -47.3 & 0 & 23.6 & -47.3 \\ 0 & 47.3 & 63 & 0 & -47.3 & 126 \end{bmatrix} \times 10^4$$

(3) 计算整体坐标系下的单元刚度矩阵

其已在例题 7-7 中算出,即

$$\boldsymbol{k}^{\textcircled{1}} = \boldsymbol{T}^{\textcircled{1}T}\overline{\boldsymbol{k}}^{\textcircled{1}}\boldsymbol{T}^{\textcircled{1}} = \overline{\boldsymbol{k}}^{\textcircled{1}}$$

$$\boldsymbol{k}^{\textcircled{2}} = \boldsymbol{T}^{\textcircled{2}T}\overline{\boldsymbol{k}}^{\textcircled{2}}\boldsymbol{T}^{\textcircled{2}} = \begin{bmatrix} 23.6 & 0 & -47.3 & -23.6 & 0 & -47.3 \\ 0 & 375 & 0 & 0 & -375 & 0 \\ -47.3 & 0 & 126 & 47.3 & 0 & 63 \\ -23.6 & 0 & 47.3 & 23.6 & 0 & 47.3 \\ 0 & -375 & 0 & 0 & 375 & 0 \\ -47.3 & 0 & 63 & 47.3 & 0 & 126 \end{bmatrix} \times 10^4$$

其中:坐标转换矩阵为

$$T^{\textcircled{1}} = \begin{bmatrix} 1 & 0 & 0 & 0 & 0 & 0 \\ 0 & 1 & 0 & 0 & 0 & 0 \\ 0 & 0 & 1 & 0 & 0 & 0 \\ 0 & 0 & 0 & 1 & 0 & 0 \\ 0 & 0 & 0 & 0 & 1 & 0 \\ 0 & 0 & 0 & 0 & 0 & 1 \end{bmatrix} = [I], \quad T^{\textcircled{2}} = \begin{bmatrix} 0 & 1 & 0 & 0 & 0 & 0 \\ -1 & 0 & 0 & 0 & 0 & 0 \\ 0 & 0 & 1 & 0 & 0 & 0 \\ 0 & 0 & 0 & 0 & 1 & 0 \\ 0 & 0 & 0 & -1 & 0 & 0 \\ 0 & 0 & 0 & 0 & 0 & 1 \end{bmatrix}$$

（4）集成结构结构刚度矩阵

其已在例题 7-9 中求得，即

$$K = \begin{bmatrix} 398.6 & 0 & -47.3 \\ 0 & 398.6 & 47.3 \\ -47.3 & 47.3 & 252 \end{bmatrix} \times 10^4$$

（5）计算单元固端力、单元等效结点荷载

其已在 7-3 节求出，将 $l = 4\text{m}, q = 6\text{kN/m}$ 代入，得单元固端力为

$$\overline{F}_P^{\textcircled{1}} = \begin{bmatrix} 0 & -12 & -12 & 0 & -12 & 12 \end{bmatrix}^T$$

$$\overline{F}_P^{\textcircled{2}} = \begin{bmatrix} 0 & 12 & 8 & 0 & 12 & -8 \end{bmatrix}^T$$

单元等效结点结点荷载为

$$P^{\textcircled{1}} = \begin{bmatrix} 0 & 12 & 12 & 0 & 12 & -12 \end{bmatrix}^T$$

$$P^{\textcircled{2}} = \begin{bmatrix} 12 & 0 & -8 & 12 & 0 & 8 \end{bmatrix}^T$$

（6）计算结构结点荷载

已在 7.3.4 节中求出，将 $l = 4\text{m}, q = 6\text{kN/m}$ 代入，得

$$P = \begin{Bmatrix} P_1 \\ P_2 \\ P_3 \end{Bmatrix} = \begin{Bmatrix} ql/2 \\ ql/2 \\ ql^2/24 \end{Bmatrix} = \begin{Bmatrix} 12 \\ 12 \\ 4 \end{Bmatrix}$$

（7）解方程求结点位移

$$\begin{Bmatrix} 12 \\ 12 \\ 4 \end{Bmatrix} = \begin{bmatrix} 398.6 & 0 & -47.3 \\ 0 & 398.6 & 47.3 \\ -47.3 & 47.3 & 252 \end{bmatrix} \times 10^4 \begin{Bmatrix} \Delta_1 \\ \Delta_2 \\ \Delta_3 \end{Bmatrix}$$

$$\begin{Bmatrix} \Delta_1 \\ \Delta_2 \\ \Delta_3 \end{Bmatrix} = \begin{Bmatrix} 0.0321 \\ 0.0281 \\ 0.0168 \end{Bmatrix} \times 10^{-4}$$

（8）计算单元杆端力

单元整体坐标系下的杆端位移为：

$$\Delta^{\textcircled{1}} = \begin{bmatrix} 0.0321 & 0.0281 & 0.0168 & 0 & 0 & 0 \end{bmatrix}^T \times 10^{-4}$$

$$\Delta^{\textcircled{2}} = \begin{bmatrix} 0.0321 & 0.0281 & 0.0168 & 0 & 0 & 0 \end{bmatrix}^T \times 10^{-4}$$

局部坐标系下的单元杆端力为

$$\overline{F}^{\textcircled{1}} = \overline{k}^{\textcircled{1}} T^{\textcircled{1}} \Delta^{\textcircled{1}} + \overline{F}_P^{\textcircled{1}} = \overline{k}^{\textcircled{1}} \Delta^{\textcircled{1}} + \overline{F}_P^{\textcircled{1}}$$

$$
= \begin{bmatrix}
375 & 0 & 0 & -375 & 0 & 0 \\
0 & 23.6 & 47.3 & 0 & -23.6 & 47.3 \\
0 & 47.3 & 126 & 0 & -47.3 & 63 \\
-375 & 0 & 0 & 375 & 0 & 0 \\
0 & -23.6 & -47.3 & 0 & 23.6 & -47.3 \\
0 & 47.3 & 63 & 0 & -47.3 & 126
\end{bmatrix} \times 10^4
$$

$$
\begin{Bmatrix}
0.0321 \\
0.0281 \\
0.0168 \\
0 \\
0 \\
0
\end{Bmatrix} \times 10^{-4} +
\begin{Bmatrix}
0 \\
-12 \\
-12 \\
0 \\
-12 \\
12
\end{Bmatrix} =
\begin{Bmatrix}
12.0 \\
-10.5 \\
-8.6 \\
-12.0 \\
-13.5 \\
14.4
\end{Bmatrix}
$$

$$\overline{\boldsymbol{F}}^{②} = \overline{\boldsymbol{k}}^{②} \boldsymbol{T}^{②} \boldsymbol{\Delta}^{②} + \overline{\boldsymbol{F}}_{\mathrm{P}}^{②}$$

$$
= \begin{bmatrix}
375 & 0 & 0 & -375 & 0 & 0 \\
0 & 23.6 & 47.3 & 0 & -23.6 & 47.3 \\
0 & 47.3 & 126 & 0 & -47.3 & 63 \\
-375 & 0 & 0 & 375 & 0 & 0 \\
0 & -23.6 & -47.3 & 0 & 23.6 & -47.3 \\
0 & 47.3 & 63 & 0 & -47.3 & 126
\end{bmatrix} \times 10^4
$$

$$
\begin{bmatrix}
0 & 1 & 0 & 0 & 0 & 0 \\
-1 & 0 & 0 & 0 & 0 & 0 \\
0 & 0 & 1 & 0 & 0 & 0 \\
0 & 0 & 0 & 0 & 1 & 0 \\
0 & 0 & 0 & -1 & 0 & 0 \\
0 & 0 & 0 & 0 & 0 & 1
\end{bmatrix}
\begin{Bmatrix}
0.0321 \\
0.0281 \\
0.0168 \\
0 \\
0 \\
0
\end{Bmatrix} \times 10^{-4} +
\begin{Bmatrix}
0 \\
12 \\
8 \\
0 \\
12 \\
-8
\end{Bmatrix} =
\begin{Bmatrix}
10.5 \\
12.0 \\
8.6 \\
-10.5 \\
12.0 \\
-8.5
\end{Bmatrix}
$$

(9) 作内力图

内力图如图 7-39 所示。

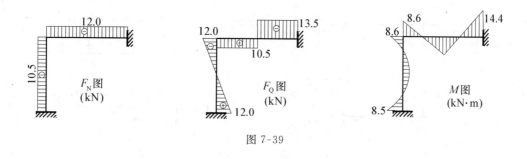

图 7-39

学习指导:通过上面例子了解矩阵位移法计算刚架的整个过程,掌握计算单元杆端力,掌握由杆端力画内力图。需要注意单元杆端力的正负是根据坐标系规定的,而内力图的正负则是按内力符号规定绘制的。请做习题:7-11,7-12,7-35 ～ 7-37。

以上各节通过连续梁和刚架介绍了矩阵位移法的基本概念和计算过程,这种方法适合编制计算机程序,手算过于烦琐。通过手算一些题,目的是理解方法的内涵和过程。矩阵位移法分先处理法和后处理法,这里介绍的是先处理法。关于后处理法和刚架中有铰结点的情况以及桁架、组合结构的计算可参考其他教材,在掌握了上面内容后,学习这些内容并不困难。

习 题 7

一、选择题

7-1 单元刚度矩阵中的元素 k_{ii}^e 的值(　　)。

A. $\geqslant 0$　　B. $\leqslant 0$　　C. < 0　　D. > 0

7-2 简支单元刚度矩阵中的元素 k_{ij}^e 为(　　)。

A. 发生 $\theta_i = 1, \theta_j = 0$ 杆端位移时 i 杆端的杆端力

B. 发生 $\theta_i = 1, \theta_j = 0$ 杆端位移时 j 杆端的杆端力

C. 发生 $\theta_i = 0, \theta_j = 1$ 杆端位移时 i 杆端的杆端力

D. 发生 $\theta_i = 0, \theta_j = 1$ 杆端位移时 j 杆端的杆端力

7-3 已知一个简支单元的长度为4m,抗弯刚度 $EI = 1.2 \times 10^4 \, \text{kN} \cdot \text{m}^2$,其单元刚度矩阵为(　　)。

A. $\begin{pmatrix} 0.6 & 0.3 \\ 0.3 & 0.6 \end{pmatrix} \times 10^4 \, \text{kN} \cdot \text{m}$　　　　B. $\begin{pmatrix} 1.2 & 0.6 \\ 0.6 & 1.2 \end{pmatrix} \times 10^4 \, \text{kN} \cdot \text{m}$

C. $\begin{pmatrix} 2.4 & 1.2 \\ 1.2 & 2.4 \end{pmatrix} \times 10^4 \, \text{kN} \cdot \text{m}$　　　　D. $\begin{pmatrix} 4.8 & 2.4 \\ 2.4 & 4.8 \end{pmatrix} \times 10^4 \, \text{kN} \cdot \text{m}$

7-4 已知习题7-3所述单元的杆端位移为 $\boldsymbol{\Delta}^e = \begin{bmatrix} 0.0023 & -0.0031 \end{bmatrix}^{\text{T}}$,单元中无外力作用,则单元杆端力为(　　)。

A. $\begin{bmatrix} 9 & -23.4 \end{bmatrix}^{\text{T}} \text{kN} \cdot \text{m}$　　　　B. $\begin{bmatrix} 46.2 & -23.4 \end{bmatrix}^{\text{T}} \text{kN} \cdot \text{m}$

C. $\begin{bmatrix} 9 & 51 \end{bmatrix}^{\text{T}} \text{kN} \cdot \text{m}$　　　　D. $\begin{bmatrix} 46.2 & 51 \end{bmatrix}^{\text{T}} \text{kN} \cdot \text{m}$

7-5 若已知简支单元的杆端力为 $\boldsymbol{F}^e = \begin{bmatrix} 8 & -3 \end{bmatrix}^{\text{T}} \text{kN} \cdot \text{m}$,当单元中无外力作用时,单元的弯矩图为(　　)。

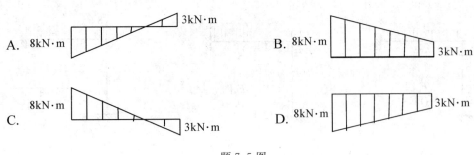

题 7-5 图

7-6 图示梁的结构刚度矩阵元素 $\boldsymbol{K}_{23}$ 为(　　)。

A. $8i$　　　　B. $6i$　　　　C. $4i$　　　　D. $2i$

题 7-6 图

7-7 习题 7-6 所示梁,② 单元的单元刚度矩阵元素 $k_{21}^{②}$ 应累加到结构刚度矩阵中的
( )。

A. 第 2 行,第 1 列   B. 第 2 行,第 3 列

C. 第 1 行,第 2 列   D. 第 3 行,第 2 列

7-8 图示梁的结构刚度矩阵中,等于零的元素有( )。

A. K_{31}、K_{32}、K_{34} B. K_{41}、K_{31}、K_{21}

C. K_{14}、K_{13}、K_{24} D. K_{43}、K_{42}、K_{41}

题 7-8 图

7-9 结构刚度方程是( )。

A. 平衡方程   B. 几何方程

C. 物理方程   D. 平衡方程与几何方程

7-10 结构非结点荷载与它的等效结点荷载,二者引起的( )。

A. 内力相等   B. 结点位移相等

C. 内力、位移均相等   D. 杆端力相等

7-11 图示结构,不计轴向变形,各杆线刚度均为 i,已知结点位移为 $\boldsymbol{\Delta} = \begin{bmatrix} 7/552 & -5/368 \end{bmatrix}^{\mathrm{T}}$ $\times ql^2/i$,① 单元右端和 ② 单元左端的杆端弯矩分别为( )。

A. $0.324ql^2$、$-0.0236ql^2$ B. $-0.324ql^2$、$0.029ql^2$

C. $0.176ql^2$、$0.0236ql^2$ D. $-0.176ql^2$、$-0.029ql^2$

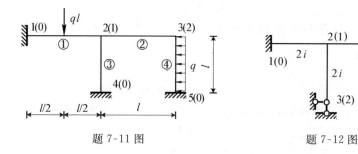

题 7-11 图   题 7-12 图

7-12 图示结构,不计轴向变形,结构刚度矩阵中的元素( )。

A. $K_{11} = 18i$,$K_{22} = 4i$ B. $K_{11} = 10i$,$K_{22} = 4i$

C. $K_{11} = 18i$,$K_{22} = 8i$ D. $K_{11} = 10i$,$K_{22} = 3i$

7-13 图示各结构均考虑轴向变形,结点位移编码正确的有(   )。

A. (a)、(b)   B. (c)、(b)   C. (c)、(a)   D. (a)、(b)、(c)

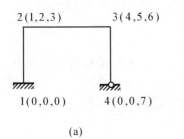 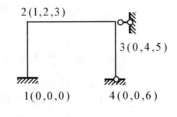 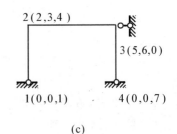

题 7-13 图

7-14 对自由式单元有两种说法:(1)每个单元均有自己的坐标系;(2)单元局部坐标系的 $\bar{y}$ 轴由 $\bar{x}$ 逆时针转 $90°$ 得到。这两种说法(   )。

A. (1)错(2)对   B. (1)对(2)错   C. 都对   D. 都错

7-15 局部坐标系下的单元刚度矩阵与整体坐标系下的单元刚度矩阵的关系为(   )。

A. $k^e = T^{eT}\bar{k}^e T^e$ B. $\bar{k}^e = T^{eT} k^e T^e$ C. $\bar{k}^e = T^{eT} k^e$ D. $\bar{k}^e = T^e k^e$

7-16 图示结构,不计轴向变形,结构刚度矩阵中的元素(   )。

A. $K_{11} = 8EI/l, K_{22} = 4EI/l$ B. $K_{11} = 8EI/l, K_{22} = 12EI/l^3$

C. $K_{11} = 8EI/l, K_{22} = 8EI/l$ D. $K_{11} = 4EI/l, K_{22} = 12EI/l^3$

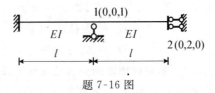

题 7-16 图

7-17 单元定位向量反映的是(   )。

A. 变形连续条件   B. 变形连续条件和位移边界条件

C. 位移边界条件   D. 平衡条件

7-18 将单元刚度矩阵集成结构整体刚度矩阵时,引入了结构的变形连续性条件和(   )。

A. 物理关系   B. 平衡条件

C. 几何关系   D. 单元刚度矩阵的性质

7-19 图示结构,结构整体编码如图所示,②、③ 单元的单元定位向量为(   )。

A. $[5\ 6\ 7\ 2\ 3\ 4]^T$、$[2\ 3\ 4\ 0\ 0\ 8]^T$

B. $[2\ 3\ 4\ 5\ 6\ 7]^T$、$[0\ 0\ 8\ 2\ 3\ 4]^T$

C. $[5\ 6\ 7\ 2\ 3\ 4]^T$、$[0\ 0\ 8\ 2\ 3\ 4]^T$

D. $[2\ 3\ 4\ 5\ 6\ 7]^T$、$[2\ 3\ 4\ 0\ 0\ 8]^T$

7-20 已知单元定位向量为$[1 \quad 0 \quad 5 \quad 7 \quad 8 \quad 9]^{\mathrm{T}}$,则整体坐标系下的单元刚度矩阵元素$K_{35}$、$K_{44}$应分别累加到结构刚度矩阵元素（　　）上。

A. K_{35}、K_{44}
B. K_{58}、K_{77}
C. K_{15}、K_{77}
D. K_{15}、K_{44}

7-21 图示结构,已知单元等效结点荷载$\boldsymbol{P}^{①} = [30 \quad 0 \quad 20 \quad 30 \quad 0 \quad -20]^{\mathrm{T}}$,$\boldsymbol{P}^{②} = [0 \quad 10 \quad 10 \quad 0 \quad 10 \quad -10]^{\mathrm{T}}$,结构等效结点荷载$\boldsymbol{P}$为（　　）。

A. $[30 \quad 10 \quad 30 \quad 0 \quad -10]^{\mathrm{T}}$
B. $[30 \quad 10 \quad -10 \quad 0 \quad -10]^{\mathrm{T}}$
C. $[30 \quad 10 \quad -10 \quad 10 \quad -10]^{\mathrm{T}}$
D. $[30 \quad 10 \quad -10 \quad 10 \quad -30]^{\mathrm{T}}$

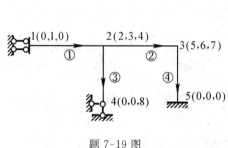

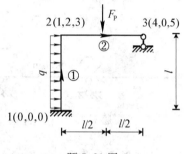

题 7-19 图　　　　　　　　题 7-21 图

二、填充题

7-22 单元刚度矩阵中元素$\bar{k}^e_{ij} = \bar{k}^e_{ji}(i \neq j)$,该结论是根据_____定理得到的。

7-23 根据反力互等定理,可知单元刚度矩阵是_____矩阵。

7-24 单元刚度矩阵是用_____矩阵表示_____矩阵的联系矩阵。

7-25 结构刚度方程是结点的_____方程,是由_____条件和_____条件推导出的。

7-26 图示结构②单元的等效结点荷载为_____。

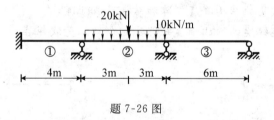

题 7-26 图

7-27 图示结构,已知其结点位移向量为$\boldsymbol{\Delta} = [2.3 \quad 4.6 \quad 5.1]^{\mathrm{T}}$,单元②局部坐标系下的杆端位移为$\bar{\boldsymbol{\Delta}}^{②} = [\underline{\qquad}]^{\mathrm{T}}$,整体坐标系下的杆端位移为$\boldsymbol{\Delta}^{②} = [\underline{\qquad}]^{\mathrm{T}}$。

7-28 图示结构不计轴向变形时,结构刚度矩阵的阶数为_____;计轴向变形时,结构刚度矩阵的阶数为_____。

7-29 图示结构的等效结点荷载向量为$\boldsymbol{P}_e = [\underline{\qquad}]^{\mathrm{T}}$,综合结点荷载向量为$\boldsymbol{P} = [\underline{\qquad}]^{\mathrm{T}}$。

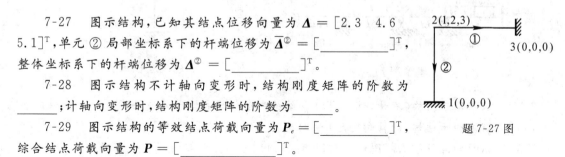

题 7-27 图

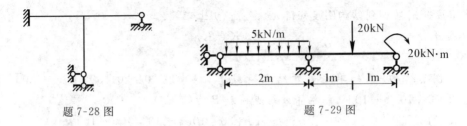

题 7-28 图   题 7-29 图

三、计算题

7-30 试作图示梁的弯矩图。

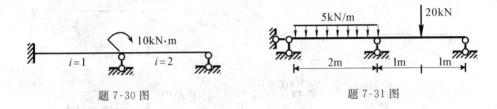

题 7-30 图   题 7-31 图

7-31 试求图示结构的结构刚度矩阵和结点荷载矩阵。EI = 常数。

7-32 试用矩阵位移法解图示结构,作弯矩图。EI = 常数。

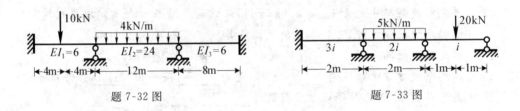

题 7-32 图   题 7-33 图

7-33 试求图示结构的结构刚度矩阵和结点荷载矩阵。

7-34 试求图示连续梁的结构刚度矩阵和综合结点荷载矩阵。

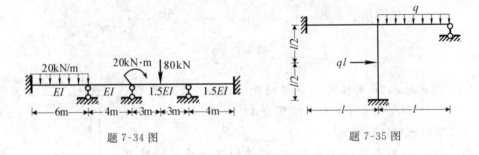

题 7-34 图   题 7-35 图

7-35 试求图示结构(不计轴向变形)的结构刚度矩阵和结点荷载矩阵。EI = 常数。

7-36 试求图示结构(计轴向变形)的结构刚度矩阵和结点荷载矩阵。EI = 常数。

7-37 试用矩阵位移法解图示结构(不计轴向变形),作弯矩图。EI = 常数。

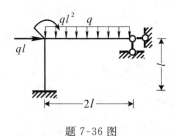

題 7-36 圖

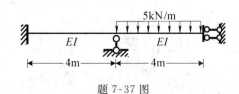

題 7-37 圖

【参考答案】

7-1 D   7-2 C   7-3 B   7-4 A   7-5 D   7-6 C   7-7 D

7-8 C   7-9 A   7-10 B   7-11 C   7-12 C   7-13 A   7-14 B

7-15 A   7-16 B   7-17 B   7-18 B   7-19 D   7-20 B   7-21 B

7-22 反力互等

7-23 对称

7-24 单元杆端位移,单元杆端力

7-25 平衡;平衡,变形连续

7-26 $[45kN \cdot m \quad -45kN \cdot m]^T$

7-27 $[4.6 \quad -2.3 \quad 5.1 \quad 0 \quad 0 \quad 0]^T$,$[2.3 \quad 4.6 \quad 5.1 \quad 0 \quad 0 \quad 0]^T$

7-28 $3 \times 3, 6 \times 6$

7-29 $\left[\dfrac{5}{3}kN \cdot m \quad \dfrac{10}{3}kN \cdot m \quad -5kN \cdot m\right]^T$

$\left[\dfrac{5}{3}kN \cdot m \quad \dfrac{10}{3}kN \cdot m \quad 15kN \cdot m\right]^T$

7-30 $\begin{pmatrix} 12 & 4 \\ 4 & 8 \end{pmatrix}\begin{pmatrix} \theta_1 \\ \theta_2 \end{pmatrix} = \begin{pmatrix} 10 \\ 0 \end{pmatrix}$, $\begin{pmatrix} \theta_1 \\ \theta_2 \end{pmatrix} = \begin{pmatrix} 1 \\ -0.5 \end{pmatrix}$

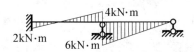

7-31 $\boldsymbol{K} = \begin{bmatrix} 2 & 1 & 0 \\ 1 & 4 & 1 \\ 0 & 1 & 2 \end{bmatrix}EI$, $\boldsymbol{P} = \begin{bmatrix} 1.67kN \cdot m \\ 3.33kN \cdot m \\ -5kN \cdot m \end{bmatrix}$

7-32 $\begin{pmatrix} 11 & 4 \\ 4 & 11 \end{pmatrix}\begin{pmatrix} \theta_1 \\ \theta_2 \end{pmatrix} = \begin{pmatrix} 38 \\ -48 \end{pmatrix}$, $\begin{pmatrix} \theta_1 \\ \theta_2 \end{pmatrix} = \begin{pmatrix} 5.81 \\ -6.48 \end{pmatrix}$

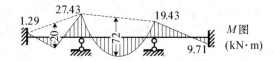

7-33 $\quad \boldsymbol{K} = \begin{pmatrix} 10 & 2 & 0 \\ 2 & 6 & 1 \\ 0 & 1 & 2 \end{pmatrix} EI, \quad \boldsymbol{P} = \begin{pmatrix} -0.33\text{kN} \cdot \text{m} \\ 3.33\text{kN} \cdot \text{m} \\ -2\text{kN} \cdot \text{m} \end{pmatrix}$

7-34 $\quad \boldsymbol{K} = \begin{pmatrix} 1.67 & 0.5 & 0 \\ 0.5 & 2 & 0.5 \\ 0 & 0.5 & 2.5 \end{pmatrix} EI, \quad \boldsymbol{P} = \begin{pmatrix} -60\text{kN} \cdot \text{m} \\ 80\text{kN} \cdot \text{m} \\ -60\text{kN} \cdot \text{m} \end{pmatrix}$

7-35 $\quad \boldsymbol{K} = \begin{pmatrix} 12i & 2i \\ 2i & 4i \end{pmatrix}, \quad \boldsymbol{P} = \begin{pmatrix} -ql^2/24 \\ -ql^2/12 \end{pmatrix}$

7-36 $\quad \boldsymbol{P} = \begin{pmatrix} ql \\ ql \\ 4ql^2/3 \\ -ql^2/3 \end{pmatrix}$

$$\boldsymbol{K} = \begin{pmatrix} EA/2l + 12EI/l^3 & 0 & -6EI/l^2 & 0 \\ 0 & EA/l + 3EI/2l^3 & 3EI/2l^2 & 3EI/2l^2 \\ -6EI/l^2 & 3EI/2l^2 & 6EI/l^2 & EI/l \\ 0 & 3EI/2l^2 & EI/l & 2EI/l \end{pmatrix}$$

7-37 $\quad \begin{pmatrix} 2EI & -3EI/8 \\ -3EI/8 & 3EI/16 \end{pmatrix} \begin{pmatrix} \Delta_1 \\ \Delta_2 \end{pmatrix} = \begin{pmatrix} 20/3 \\ 10 \end{pmatrix}$

$$\begin{pmatrix} \Delta_1 \\ \Delta_2 \end{pmatrix} = \begin{pmatrix} 21.33 \\ 96 \end{pmatrix} \frac{1}{EI}$$

第8章 结构动力计算

8-1 概　　述

1. 结构动力计算的目的

振动是自然界普遍存在的现象,我们身边的一切物体,包括各种建筑结构都处在振动之中。一般情况下,结构振动较小我们感觉不到,对结构没有多少影响,但是当结构受到像地震、强风等外部作用时则会发生激烈的振动,会造成结构的破坏。当外部作用的频率与结构的自振频率相等或相近时,即使作用较小,结构也会发生人们熟知的共振而发生破坏。另外,有些振动即使不会造成结构的破坏但会影响使用功能,如工业厂房的振动可能影响机床的加工精度,影响工人的身体健康。为了减轻振动对结构的不利影响,在设计时需对结构作动力分析。通过对结构的动力计算以保证结构的强度要求,保证结构在振动中的位移、速度和加速度在规定的范围以内。

建筑结构设计中常见的动力计算有动力基础的振动、多层厂房楼板的振动、抗震和抗风计算、隔振设计等,这些计算均以本章内容为基础。

2. 动荷载的概念

使结构发生激烈振动的,大小、方向、作用位置随时间变化的荷载称为动荷载。激烈振动是指振动中的加速度较大,从而惯性力与结构上其他静荷载相比较大而不能略去不计的振动。结构上的其他荷载,包括结构的自重、结构上位置固定的物体的重量及不能使结构发生激烈振动的随时间缓慢变化的荷载为静荷载。静荷载与动荷载的划分不是一成不变的,要根据具体问题确定,如分析结构强度时的静荷载在分析振动对精密仪器影响时会作为动荷载考虑。动荷载也称为扰力。

建筑工程中常见的动荷载有:

（1）简谐荷载

按正弦或余弦规律变化的动荷载称为简谐荷载。这是比较常见的动荷载,是机器运转时转动部分的质量偏心所产生的。设有一个质量为 m 的小球以长度为 e 的无重刚杆与转轴 O 相连,用以代表质量为 m、偏心距为 e 的转子,如图 8-1 所示。设机器的转速为 n r/min,则角速度为

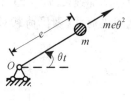

图 8-1

$$\theta = 2\pi \times \frac{n}{60}$$

187

也称为圆频率,单位为弧度每秒,记作弧度/s 或 1/s。若把式中的 2π 看做 2π 秒的话,则圆频率 θ 可看成是 2π 秒间的转数。当匀速转动时,小球的向心加速度为

$$a = e\theta^2$$

小球的离心惯性力为

$$F_1 = -ma = -me\theta^2$$

通过杆件作用于转轴上,并通过固定转轴的支座传到结构上。随着转子转动,力的方向不断变化,t 时刻,它在水平和竖向两个坐标轴方向的分量为

$$F_x = -me\theta^2\cos\theta t = F_0\cos\theta t$$

$$F_y = -me\theta^2\sin\theta t = F_0\sin\theta t$$

是随时间按正弦或余弦规律变化的。其中,θ 称为荷载的圆频率,简称为荷载频率;F_0 称为荷载幅值。按正弦函数变化的简谐荷载随时间的变化规律如图 8-2 所示。可见,具有质量偏心的回转式机器开动时会产生简谐荷载。

(2)冲击荷载

作用时间很短的荷载叫冲击荷载,如爆炸引起的冲击波对结构的作用。冲击荷载随时间的变化规律如图 8-3 所示。

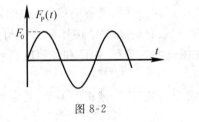

图 8-2

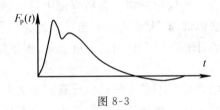

图 8-3

(3)突加荷载

突然施加到结构上,并一直作用在结构上或在结构上持续作用了较长时间的荷载叫突加荷载。突加荷载随时间的变化规律为

$$F_P(t) = \begin{cases} 0, & t < 0 \\ F_0, & t \geqslant 0 \end{cases}$$

其函数曲线如图 8-4 所示。

(4)随机荷载

不能事先确定随时间变化的函数关系的荷载称为随机荷载。图 8-5 所示为地震引起的地面运动加速度 $u(t)$ 随时间的变化。地震引起的地面运动对地面上的建筑来说相当于动荷载,是随机荷载。随机荷载对结构的作用需借助概率和数理统计的方法分析。

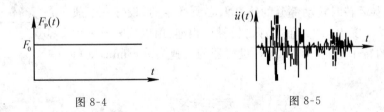

图 8-4   图 8-5

动荷载不同,结构的动力反应规律亦不同,采用的动力计算方法也可能不一样。

3. 结构动力计算的特点

与结构静力计算相比,结构动力计算有如下特点:

① 必须考虑惯性力的作用。

② 内力和位移不仅是位置坐标的函数,而且是时间 t 的函数,同一截面的内力和位移在不同时刻是不同的。

4. 结构动力计算的计算简图

发生振动的结构称为振动体系。实际的振动体系通常是非常复杂的,在研究振动体系的振动问题时总是要将其简化成理想的力学模型或计算简图。图 8-6 所示体系即是某实际结构的计算简图,若将其拉离平衡位置,然后释放,它将以平衡位置为中心左右振动。由于结构的振动过程是动能与势能不断转换的过程,而储存动能的元件是质量,储存势能的元件是弹簧。在振动过程中存在振动能量的损失,将引起振动能量损失的作用称为阻尼;因此振动体系中应有 3 个基本参数:质量 m、刚度 k 和阻尼 c。

(1)质量

实际结构的质量是分布质量,所有构件均有质量。为了方便计算,通常将分布于结构各构件的质量假想地集中到有限的几个点上,而构件本身看成是无质量的。例如图 8-7(a)所示刚架可以简化为图 8-7(b)。图 8-7(a)中,梁、柱的质量是分布的,图中的 $\overline{m}$ 为质量分布集度,表示单位长度上的质量大小;图 8-7(b)中,梁柱的质量被集中到结点上的两个质点,梁柱本身没有质量。图中的◎为质点,是具有质量的几何点。

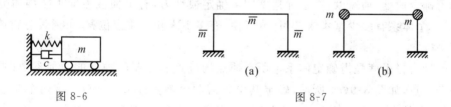

图 8-6   图 8-7

(2)刚度

物体抵抗变形的能力叫刚度。弹簧的刚度用刚度系数 k 表示,k 表示使弹簧发生单位变形时所需施加的力,如图 8-8(d)所示。结构对结构上的质量起到与弹簧相同的作用。图 8-8(a)所示悬臂梁可以简化为质量弹簧体系,如图 8-8(e)所示。弹簧代替了梁,弹簧刚度系数 k 通过静力计算方法计算,由图 8-8(b)、(c)可算得 $k = 3EI/l^3$。$k = 3EI/l^3$ 也称为图 8-8(a)梁的刚度系数。

(3)阻尼

耗散振动能量的作用称为阻尼。结构在振动时,振动能量有耗散,引起能量耗散的因素许多,像材料内摩擦、构件之间在连接点处的外摩擦、介质阻力等都会使振动的能量减少。在动力分析中通常将阻尼用阻碍振动的力来代表,称为阻尼力,记作 F_D。工程中通常假定阻尼力与质量的速度成正比,方向相反,即

$$F_D(t) = -c\dot{y}(t) \tag{8-1}$$

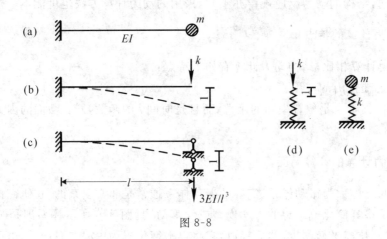

图 8-8

式中:c 为阻尼系数,由实验确定;$y(t)$ 为质量的位移,$\dot{y}(t)$ 为质量的速度,字符上的点表示对时间的一阶导数。符合这种阻尼假定的阻尼称为粘滞阻尼。计算简图中,阻尼用阻尼器表示,如图 8-6 所示。

结构的杆件、支座在动力分析的计算简图中的简化形式与静力分析相同。

5. 动力自由度

（1）动力自由度的概念

动力计算要计算的量有位移、速度、加速度、内力、惯性力等,它们之间由物理方程、运动方程等相联系,并不是独立的。通常将质点的位移作为分析的基本未知量,当求出质点的位移后,求导数即可确定速度、加速度,有了加速度即可确定惯性力,有了惯性力即可按静力分析方法确定内力。一个体系有多少基本未知量,或者说,有多少未知的质点位移,可通过分析体系的动力自由度来确定。

体系的动力自由度是指确定体系上所有质点的位置所需要的独立的几何参数的数目。平面上的一个质点,如图 8-9(a) 所示,确定其位置需两个参数 $y_1(t)$、$y_2(t)$,这两个参数是独立的,因此平面上的自由质点有两个自由度。当质点之间有杆件相连或与支座相连时,若不考虑杆件的轴向变形,自由度将减少。如图 8-9(b) 所示,不计柱子的轴向变形,体系只有 1 个自由度。为了减少体系的动力自由度以方便计算,刚架中的杆件一般均不计轴向变形。

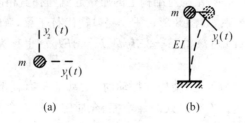

图 8-9

（2）动力自由度的确定方法

可采用附加支杆的方法来确定动力自由度。具体做法是：在质量上加支杆约束质量的位移，使体系中所有质量均不能运动，所加的最少支杆个数即为体系的动力自由度数。须注意的是：质量之间有杆件相连，这些杆件已经对质量的位移有了一些约束，加支杆的时候要考虑这些约束的作用。下面举例说明。

例题 8-1　试确定图 8-10(a) 所示体系的动力自由度。

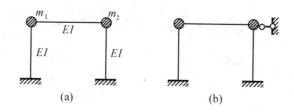

图 8-10

解　因为柱子可以发生弯曲变形，故质点可以发生水平位移。在质点 m_2 上加水平链杆，如图 8-10(b) 所示，柱子不计轴向变形，故 m_2 不能上下移动；梁不计轴向变形，质点 m_1 也不能水平运动；柱子无轴向变形，故 m_1 也无竖向位移，因此体系的动力自由度为 1。

例题 8-2　试确定图 8-11(a) 所示体系的动力自由度。

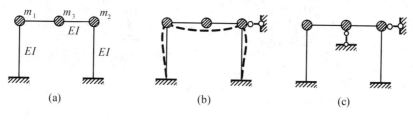

图 8-11

解　像上例一样，在 m_2 上加水平链杆，使得 m_1 和 m_2 不能移动。由于梁的弯曲仍然可使 m_3 发生竖向运动，如图 8-11(b) 所示，故在 m_3 上加竖向链杆，约束 m_3 的竖向位移，如图 8-11(c) 所示。加了两个链杆使所有质量均不能运动，故体系的动力自由度为 2。

自由度为 1 的体系称为单自由度体系，自由度大于 1 的体系称为多自由度体系，质量连续分布并且可发生任意变形的体系称为无限自由度体系。因为自由度决定了动力计算的基本未知数的个数，并且单自由度体系与多自由度体系的分析方法不同，所以正确确定体系的自由度是非常重要的。

这里要注意与体系几何组成时的自由度的区别，几何组成分析时的自由度是确定体系上所有构件的位置所需的独立坐标数，分析时杆件看成刚体；动力自由度是确定体系上所有质量的位置所需的独立坐标数，分析时杆件是变形体。

6. 体系的运动方程

为了求解质量的位移，需建立位移与动荷载间的关系方程。体系振动中各参数间应满足的方程称为运动方程。建立运动方程最基本的方法是利用牛顿第二定律。

设平面上的一个质量为 m 的质点受力 $F_P(t)$ 作用,如图 8-12(a) 所示。在 $F_P(t)$ 作用下,质点的运动状态会发生变化,即产生加速度 $\ddot{y}(t)$。根据牛顿第二定律,m、$F_P(t)$ 和 $\ddot{y}(t)$ 之间的关系为

$$F_P(t) = m\ddot{y}(t)$$

此即质点的运动方程。

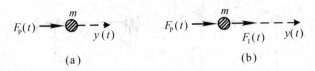

(a)　　　　　　(b)

图 8-12

对结构上的质点,也可以用牛顿第二定律列运动方程。如图 8-13(a) 所示体系,质点在 t 时刻的位移为 $y(t)$,将质点取出,标出质点上作用的力,如图 8-13(b) 所示。质点上有动荷载 $F_P(t)$ 和柱对质点向左的拉力(称为弹性恢复力)$ky(t)$,$ky(t)$ 的意义如图 8-13(c) 所示,由牛顿第二定律,有

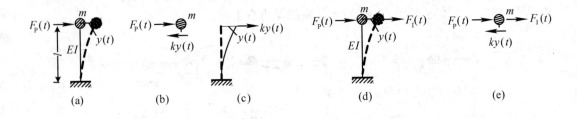

(a)　　　(b)　　　(c)　　　(d)　　　(e)

图 8-13

$$F_P(t) - ky(t) = m\ddot{y}(t)$$

其中:$k = 3EI/l^3$ 为体系的刚度系数(见图 8-8),代入上式,整理得

$$m\ddot{y}(t) + \frac{3EI}{l^3}y(t) = F_P(t)$$

此即体系的运动方程。

当体系中的质点、杆件较多时,用牛顿第二定律列运动方程不方便,常用基于达朗贝尔原理的惯性力法建立运动方程。

达朗贝尔原理:若假想地在运动质点 m 上施加惯性力 $F_I = -m\ddot{y}(t)$,则可以认为质点在形式上处于平衡状态。其中 $\ddot{y}(t)$ 为质点的加速度。

下面根据达朗贝尔原理列图 8-12(a) 中质点的运动方程。在质点上加惯性力,如图 8-12(b) 所示。将质点看成平衡的,列平衡方程

$$\sum F_x = 0: \quad F_P(t) + F_I(t) = 0 \tag{8-2}$$

将惯性力 $F_I = -m\ddot{y}(t)$ 代入,得质点的运动方程

$$F_P(t) = m\ddot{y}(t)$$

192

与直接用牛顿第二定律列出的相同。注意,式(8-2)仅是形式上的平衡方程,其实质仍是运动方程,因为质点上并无惯性力作用,惯性力是假想加在质点上的。将这种列运动方程的方法称做惯性力法或动静法。采用这种方法的好处是可以将静力学中研究平衡问题的方法应用于研究动力学中的不平衡问题。

下面用惯性力法列图 8-13(a) 所示体系的运动方程。

在 t 时刻,质点的位移为 $y(t)$,在质点上加惯性力 $F_I = -m\ddot{y}(t)$,如图 8-13(d) 所示。则认为质点在 t 时刻处于平衡状态,取隔离体如图 8-13(e) 所示。由隔离体的平衡,可得

$$F_P(t) - ky(t) = m\ddot{y}(t) \tag{8-3}$$

将刚度系数代入,得体系运动方程

$$m\ddot{y}(t) + \frac{3EI}{l^3}y(t) = F_P(t)$$

这种列运动方程的方法称为刚度法。刚度法所列方程在形式上是平衡方程,还有另一种方法称为柔度法,柔度法所列方程在形式上是位移方程。

以图 8-14(a) 所示体系为例说明柔度法列运动方程的过程。加惯性力后,认为体系处于平衡状态,位移 $y(t)$ 可看成是动荷载 $F_P(t)$ 和惯性力 $F_I(t)$ 引起的静位移。在体系上加单位力,如图 8-14(b) 所示,求出单位力引起的位移 δ。由图乘法可求得 $\delta = \dfrac{l^3}{3EI}$,称为体系的柔度系数。利用柔度系数可求得动荷载 $F_P(t)$ 和惯性力 $F_I(t)$ 引起的位移为 $\delta[F_P(t) + F_I(t)]$。对比图 8-14(a) 和图 8-14(c),作用力相同,位移也相同,即

$$y(t) = \delta[F_P(t) + F_I(t)] \tag{8-4}$$

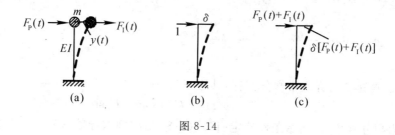

图 8-14

将 $F_I = -m\ddot{y}(t)$ 和 $\delta = \dfrac{l^3}{3EI}$ 代入,整理后得

$$m\ddot{y}(t) + \frac{3EI}{l^3}y(t) = F_P(t)$$

与刚度法列出的方程相同。刚度系数和柔度系数有如下关系

$$k \cdot \delta = 1$$

这可根据它们的物理意义从图 8-15 直接看出。

学习指导: 通过本节内容的学习,要了解学习结构动力计算的目的,理解动荷载的概念,了解动力计算的特点,掌握动力自由度的概念,能确定体系的自由度,了解建立运动方程的方法。请做习题:8-1 ~ 8-4,8-18,8-19,8-20。

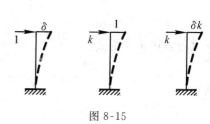

图 8-15

8-2　单自由度体系的自由振动

有些实际工程结构可以简化成单自由度体系计算,例如单层工业厂房、简支梁等,所以单自由度体系的振动分析具有实用性。另外,多自由度和无限自由度体系的分析可以化成单自由度体系来分析,因此单自由度体系的分析有其基础性。熟练掌握单自由度体系的分析对学好结构动力计算是非常重要的。

结构振动分为自由振动和强迫振动。自由振动是指由初始扰动引起的、在振动中无动荷载作用的振动。例如将结构拉离平衡位置,然后突然释放,结构开始做自由振动。分析结构自由振动的主要目的是确定体系的自振周期等动力特性,它们对结构在动荷载作用下的动力反应有重要影响。强迫振动是指动荷载引起的振动,如开动结构上的机器所引起的结构振动。强迫振动的分析目的是确定结构的动力反应,动力反应是指结构在振动过程中的位移、速度、加速度、内力等。下面先讨论自由振动。

1. 无阻尼自由振动

(1) 运动方程及其解

在 8-1 节已列出了图 8-16 所示体系在动荷载作用下的运动方程,令方程中的动荷载等于零,可得自由振动的运动方程为

$$m\ddot{y} + ky = 0 \quad \text{或} \quad m\delta\ddot{y} + y = 0 \tag{8-5}$$

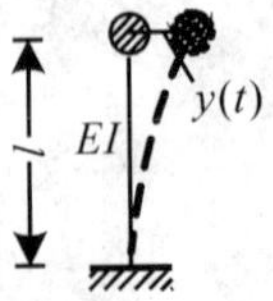

图 8-16

设

$$\omega^2 = \frac{k}{m} = \frac{1}{m\delta} \tag{8-6}$$

代入式(8-5),得

$$\ddot{y} + \omega^2 y = 0 \tag{8-7}$$

这是二阶齐次常微分方程,其通解为

$$y(t) = C_1\cos\omega t + C_2\sin\omega t \tag{8-8}$$

其中:C_1、C_2 为积分常数,由初始条件确定。将式(8-8) 对时间求导数,得

$$\dot{y}(t) = -C_1\omega\sin\omega t + C_2\omega\cos\omega t \tag{8-9}$$

设质点在 $t=0$ 时刻的位移为 y_0,速度为 v_0,分别称为初位移和初速度(统称初始扰动),代入式(8-8)、式(8-9) 可求得

$$C_1 = y_0, \quad C_2 = \frac{v_0}{\omega}$$

将 C_1、C_2 代入式(8-8),得

$$y(t) = y_0\cos\omega t + \frac{v_0}{\omega}\sin\omega t \tag{8-10}$$

也可以写成单项形式

$$y(t) = A\sin(\omega t + \alpha) \tag{8-11}$$

其中:

$$A = \sqrt{y_0^2 + \left(\frac{v_0}{\omega}\right)^2}, \quad \alpha = \arctan\frac{y_0\omega}{v_0} \tag{8-12}$$

将式(8-11)按两角和公式展开,得

$$y(t) = A\sin\omega t\cos\alpha + A\cos\omega t\sin\alpha$$

与式(8-10)比较,若使 t 取任意值时均相等,则两式中 $\sin\omega t$ 和 $\cos\omega t$ 的对应系数必须相等,即

$$A\cos\alpha = v_0/\omega, \quad A\sin\alpha = y_0$$

两式平方后相加得式(8-12)前式,两式相除得式(8-12)后式。

（2）质点的运动规律

式(8-11)表明,单自由度体系作自由振动时质点的位移随时间按正弦函数变化,由于正弦函数是周期为 2π 的周期函数,即

$$\sin(\omega t + \alpha) = \sin(\omega t + \alpha + 2\pi)$$

故由式(8-11)得

$$y(t) = A\sin(\omega t + \alpha) = A\sin(\omega t + \alpha + 2\pi) = A\sin\left[\omega\left(t + \frac{2\pi}{\omega}\right) + \alpha\right] = y\left(t + \frac{2\pi}{\omega}\right)$$

可见位移在 t 秒时刻的位移与经过 $2\pi/\omega$ 秒后的位移相同,即质点的位移具有周期性,周期为 $2\pi/\omega$,用 T 表示,即

$$T = \frac{2\pi}{\omega} \tag{8-13}$$

称为体系的自振周期或固有周期。A 为振动过程中的最大位移,称为振幅,由式(8-12)确定。

位移 $y(t)$ 随时间 t 的变化规律如图 8-17(a) 所示,此图也称为位移时程曲线。图 8-17(a) 中,$a—b—c—d—e$ 部分描述了体系自由振动的一个循环;图 8-17(b) 为图 8-17(a) 中 $a—b—c—d—e$ 点对应的质点位置,质点上的箭头表示将要运动的方向。即质点从它的无变形位置 a,向右运动,在 b 点达到正的位移最大值 A,这时的速度为零;然后,位移开始减少,质点又返回到无变形的位置 c,此时的速度最大;从此处质点继续向左运动,在 d 点达到位移最小值 $-A$,这时速度重新为零;位移开始重新减小,质量再次返回到无变形位置 e。在时刻 e,即时刻 a 后的 $2\pi/\omega$ 秒,质点的状态（位移和速度）与它在时刻 a 的状态相同,质量又将开始振动的下一个循环。图中还标出了周期、振幅、初位移和初相位角,曲线的切线斜率为速度。

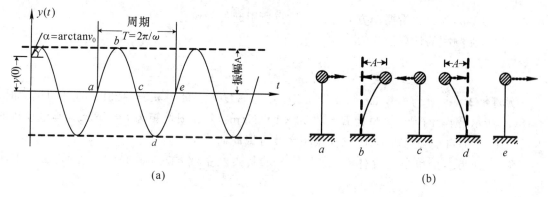

图 8-17

每秒的振动次数称为频率,又称为工程频率,用 f 表示。因为 T 秒振动一次,所以 1 秒振动 $1/T$ 次,即

$$f = \frac{1}{T} \qquad (8\text{-}14)$$

工程频率的单位为赫兹(Hz)。若每秒振动 n 次,则称其频率为 n 赫兹。

由式(8-13)得

$$\omega = 2\pi/T = 2\pi f \qquad (8\text{-}15)$$

如果将式中的 2π 看成 2π 秒的话,ω 即为 2π 秒内的振动次数,称其为自振圆频率,简称自振频率或固有频率。

式(8-11)中的 α 称为初相位角,表示 $t = 0$ 时的质点位置 $y_0 = A\sin\alpha$;$\omega t + \alpha$ 称为相位角,表示 t 时刻的质点位置。

(3) 自振周期及其计算

由式(8-6)、式(8-13)可见,结构的自振频率及自振周期只与结构的刚度和质量有关,是体系固有的动力特性。无论给体系以怎样的初始扰动,体系均按体系固有的自振周期做自由振动。初始扰动的大小只会影响自由振动的振幅和初相位角。此外,自振周期的平方与刚度系数成反比,与质量成正比,改变体系的质量或刚度可调整体系的自振周期。

自振周期用式(8-13)计算,即

$$T = 2\pi/\omega = 2\pi\sqrt{\frac{m}{k}} \qquad (8\text{-}16a)$$

或

$$T = 2\pi\sqrt{m\delta} \qquad (8\text{-}16b)$$

计算时根据刚度系数和柔度系数哪个易求决定使用哪个式子。若直接给出了重力,可将上式改写为

$$T = 2\pi\sqrt{\frac{m}{kg}} = 2\pi\sqrt{\frac{W\delta}{g}}$$

或

$$T = 2\pi\sqrt{\frac{\Delta_{st}}{g}} \qquad (8\text{-}17)$$

式中:$\Delta_{st} = W\delta$,为重力沿振动方向作用于质点所引起的静位移。

结构自振频率的计算公式为

$$\omega = \sqrt{\frac{k}{m}} = \sqrt{\frac{1}{m\delta}} = \sqrt{\frac{g}{\Delta_{st}}} \qquad (8\text{-}18)$$

例题 8-3 长度为 $l = 1\text{m}$ 的悬臂梁,在其端部装一质量为 $m = 123\text{kg}$ 的电动机,如图 8-18(a) 所示。钢梁的弹性模量为 $E = 2.06 \times 10^{11} \text{N/m}^2$,截面惯性矩为 $I = 78\text{cm}^4$。与电动机的重量相比,梁的自重可忽略不计。求自振频率及自振周期。

解 这是一个单自由度体系,加单位力求其柔度系数,如图 8-18(b) 所示。由图乘法得

$$\delta = \frac{l^3}{3EI} = \frac{1^3}{3 \times 2.06 \times 10^{11} \times 78 \times 10^{-8}} = 2.07 \times 10^{-6} \text{m/N}$$

自振频率为

$$\omega = \sqrt{\frac{1}{m\delta}} = \sqrt{\frac{1}{123 \times 2.07 \times 10^{-6}}} = 62.67 \text{ 1/s}$$

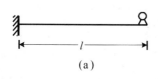

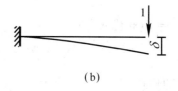

(a)

(b)

图 8-18

自振周期为

$$T = 2\pi/\omega = 2\pi/62.67 = 0.1\text{s}$$

例题 8-4 求图 8-19 所示排架的自振频率,不计屋盖变形。

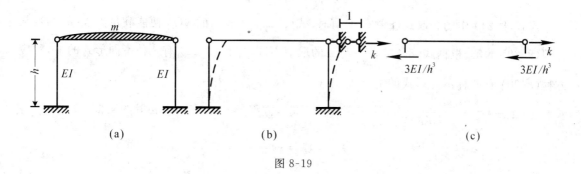

(a)   (b)   (c)

图 8-19

解 刚度系数容易计算,因此求刚度系数。令柱端发生单位位移,如图 8-19(b) 所示。由图 8-19(c) 所示隔离体的平衡得刚度系数为

$$k = 6EI/h^3$$

于是

$$\omega = \sqrt{\frac{k}{m}} = \sqrt{\frac{6EI}{mh^3}}$$

2. 有阻尼自由振动

按照前面的分析,自由振动一经发生便以不变的振幅 A 一直振动下去(见图 8-17)。实际上,由于阻尼的作用,自由振动一般在振动开始后的几秒乃至百分之几秒内便结束了。下面讨论阻尼对自由振动的影响。

(1) 运动方程及其解

考虑阻尼时列运动方程的方法与不计阻尼时相同。不同处是在质点上还需增加阻尼力,如图 8-20 所示。

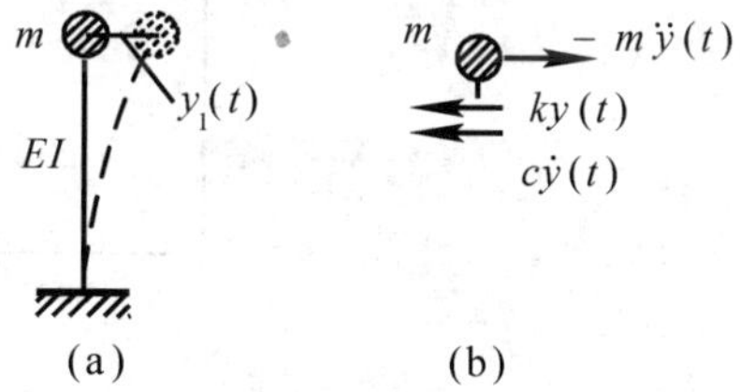

运动方程为

$$m\ddot{y}(t) + c\dot{y}(t) + ky(t) = 0 \qquad (8\text{-}19)$$

或

$$\ddot{y}(t) + \frac{c}{m}\dot{y}(t) + \frac{k}{m}y(t) = 0$$

将 $\omega^2 = k/m$ 代入上式,得

$$\ddot{y}(t) + \frac{c}{m}\dot{y}(t) + \omega^2 y(t) = 0 \tag{8-20}$$

设解的形式为

$$y(t) = e^{\lambda t} \tag{8-21}$$

其中:λ 待定,以满足方程(8-20)决定。将式(8-21)代入方程(8-20),得

$$\lambda^2 + \frac{c}{m}\lambda + \omega^2 = 0 \tag{8-22}$$

这是 λ 的一元二次方程,由求根公式得

$$\lambda = -\frac{1}{2}\frac{c}{m} \pm \sqrt{\left(\frac{c}{2m}\right)^2 - \omega^2} \tag{8-23}$$

当式(8-21)中的 λ 取式(8-23)的值时,式(8-21)所表示的 $y(t)$ 便能满足方程(8-20),是方程(8-20)的解。根据式(8-23),$\frac{c}{2m}$ 与 ω 的取值不同,方程(8-22)有 3 种不同形式的根,对应方程(8-20)有 3 种不同形式的解:

① 当 $\frac{c}{2m} = \omega$,即 $\frac{c}{2m\omega} = 1$ 时,根据式(8-23),方程(8-22)有两个相等的实根

$$\lambda_1 = \lambda_2 = -\frac{1}{2}\frac{c}{m}$$

运动方程(8-20)的通解为

$$y(t) = (C_1 + C_2 t)e^{-\frac{c}{2m}t} \tag{8-24}$$

其中:C_1、C_2 为积分常数,由初始条件确定。引入初始条件后,可求得

$$C_1 = \left(1 + \frac{1}{2}\frac{c}{m}t\right)y_0, \quad C_2 = v_0$$

将上式代入式(8-24),得

$$y(t) = [y_0 + (y_0\omega + v_0)t]e^{-\frac{c}{2m}t}$$

其位移时程曲线如图 8-21 所示。从图中可见,位移随时间逐渐变小,但不具有像图 8-17 所示那样的振动性质,即初位移、初速度使质点离开静力平衡位置后,质点很快回到静力平衡位置,而不振动。原因是体系中的阻尼过大,使得初位移和初速度产生的振动能量在质点退回到静力

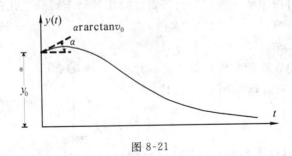

图 8-21

198

平衡位置的过程中被阻尼所消耗殆尽,没有多余的能量产生振动。建筑结构中的阻尼一般很小,不会出现这种情况,故这种情况不是我们所要研究的。但是这种情况的阻尼可以作为衡量阻尼大小的尺度。将这时的阻尼系数定义为临界阻尼系数,记作 c_r。由 $\frac{c}{2m\omega} = 1$,可得

$$c_r = 2m\omega$$

当结构的实际阻尼系数 c 达到 c_r,即 $c/c_r = 1$ 时结构便不能发生自由振动。将 c/c_r 称作阻尼比,记作

$$\xi = \frac{c}{c_r}$$

它是体系阻尼的无量纲测度,表示体系的阻尼是体系临界阻尼的百分之几。例如钢筋混凝土结构一般为 $\xi = 0.05$,表示它的阻尼是临界阻尼的 5%。建筑结构的阻尼比一般都很小,在 $0.005 \sim 0.05$ 之间。即使像堤坝这样的阻尼较大的构筑物,阻尼一般也小于 0.1。

② 当 $\frac{c}{2m} > \omega$,即 $\xi > 1$ 时,有两个不相等的实根。这时的阻尼系数大于临界阻尼,结构仍不能产生自由振动,称为强阻尼情况。

以上两种情况在建筑结构中几乎不存在,但在其他领域是存在的,例如有些可以双向开关的弹簧门所安装的自动关门器的回弹装置就是强阻尼的。

③ 当 $\frac{c}{2m} < \omega$,即 $\xi < 1$ 时,称为低阻尼情况,由式(8-23)知方程(8-22)有两个不相等的复根:

$$\lambda = -\frac{1}{2}\frac{c}{m} \pm \sqrt{\left(\frac{c}{2m}\right)^2 - \omega^2}$$

将 $c = 2m\omega\xi$ 代入,得

$$\lambda = -\xi\omega \pm i\omega\sqrt{1-\xi^2}$$

其中:$i = \sqrt{-1}$ 为虚数。令

$$\omega_D = \omega\sqrt{1-\xi^2} \tag{8-25}$$

则有

$$\lambda_1 = -\xi\omega + i\omega_D, \quad \lambda_2 = -\xi\omega - i\omega_D \tag{8-26}$$

根据所设解的形式

$$y(t) = e^{\lambda t}$$

有

$$y(t) = C_1 e^{\lambda_1 t} + C_2 e^{\lambda_2 t}$$

将式(8-26)代入,得

$$y(t) = e^{-\xi\omega t}(C_1 e^{i\omega_D t} + C_2 e^{-i\omega_D t})$$

它可以变换为

$$y(t) = e^{-\xi\omega t}(D_1 \cos\omega_D t + D_2 \sin\omega_D t) \tag{8-27}$$

其中:D_1、D_2 为变换后的积分常数,由初始条件确定。

设初位移和初速度为 $y(0) = y_0, \dot{y}(0) = v_0$,代入式(8-27),得

$$D_1 = y_0, \quad D_2 = (v_0 + \omega\xi y_0)/\omega_D$$

将 D_1、D_2 代入式(8-27),得低阻尼时的运动方程的解为

$$y(t) = e^{-\xi\omega t}\left(y_0 \cos\omega_D t + \frac{v_0 + \omega\xi y_0}{\omega_D}\sin\omega_D t\right) \tag{8-28}$$

式(8-28)也可以写成单项形式：

$$y(t) = Ae^{-\xi\omega t}\sin(\omega_D t + \alpha) \tag{8-29}$$

将其展开,得

$$y(t) = e^{-\xi\omega t}(A\sin\omega_D t \cdot \cos\alpha + A\cos\omega_D t \cdot \sin\alpha)$$

与式(8-28)对比,得

$$A\cos\alpha = \frac{v_0 + \omega\xi y_0}{\omega_D}, \quad A\sin\alpha = y_0$$

由此得

$$A = \sqrt{\left(\frac{v_0 + \omega\xi y_0}{\omega_D}\right)^2 + y_0^2}, \quad \tan\alpha = \frac{y_0\omega_D}{v_0 + \omega\xi y_0}$$

(2)有阻尼自由振动分析

根据有阻尼自由振动运动方程的解(8-29),可作出位移时程曲线如图 8-22 所示。为了对比,在图中还将无阻尼的曲线画出。从图中可见有阻尼的自由振动是衰减的周期振动,阻尼对振幅和自振周期均有影响。

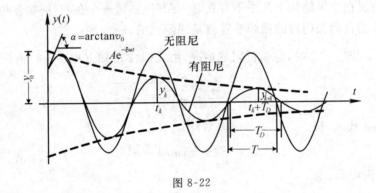

图 8-22

① 阻尼对自振周期的影响

由式(8-29)可推得有阻尼的自振周期为

$$T_D = \frac{2\pi}{\omega_D}$$

由式(8-25),$\omega_D = \omega\sqrt{1-\xi^2}$ 为有阻尼自振频率,代入上式得

$$T_D = \frac{2\pi}{\omega\sqrt{1-\xi^2}} = T/\sqrt{1-\xi^2}$$

其中:ω、T 为无阻尼自振频率和周期。因为 ξ 一般很小,有阻尼自振周期 T_D 和频率 ω_D 与无阻尼的相差不大。比如,当 $\xi = 0.1$ 时,$\omega_D = 0.995\omega$,$T_D = 1.005T$,因此计算自振频率和周期时可不考虑阻尼的影响。

② 阻尼对振幅的影响

设在 $t = t_k$ 时,$\sin(\omega_D t_k + \alpha) = 1$,振幅为

$$y_k = Ae^{-\xi\omega t_k}$$

经过一个周期 T_D,$\sin(\omega_D(t_k + T_D) + \alpha) = 1$,则下一个振幅为

$$y_{k+1} = Ae^{-\xi\omega(t_k+T_D)}$$

显然 $y_{k+1} < y_k$，即振幅是衰减的。相邻振幅的比值

$$\frac{y_k}{y_{k+1}} = e^{\xi\omega T_D}$$

是不随时间变化的常数。若不计阻尼，$\xi = 0$，比值为 1，不衰减。ξ 越大，比值越远离 1，表明衰减越快。利用此式可以实测结构的阻尼比。将上式等号两侧取自然对数，得

$$\ln\frac{y_k}{y_{k+1}} = \xi\omega T_D$$

考虑到

$$T_D = \frac{2\pi}{\omega_D} \approx \frac{2\pi}{\omega}$$

因此

$$\xi = \frac{1}{2\pi}\ln\frac{y_k}{y_{k+1}}$$

测出结构自由振动时的振幅后，由上式即可计算出结构的阻尼比。

学习指导：对于无阻尼自由振动，需了解什么是自由振动，自由振动的运动规律，了解振幅的计算，理解频率、周期的性质；重点掌握自振周期、自振频率的计算；要熟记求自振周期、频率的计算公式。对于有阻尼自由振动，需了解什么是低阻尼，阻尼对自振周期、振幅有何影响。

求自振频率和周期的关键是正确理解和计算结构的刚度系数和柔度系数。而刚度系数和柔度系数的计算属于静力计算，若不能正确求解刚度系数和柔度系数，需要复习前面章节内容。

请做习题：8-5 ～ 8-8，8-21 ～ 8-27，8-36。

8-3　简谐荷载作用下单自由度体系的强迫振动

动荷载作用下的振动称为强迫振动或受迫振动。简谐荷载作用下的强迫振动是工程中常见的振动。从结构在简谐荷载作用下的动力反应中所得到的一些结论具有典型意义，而且分析结果可用于其他动荷载的反应分析中。因此简谐荷载的动力反应分析是非常重要的。

1. 无阻尼体系

（1）运动方程及其解

设图 8-23 所示结构受简谐荷载 $F_P(t) = F_0\sin\theta t$ 作用，将其代入式（8-3）得运动方程

$$m\ddot{y} + ky = F_0\sin\theta t \tag{8-30}$$

其中：F_0 为荷载幅值，θ 为荷载频率。用 m 除方程两边，得

$$\ddot{y} + \omega^2 y = \frac{F_0}{m}\sin\theta t \tag{8-31}$$

这是二阶非齐次常微分方程，其通解由齐次方程的通解和它的特解构成。齐次方程的通解即自由振动方程（8-7）的通解（8-8），即

$$y(t) = C_1\cos\omega t + C_2\sin\omega t$$

下面求方程（8-31）的特解。

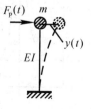

图 8-23

设方程(8-31)的特解为

$$y(t) = A\sin\theta t \tag{8-32}$$

其中：A 待定，由所设特解满足方程(8-31)确定。将式(8-32)代入方程(8-31)，得

$$(-\theta^2 + \omega^2)A\sin\theta t = \frac{F_0}{m}\sin\theta t$$

由此得

$$A = \frac{F_0}{m(\omega^2 - \theta^2)}$$

将 A 代入式(8-32)，得方程(7-31)的特解为

$$y(t) = \frac{F_0}{m(\omega^2 - \theta^2)}\sin\theta t$$

运动方程(8-31)的通解为

$$y(t) = C_1\cos\omega t + C_2\sin\omega t + \frac{F_0}{m(\omega^2 - \theta^2)}\sin\theta t \tag{8-33}$$

其中：C_1、C_2 为积分常数，由初始条件确定。

（2）解的分析

运动方程的解(8-33)的前两项按结构自振频率 ω 振动，如果考虑阻尼，它们将很快消失，这一点将在稍后说明，通常不予考虑。它们消失后，只剩下按荷载频率振动的第三项，将这个阶段称为平稳阶段，前面称为过渡阶段，一般只考虑平稳阶段。在平稳阶段，位移为

$$y(t) = \frac{F_0}{m(\omega^2 - \theta^2)}\sin\theta t \tag{8-34}$$

是按荷载频率做等幅简谐振动。振幅为

$$A = \frac{F_0}{m(\omega^2 - \theta^2)} = \frac{F_0}{m\omega^2}\frac{1}{1 - \theta^2/\omega^2} = y_{st}\beta \tag{8-35}$$

其中：

$$y_{st} = \frac{F_0}{m\omega^2} = F_0\delta \tag{8-36}$$

$$\beta = \frac{1}{1 - \theta^2/\omega^2} \tag{8-37}$$

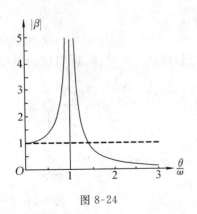

图 8-24

y_{st} 为荷载幅值作为静荷载所引起的静位移；β 是一个仅与频率比值 θ/ω 有关的无量纲系数，称为动力系数。从式(8-35)可见，β 是振幅 A 与 y_{st} 的比值，表示按动荷载计算出的最大位移是按静荷载计算出的位移的倍数。动力系数 β 与频率比 θ/ω（简称频比）的关系曲线如图 8-24 所示。

从图中可得到振幅与频比的关系：

① 当 $\frac{\theta}{\omega} \to 0$ 时，$\beta \to 1$，$A \to y_{st}$。这说明当荷载频率与自振频率相比很小时，可作为静荷载计算。比如当 $\theta < \omega/5$ 时，将简谐荷载当作静力计算，误差小

于 5%。

② 当 $\frac{\theta}{\omega} \to 1$ 时，$\beta \to \infty$，$A \to \infty$。这说明随荷载频率趋近于结构自振频率，振幅趋于无穷大。这种现象即为人们熟知的共振。即使考虑阻尼，振幅不会趋于无穷大，但也会很大。因此应避免这种情况的发生。

③ 当 $\frac{\theta}{\omega} \to \infty$ 时，$\beta \to 0$，$A \to 0$。这说明当荷载频率与结构自振频率相比很大时，振幅会很小。

④ 当 $0 < \frac{\theta}{\omega} < 1$ 时，β 随 $\frac{\theta}{\omega}$ 的增加而增加。在这种情况下，若要减小振幅需增大自振频率，可通过提高结构刚度、减小结构质量来增大自振频率。

⑤ 当 $\frac{\theta}{\omega} > 1$ 时，β 的绝对值随 $\frac{\theta}{\omega}$ 的增加而减小。在这种情况下，若要减小振幅需减小自振频率，可通过降低结构刚度、增加结构质量来减小自振频率。另外，这时的动力系数 β 小于零。式(8-34)可改写为

$$y(t) = \frac{F_0}{m(\omega^2 - \theta^2)} \sin\theta t = \frac{1}{m\omega^2} \frac{1}{1 - \theta^2/\omega^2} F_P(t) = \delta\beta F_P(t)$$

式中：δ 为正值，当 β 为负值时说明振动过程中质点的位移 $y(t)$ 与荷载 $F_P(t)$ 反向。因为振动是往复过程，计算振幅时只需取 β 的绝对值。

（3）振幅与动内力幅值的计算

振幅按式(8-35)计算。对于像图 8-23 所示那样的单质点单自由度体系，动荷载作用在质点上，结构中的内力与质点位移成比例，动力系数不仅是位移的动力系数，也是内力的动力系数。荷载幅值作为静荷载所引起的内力乘以动力系数即为动内力的最大值。据此可得求振幅和动内力幅值的计算步骤为：

① 将动荷载幅值作为静荷载，求静位移、静内力。

② 计算动力系数。

③ 将静位移、静内力分别乘以动力系数即得振幅和动内力幅值。

例题 8-5　图 8-25 所示梁的弹性模量 $E = 2.06 \times 10^{11} \text{N/m}^2$，惯性矩 $I = 78\text{cm}^4$，梁长 $l = 1\text{m}$。在其端部装有一台质量为 123kg 的电机，电机转速为 $n = 1200\text{r/min}$，转动产生的离心力为 $F_0 = 49\text{N}$。试求梁中最大动位移和最大动弯矩。不计梁重，不计阻尼。

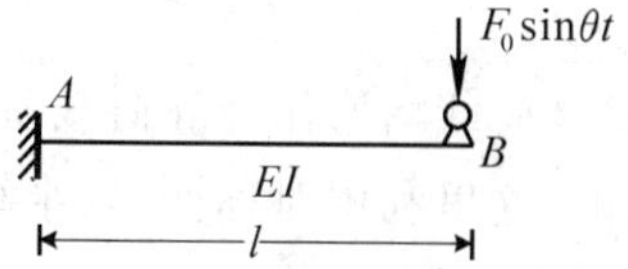

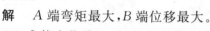

图 8-25

解　A 端弯矩最大，B 端位移最大。

（1）求静力位移 y_{st} 和静力弯矩 M_{st}

体系在 B 点的柔度系数已在例题 8-3 中求出，即

$$\delta = 2.07 \times 10^{-6} \text{m/N}$$

则 F_0 引起的静位移为

$$y_{st} = F_0\delta = 49\text{N} \times 2.07 \times 10^{-6} \text{m/N} = 0.102\text{mm}$$

F_0 引起的 A 端静弯矩为

$$M_{st} = F_0 l = 49\text{N} \times 1\text{m} = 49\text{N} \cdot \text{m}$$

（2）计算动力系数

荷载频率为

$$\theta = \frac{n}{60} \times 2\pi = 125.66 \ 1/s$$

结构自振频率已在例题 8-3 中求出，即

$$\omega = 62.67 \ 1/s$$

动力系数为

$$\beta = \frac{1}{1 - \theta^2/\omega^2} = -\frac{1}{3}$$

（3）求最大动位移（振幅）、最大动弯矩

最大动位移为

$$A = y_{st} \mid \beta \mid = 0.102\text{mm} \times \frac{1}{3} = 0.034\text{mm}$$

最大动弯矩为

$$M_A = M_{st} \mid \beta \mid = 49\text{N} \cdot \text{m} \times \frac{1}{3} = 16.33\text{N} \cdot \text{m}$$

注意：以上所求振幅和最大动弯矩是在静平衡基础上由于振动引起的动力反应。若求最大位移和最大弯矩，还需加上由体系上的静荷载，比如重力所引起的位移和弯矩。

例 8-6 已知图示 8-26（a）所示排架的自振频率是荷载频率的 2 倍，即 $\omega = 2\theta$。试求最大动弯矩图。不计阻尼，不计柱的质量。

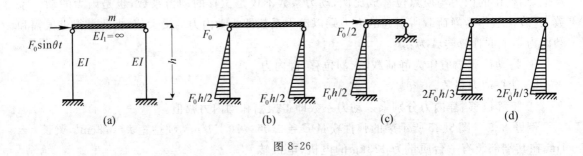

图 8-26

解 荷载幅值作为静荷载所引起的弯矩图如图 8-26（b）所示。此图有多种做法，力法、位移法均可。这里利用对称性，取半结构计算，如图 8-26（c）所示。

求动力系数

$$\beta = \frac{1}{1 - \theta^2/\omega^2} = \frac{1}{1 - (1/2)^2} = \frac{4}{3}$$

将图 8-26（b）中的静弯矩图的竖标乘以动力系数得最大动弯矩图，如图 8-26（d）所示。因为振动中受拉侧是双向变化的，最大动弯矩图画在哪一侧均可。

以上内容尽管是针对动荷载 $F_P(t) = F_0\sin\theta t$ 进行分析的，因为 $\sin\theta t = \cos(\theta t + \pi/2)$，所以当荷载为 $F_P(t) = F_0\cos\theta t$ 时除在相位上有所差别外，其他相同。据此可知对于动荷载 $F_P(t) = F_0\cos\theta t$，上面的结论和计算方法完全相同。

2. 有阻尼体系

(1) 运动方程及其解

列运动方程时加入阻尼力,如图 8-27 所示,得到有阻尼的强迫振动运动方程为

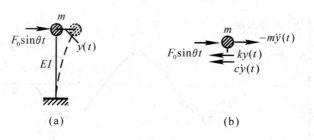

图 8-27

$$m\ddot{y} + c\dot{y} + ky = F_0 \sin\theta t \tag{8-38}$$

各项除以 m,并注意到

$$\omega^2 = \frac{k}{m}, \quad \xi = \frac{c}{2m\omega}$$

式(8-38)可改写为

$$\ddot{y} + 2\xi\omega\dot{y} + \omega^2 y = \frac{F_0}{m}\sin\theta t \tag{8-39}$$

此即简谐荷载作用下的有阻尼单自由度体系的运动方程。

运动方程(8-39)是二阶非齐次常微分方程,它的解由齐次方程的通解与非齐次方程的特解构成。齐次方程的通解即自由振动的解(8-27),下面求特解。

设特解为

$$y(t) = C_1 \sin\theta t + C_2 \cos\theta t \tag{8-40}$$

其中:C_1、C_2 由满足微分方程(8-39)确定。对 $y(t)$ 求导数,得

$$\dot{y}(t) = C_1 \theta \cos\theta t - C_2 \theta \sin\theta t$$

$$\ddot{y}(t) = -C_1 \theta^2 \sin\theta t - C_2 \theta^2 \cos\theta t$$

将上面两式和式(8-40)代入方程(8-39),令等号两侧的 $\sin\theta t$ 项的系数相等,两侧的 $\cos\theta t$ 项的系数相等,可得

$$2\xi\omega\theta C_1 + (\omega^2 - \theta^2)C_2 = 0$$

$$(\omega^2 - \theta^2)C_1 - 2\xi\omega\theta C_2 = F_0/m$$

解方程,得

$$C_1 = \frac{F_0}{m} \frac{\omega^2 - \theta^2}{(\omega^2 - \theta^2)^2 + 4\xi^2\omega^2\theta^2}, \quad C_2 = \frac{F_0}{m} \frac{-2\xi\omega\theta}{(\omega^2 - \theta^2)^2 + 4\xi^2\omega^2\theta^2} \tag{8-41}$$

将式(8-41)代入式(8-40),即得方程(8-39)的特解。

方程(8-39)的通解为

$$y(t) = e^{-\xi\omega t}(D_1 \cos\omega_D t + D_2 \sin\omega_D t) + C_1 \sin\theta t + C_2 \cos\theta t \tag{8-42}$$

式中:C_1、C_2 由式(8-41)确定,D_1、D_2 由初始条件确定。

解(8-42)中有两种不同的振动分量,一种是按结构自振频率振动的分量,另一种是按荷

载频率振动的分量。从式中可以看出,前面分量随时间衰减,当它消失后,只剩下按荷载频率振动的分量,这时进入平稳阶段,称为稳态振动,而消失之前称为过渡阶段,对应的振动称为瞬态振动。图8-28画出了式(8-42)表示的总位移反应和稳态位移反应。过渡阶段很短,一般只分析稳态反应。

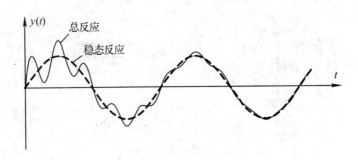

图 8-28

稳态位移反应为

$$y(t) = C_1 \sin\theta t + C_2 \cos\theta t$$

可以写成单项形式

$$y(t) = A\sin(\theta t - \alpha) \tag{8-43}$$

其中:

$$A = \sqrt{C_1^2 + C_2^2}, \quad \alpha = \arctan\frac{C_2}{C_1}$$

将式(8-41)代入上式,得振幅和相位角为

$$A = \frac{F_0}{m\omega^2}\left[\left(1 - \frac{\theta^2}{\omega^2}\right)^2 + 4\xi^2\frac{\theta^2}{\omega^2}\right]^{-\frac{1}{2}} \tag{8-44}$$

$$\alpha = \arctan\frac{2\xi\theta/\omega}{1 - \theta^2/\omega^2} \tag{8-45}$$

可见,稳态位移与动荷载之间有相位差,位移滞后于动荷载。

(2) 振幅与阻尼比、频比的关系

稳态振幅算式(8-44)也可以写成与无阻尼情况相似的形式,即

$$A = y_{st}\beta \tag{8-46}$$

其中:y_{st}为荷载幅值引起的静位移,β为动力系数。β的大小为

$$\beta = \left[\left(1 - \frac{\theta^2}{\omega^2}\right)^2 + 4\xi^2\frac{\theta^2}{\omega^2}\right]^{-\frac{1}{2}} \tag{8-47}$$

动力系数与频比和阻尼比均有关,对应不同的ξ画出动力系数与频比的关系曲线,如图8-29所示。

从图8-29可见:

对于低阻尼体系,当频比在1附近时,阻尼对动力系数的影响大;而在远离1时,影响小。通常将$0.75 < \theta/\omega < 1.25$定义为共振区,在共振区内振动时要考虑阻尼影响,而在共振区外可不考虑阻尼影响。

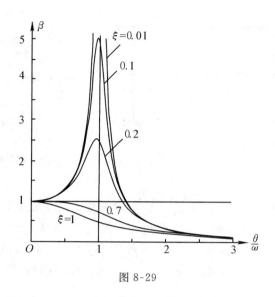

图 8-29

动力系数的最大值并不发生于 $\theta/\omega = 1$ 处，而是发生在 θ/ω 稍小于 1 处。一般可以认为动力系数的最大值发生在 $\theta/\omega = 1$ 处。将 $\theta/\omega = 1$ 代入式(8-47)，得共振时的动力系数为

$$\beta_{max} = \frac{1}{2\xi} \qquad\qquad (8\text{-}48)$$

学习指导： 了解什么是强迫振动，重点掌握简谐荷载作用下体系的振幅、动内力最大值的计算，了解阻尼对动力系数的影响，理解动力系数的概念，动力系数与频比的关系。

本节有较多的数学推导，能看懂即可。经分析得到的动力学结论需理解。

请做习题：8-9,8-10,8-28,8-29,8-37 ～ 8-39。

8-4   多自由度体系自由振动分析

一般情况下，工程结构都被理想化为多自由度体系来进行动力分析。特别是在当前计算机已经得到普遍应用的情况下，一般均将质量连续分布的无限自由度体系化为多自由度体系计算。本节及下节只对二自由度体系进行分析，有了这些知识，读者不难将其扩展到自由度更多的体系上去。

多自由度体系的振动分析也分为自由振动分析和强迫振动分析。自由振动分析是确定体系的自振周期和自振频率等动力特性，为强迫振动分析做准备；强迫振动分析是确定体系的动力反应。自由振动分析不计阻尼。

1. 运动方程

与单自由度体系一样，建立多自由度体系的运动方程也有刚度法和柔度法。下面举例说明。

（1）柔度法

建立如图 8-30(a) 所示体系的运动方程。

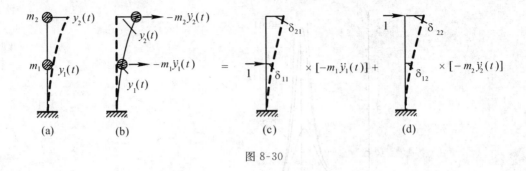

图 8-30

指明位移正向,如图 8-30(a) 所示。在 t 时刻沿位移正向在质点上加惯性力,如图 8-30(b) 所示。加惯性力后,认为质点在 t 时刻处于假想的平衡状态,即认为图 8-30(b) 所示位移是惯性力引起的静位移。根据叠加原理,图 8-30(b) 所示受力状态,与图 8-30(c) 所示单位力状态乘以 $[-m_1\ddot{y}_1(t)]$ 加图 8-30(d) 所示单位力状态乘以 $[-m_2\ddot{y}_2(t)]$ 相同。受力相同,引起的位移亦相同。因此有

$$\left.\begin{array}{l} y_1(t) = \delta_{11}[-m_1\ddot{y}_1(t)] + \delta_{12}[-m_2\ddot{y}_2(t)] \\ y_2(t) = \delta_{21}[-m_1\ddot{y}_1(t)] + \delta_{22}[-m_2\ddot{y}_2(t)] \end{array}\right\} \tag{8-49}$$

此即用柔度法列出的运动方程。方程中系数 δ_{ij} 称为柔度系数,可利用静力学方法计算。方程 (8-49) 也可以写成矩阵形式

$$\begin{pmatrix} y_1(t) \\ y_2(t) \end{pmatrix} = - \begin{bmatrix} \delta_{11} & \delta_{12} \\ \delta_{21} & \delta_{22} \end{bmatrix} \begin{bmatrix} m_1 & 0 \\ 0 & m_2 \end{bmatrix} \begin{pmatrix} \ddot{y}_1(t) \\ \ddot{y}_2(t) \end{pmatrix}$$

简记为

$$\boldsymbol{y} = - \boldsymbol{\delta}\boldsymbol{M}\ddot{\boldsymbol{y}} \tag{8-50}$$

其中:$\boldsymbol{y}$ 称为动位移向量,$\boldsymbol{\delta}$ 称为柔度矩阵,$\boldsymbol{M}$ 称为质量矩阵,$\ddot{\boldsymbol{y}}$ 称为加速度向量。

(2) 刚度法

用刚度法建立图 8-31(a) 所示体系的运动方程。

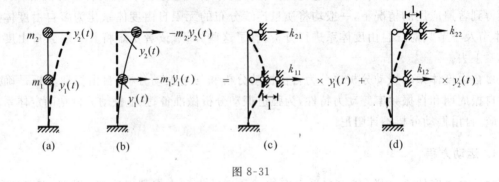

图 8-31

指明位移正向,如图 8-31(a) 所示。在 t 时刻沿位移正向在质点上加惯性力,如图 8-31(b) 所示。加惯性力后,认为质点在 t 时刻处于假想的平衡状态,即认为图 8-31(b) 所示位移是惯性

力引起的静位移。根据叠加原理,图 8-31(b) 所示位移,与图 8-31(c) 所示单位位移状态乘以 $y_1(t)$ 加图 8-31(d) 所示单位位移状态乘以 $y_2(t)$ 所得到的位移相同。引起的位移相同,受力亦相同。因此有

$$\left. \begin{array}{l} -m_1\ddot{y}_1(t) = k_{11}y_1(t) + k_{12}y_2(t) \\ -m_2\ddot{y}_2(t) = k_{21}y_1(t) + k_{22}y_2(t) \end{array} \right\} \tag{8-51}$$

此即用刚度法列出的运动方程。方程中系数 k_{ij} 称为刚度系数,可利用静力学方法计算。方程 (8-51) 也可以写成矩阵形式

$$-\begin{bmatrix} m_1 & 0 \\ 0 & m_2 \end{bmatrix} \begin{bmatrix} \ddot{y}_1(t) \\ \ddot{y}_2(t) \end{bmatrix} = \begin{bmatrix} k_{11} & k_{12} \\ k_{21} & k_{22} \end{bmatrix} \begin{bmatrix} y_1(t) \\ y_2(t) \end{bmatrix}$$

简记为

$$-M\ddot{y} = Ky \tag{8-52}$$

其中:K 称为刚度矩阵。

可以证明(利用虚功互等定理,由图 8-30(c)、(d) 和图 8-31(c)、(d) 所表示的刚度系数和柔度系数的意义即可证明),刚度矩阵与柔度矩阵互为逆矩阵,即

$$\delta K = I \tag{8-53}$$

其中:I 为单位矩阵。利用此关系,将方程(8-52)的等号两侧同时左乘以柔度矩阵 δ 即得方程 (8-50)。

2. 运动方程的解

运动方程(8-51)是二阶线性齐次常微分方程组,其通解由特解组合而成。先求特解。

设特解为

$$\left. \begin{array}{l} y_1(t) = Y_1\sin(\omega t + \alpha) \\ y_2(t) = Y_2\sin(\omega t + \alpha) \end{array} \right\} \tag{8-54}$$

其中:Y_1、Y_2、ω 和 α 待定,由初始条件和满足运动方程来决定。将式(8-54)代入运动方程 (8-51),得

$$\left. \begin{array}{l} (k_{11} - m_1\omega^2)Y_1 + k_{12}Y_2 = 0 \\ k_{21}Y_1 + (k_{22} - m_2\omega^2)Y_2 = 0 \end{array} \right\} \tag{8-55}$$

这是齐次线性方程组。$Y_1 = 0$,$Y_2 = 0$ 满足方程(8-55),是方程的解。但是代回到式(8-54)得 $y_1(t) = 0$,$y_2(t) = 0$,不具有振动性质,不是自由振动的解。若要使特解具有振动性质,Y_1,Y_2 不能同时为零,这要求方程(8-55)有非零解。对于齐次方程(8-55),有非零解的条件是系数组成的行列式等于零,即

$$\begin{vmatrix} k_{11} - m_1\omega^2 & k_{12} \\ k_{21} & k_{22} - m_2\omega^2 \end{vmatrix} = 0 \tag{8-56a}$$

将其展开,得

$$(k_{11} - m_1\omega^2)(k_{22} - m_2\omega^2) - k_{12}k_{21} = 0 \tag{8-56b}$$

这是关于 ω^2 的一元二次方程,解方程得两个正根,值小的记作 ω_1,值大的记作 ω_2。将 ω_1、ω_2 分别代入式(8-55)求 Y_1,Y_2。因为这时方程(8-55)的系数行列式为零,两个方程不独立,不能求出 Y_1 和 Y_2,只能由其中的一个方程求出 Y_1 与 Y_2 的比值。将 ω_1 代入方程(8-55)中第一个式子,这时的 Y_1 和 Y_2 记作 Y_{11} 和 Y_{21},求得

$$\frac{Y_{11}}{Y_{21}} = -\frac{k_{12}}{k_{11} - \omega_1^2 m_1} \qquad (8-57)$$

将 ω_2 代入方程(8-55)中第一个式子,这时的 Y_1 和 Y_2 记作 Y_{12} 和 Y_{22},求得

$$\frac{Y_{12}}{Y_{22}} = -\frac{k_{12}}{k_{11} - \omega_2^2 m_1} \qquad (8-58)$$

至此,我们得到运动方程的两个特解:

$$\left.\begin{aligned} y_1(t) &= Y_{11}\sin(\omega_1 t + \alpha_1) \\ y_2(t) &= Y_{21}\sin(\omega_1 t + \alpha_1) \end{aligned}\right\} \quad (\text{特解 } 1) \qquad (8-59)$$

$$\left.\begin{aligned} y_1(t) &= Y_{12}\sin(\omega_2 t + \alpha_2) \\ y_2(t) &= Y_{22}\sin(\omega_2 t + \alpha_2) \end{aligned}\right\} \quad (\text{特解 } 2) \qquad (8-60)$$

运动方程(8-51)的通解为特解的线性组合,即运动方程的通解为

$$\left.\begin{aligned} y_1(t) &= Y_{11}\sin(\omega_1 t + \alpha_1) + Y_{12}\sin(\omega_2 t + \alpha_2) \\ y_2(t) &= Y_{21}\sin(\omega_1 t + \alpha_1) + Y_{22}\sin(\omega_2 t + \alpha_2) \end{aligned}\right\} \qquad (8-61)$$

其中:Y_{11}、Y_{21}、Y_{12}、Y_{22}、α_1 和 α_2 待定。

每个质点有初位移、初速度两个运动初始条件,体系有两个质点,共有 4 个运动初始条件,加上式(8-57)、式(8-58)即可确定这 6 个常数。

3. 振型与频率

振型的概念与计算在结构动力计算中非常重要,它是多自由度体系强迫振动分析方法 —— 振型分解法的基础,也是抗震设计中确定地震作用的振型分解反应谱法的基础。

(1) 振型与频率的定义

一个特解对应着一种振动形式。体系按特解振动时有如下特点:

① 按特解 1 振动时,两个质点的振动频率相同,均为 ω_1;按特解 2 振动时,两个质点的振动频率相同,均为 ω_2。

将 ω_1 和 ω_2 称作结构的自振频率,值小的 ω_1 称为结构的第一频率或基本频率;值大的 ω_2 称为结构的第二频率或高阶频率。

② 按特解振动时,两个质点在任意时刻的位移比值保持不变。按特解 1 振动时,根据式(8-59),有

$$\frac{y_1(t)}{y_2(t)} = \frac{Y_{11}\sin(\omega_1 t + \alpha_1)}{Y_{21}\sin(\omega_1 t + \alpha_1)} = \frac{Y_{11}}{Y_{21}}$$

按特解 2 振动时,根据式(8-60),有

$$\frac{y_1(t)}{y_2(t)} = \frac{Y_{12}\sin(\omega_2 t + \alpha_2)}{Y_{22}\sin(\omega_2 t + \alpha_2)} = \frac{Y_{12}}{Y_{22}}$$

由式(8-57)、式(8-58)可知,比值 Y_{11}/Y_{21} 和 Y_{12}/Y_{22} 是由体系的刚度系数和质量所决定的常数。假如根据体系的刚度和质量算得 $\dfrac{Y_{11}}{Y_{21}} = \dfrac{1}{2}$,$\dfrac{Y_{12}}{Y_{22}} = -1$,那么体系按特解 1 振动时,两个质点均作频率为 ω_1 的自由振动,振动中 $y_2(t) = 2y_1(t)$,振动形状保持不变,如图 8-32(a) 所示;体系按特解 2 振动时,两个质点均作频率为 ω_2 的自由振动,振动中 $y_2(t) = -y_1(t)$,振动形状保持不变,如图 8-32(b) 所示。

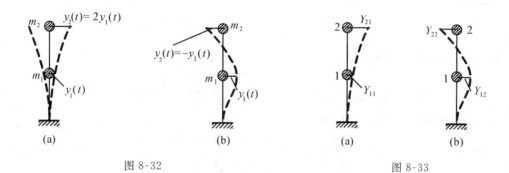

图 8-32　　　　　　　　　　　　　　　　　　图 8-33

将体系上的所有质量按相同频率作自由振动时的振动形状称做振型或主振型。将由比值 Y_{11}/Y_{21} 决定的与 ω_1 对应的振型称为第一振型或基本振型,如图 8-33(a) 所示;将由比值 Y_{12}/Y_{22} 决定的与 ω_2 对应的振型称为第二振型或高阶振型,如图 8-33(b) 所示。振型也可用矩阵表示,第一振型和第二振型分别记作

$$\boldsymbol{Y}_1 = \begin{pmatrix} Y_{11} \\ Y_{21} \end{pmatrix}, \quad \boldsymbol{Y}_2 = \begin{pmatrix} Y_{12} \\ Y_{22} \end{pmatrix}$$

称为第一振型向量、第二振型向量。

对于 N 自由度体系,会有 N 个自振频率,从小到大依次称为第一频率、第二频率……第 N 频率;相应有 N 个振型,依次称为第一振型、第二振型……第 N 振型。

从式(8-56)、式(8-57)、式(8-58)可见,体系的自振频率和振型只与体系的质量、刚度有关,它们是体系固有的特性。若要改变体系的自振频率和振型只能靠改变体系的质量和刚度来实现。

按特解,即按振型做自由振动是有条件的。若体系的初位移和初速度满足下式:

$$\frac{y_1(0)}{y_2(0)} = \frac{Y_{11}}{Y_{21}}, \quad \frac{\dot{y}_1(0)}{\dot{y}_2(0)} = \frac{Y_{11}}{Y_{21}}$$

则体系按第一振型振动,振动频率一定是 ω_1;若体系的初位移和初速度满足下式:

$$\frac{y_1(0)}{y_2(0)} = \frac{Y_{12}}{Y_{22}}, \quad \frac{\dot{y}_1(0)}{\dot{y}_2(0)} = \frac{Y_{12}}{Y_{22}}$$

则体系按第二振型振动,振动频率一定是 ω_2。如果初位移和初速度不满足这样的条件,体系将按式(8-61)所表达的形式振动,每个质点的位移均包含两个频率分量,振动形状每时每刻都是变化的。

(2) 振型与频率的计算

与建立运动方程的两种方法对应,振型与频率的计算也分刚度法和柔度法两种方法。

① 刚度法

当求出结构的刚度系数后,代入式(8-56),为了叙述方便重写如下:

$$\begin{vmatrix} k_{11} - m_1\omega^2 & k_{12} \\ k_{21} & k_{22} - m_2\omega^2 \end{vmatrix} = 0 \tag{8-62a}$$

或

$$(k_{11} - m_1\omega^2)(k_{22} - m_2\omega^2) - k_{12}k_{21} = 0 \tag{8-62b}$$

211

此方程称为频率方程。将其展开,得

$$(\omega^2)^2 - \left(\frac{k_{11}}{m_1} + \frac{k_{22}}{m_2}\right)\omega^2 + \frac{k_{11}k_{22} - k_{12}k_{21}}{m_1 m_2} = 0$$

由一元二次方程的求根公式,得

$$\omega_{1,2}^2 = \frac{1}{2}\left(\frac{k_{11}}{m_1} + \frac{k_{22}}{m_2}\right) \mp \sqrt{\left[\frac{1}{2}\left(\frac{k_{11}}{m_1} + \frac{k_{22}}{m_2}\right)\right]^2 - \frac{k_{11}k_{22} - k_{12}k_{21}}{m_1 m_2}} \qquad (8\text{-}63)$$

将求得的频率代入式(8-55),即有下式:

$$\left.\begin{array}{r}(k_{11} - m_1\omega^2)Y_1 + k_{12}Y_2 = 0\\ k_{21}Y_1 + (k_{22} - m_2\omega^2)Y_2 = 0\end{array}\right\} \qquad (8\text{-}64)$$

此式称为振型方程,可求得振型式(8-57)和式(8-58),即

$$\frac{Y_{11}}{Y_{21}} = -\frac{k_{12}}{k_{11} - \omega_1^2 m_1} \qquad (8\text{-}65)$$

$$\frac{Y_{12}}{Y_{22}} = -\frac{k_{12}}{k_{11} - \omega_2^2 m_1} \qquad (8\text{-}66)$$

例题 8-7 试求图 8-34(a)所示体系的自振频率和振型。已知:$m_1 = m_2 = m$。

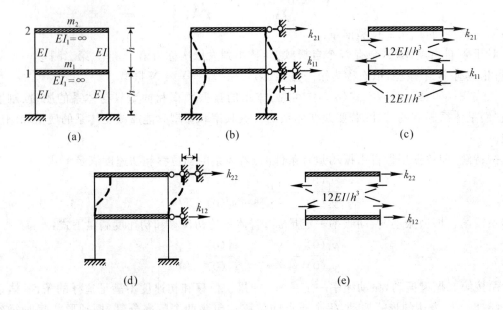

图 8-34

解 (1)计算刚度系数
根据刚度系数的物理意义(见图 8-34(b)、(d)),由隔离体(见图 8-34(c)、(e))的平衡可得

$$k_{11} = 48EI/h^3, \quad k_{12} = k_{21} = -24EI/h^3, \quad k_{22} = 24EI/h^3$$

(2)计算自振频率
将刚度系数、质量 $m_1 = m, m_2 = m$ 代入式(8-63),得

$$\omega_1^2 = 9.167\frac{EI}{mh^3}, \quad \omega_2^2 = 62.833\frac{EI}{mh^3}$$

开平方,得自振频率为

212

$$\omega_1 = 3.028\sqrt{\frac{EI}{mh^3}}, \quad \omega_2 = 7.927\sqrt{\frac{EI}{mh^3}}$$

（3）计算振型

将刚度系数、质量、自振频率代入式（8-65）、式（8-66），得

$$\frac{Y_{11}}{Y_{21}} = -\frac{k_{12}}{k_{11} - \omega_1^2 m_1} = \frac{1}{1.618}, \frac{Y_{12}}{Y_{22}} = -\frac{k_{12}}{k_{11} - \omega_2^2 m_1} = -\frac{1}{0.618}$$

振型如图 8-35 所示。

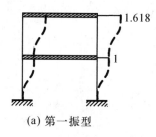

(a) 第一振型

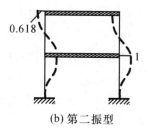

(b) 第二振型

图 8-35

由于式（8-63）、式（8-65）、式（8-66）不易记忆，而振型方程（8-64）易记，可从振型方程出发求自振频率和振型。下面举例说明。

例题 8-8 试求图 8-36（a）所示体系的自振频率和振型。已知：$m_1 = m_2 = m$，$k = EI/h^3$。

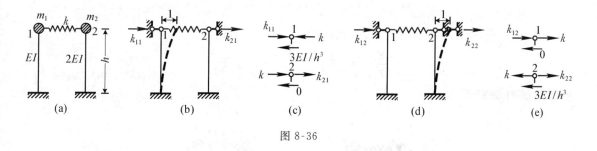

图 8-36

解 计算刚度系数。由图 8-36（b）、（c）、（d）、（e）所示的刚度系数的意义及隔离体的平衡可求得

$$k_{11} = 3EI/h^3 + k = 4EI/h^3, \quad k_{12} = k_{21} = -k = -EI/h^3, \quad k_{22} = 6EI/h^3 + k = 7EI/h^3$$

将刚度系数和质量代入振型方程（8-64），得

$$\left.\begin{aligned} \left(\frac{4EI}{h^3} - m\omega^2\right)Y_1 - \frac{EI}{h^3}Y_2 &= 0 \\ -\frac{EI}{h^3}Y_1 + \left(\frac{7EI}{h^3} - m\omega^2\right)Y_2 &= 0 \end{aligned}\right\} \tag{a}$$

方程中各项除以 $\dfrac{EI}{h^3}$，得

$$\left(4-\frac{mh^{3}}{EI}\omega^{2}\right)Y_{1}-Y_{2}=0$$
$$-Y_{1}+\left(7-\frac{mh^{3}}{EI}\omega^{2}\right)Y_{2}=0$$
(b)

设

$$\eta=\frac{mh^{3}}{EI}\omega^{2}$$
(c)

代入式(b),得

$$(4-\eta)Y_{1}-Y_{2}=0$$
$$-Y_{1}+(7-\eta)Y_{2}=0$$
(d)

若使方程(d)有非零解,系数行列式应为零,即

$$\begin{vmatrix} 4-\eta & -1 \\ -1 & 7-\eta \end{vmatrix}=0$$

行列式展开,得

$$(4-\eta)(7-\eta)-1=0$$

或

$$\eta^{2}-11\eta+27=0$$

解方程,得

$$\eta_{1}=3.695, \quad \eta_{2}=7.305$$

将 η_{1}、η_{2} 代入式(c),得自振频率为

$$\omega_{1}=1.92\sqrt{\frac{EI}{mh^{3}}}, \quad \omega_{2}=2.70\sqrt{\frac{EI}{mh^{3}}}$$

将 η_{1}、η_{2} 分别代入式(d)中的第一式(或第二式),得振型为

$$\frac{Y_{11}}{Y_{21}}=\frac{1}{0.30}, \quad \frac{Y_{12}}{Y_{22}}=-\frac{1}{3.30}$$

振型图如图 8-37 所示。

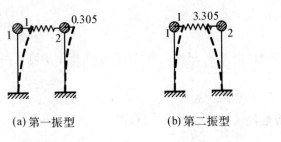

(a) 第一振型　　　　　(b) 第二振型

图 8-37

② 柔度法

若运动方程是用柔度法写出的,用与前面类似的过程即可得到用柔度系数表示的振型方程:

214

$$\left.\begin{array}{l}\left(\delta_{11}m_1 - \dfrac{1}{\omega^2}\right)Y_1 + \delta_{12}m_2Y_2 = 0 \\[4mm] \delta_{21}m_1Y_1 + \left(\delta_{22}m_2 - \dfrac{1}{\omega^2}\right)Y_2 = 0 \end{array}\right\} \tag{8-67}$$

频率方程为:

$$\begin{vmatrix} \delta_{11}m_1 - \dfrac{1}{\omega^2} & \delta_{12}m_2 \\[4mm] \delta_{21}m_1 & \delta_{22}m_2 - \dfrac{1}{\omega^2} \end{vmatrix} = 0 \tag{8-68}$$

设

$$\lambda = \frac{1}{\omega^2}$$

代入式(8-68)并展开,得

$$\lambda^2 - (\delta_{11}m_1 + \delta_{22}m_2)\lambda + (\delta_{11}\delta_{22} - \delta_{12}\delta_{21})m_1m_2 = 0$$

由一元二次方程的求根公式,得

$$\lambda_{1,2} = \frac{1}{2}\left[(\delta_{11}m_1 + \delta_{22}m_2) \pm \sqrt{(\delta_{11}m_1 + \delta_{22}m_2)^2 - 4(\delta_{11}\delta_{22} - \delta_{12}\delta_{21})m_1m_2}\right] \tag{8-69}$$

于是,自振频率为

$$\omega_1 = \frac{1}{\sqrt{\lambda_1}}, \omega_2 = \frac{1}{\sqrt{\lambda_2}} \tag{8-70}$$

将自振频率代入振型方程,得振型

$$\frac{Y_{11}}{Y_{21}} = -\frac{\delta_{12}m_2}{\delta_{11}m_1 - \dfrac{1}{\omega_1^2}}, \quad \frac{Y_{12}}{Y_{22}} = -\frac{\delta_{12}m_2}{\delta_{11}m_1 - \dfrac{1}{\omega_2^2}} \tag{8-71}$$

例题 8-9 试求图 8-38(a)所示体系的自振频率和振型。已知:$m_1 = m_2 = m$。

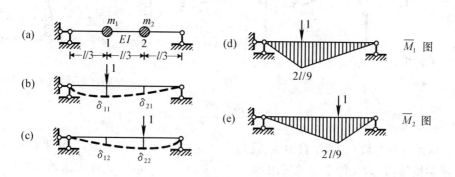

图 8-38

解 先求柔度系数。为此作单位弯矩图,如图 8-38(d)、(e)所示。由图乘法求得柔度系数为

$$\delta_{11} = \delta_{22} = \frac{4l^3}{243EI}, \quad \delta_{12} = \delta_{21} = \frac{7l^3}{486EI}$$

将柔度系数、质量代入式(8-69),得

$$\lambda_1 = (\delta_{11} + \delta_{12})m = \frac{15ml^3}{486EI}, \quad \lambda_2 = (\delta_{11} - \delta_{12})m = \frac{ml^3}{486EI}$$

由式(8-70)得自振频率为

$$\omega_1 = \frac{1}{\sqrt{\lambda_1}} = 5.69\sqrt{\frac{EI}{ml^3}}, \quad \omega_2 = \frac{1}{\sqrt{\lambda_2}} = 22\sqrt{\frac{EI}{ml^3}}$$

由式(8-71),可得

$$\frac{Y_{11}}{Y_{21}} = \frac{1}{1}, \quad \frac{Y_{12}}{Y_{22}} = -\frac{1}{1}$$

作出振型如图 8-39 所示。

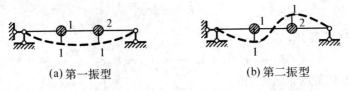

(a)第一振型   (b)第二振型

图 8-39

第一振型是对称振型,第二振型是反对称振型,产生这种结果的原因是该体系为对称体系。动力分析中,将几何形状、刚度分布、支承、质量分布对某轴对称的体系称为对称体系。对称体系的振型分成两类,一类为对称振型,另一类为反对称振型。上例中,支座不对称,但不计轴向变形使得结构在两个支座处均无水平位移,故可看成对称体系。

例题 8-10 试求图 8-40(a)所示体系的自振频率和振型。

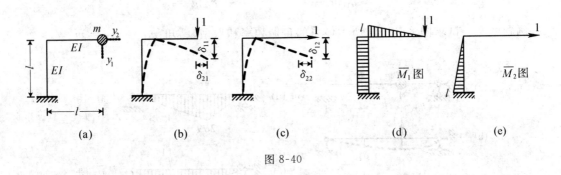

(a)   (b)   (c)   (d)   (e)

图 8-40

解 体系有一个质点,两个自由度。设质点竖向位移为 y_1,向下为正;水平位移为 y_2,向右为正。先求柔度系数。为此作单位弯矩图,如图 8-40(d)、(e)所示。由图乘法求得柔度系数为

$$\delta_{11} = \frac{4l^3}{3EI}, \quad \delta_{12} = \delta_{21} = \frac{l^3}{2EI}, \quad \delta_{22} = \frac{l^3}{3EI}$$

将柔度系数、质量代入振型方程(8-67),得

$$\left(\frac{4ml^3}{3EI} - \frac{1}{\omega^2} \right)Y_1 + \frac{ml^3}{2EI}Y_2 = 0 \left.\vphantom{\begin{array}{c}1\\1\end{array}}\right\}$$
$$\frac{ml^3}{2EI}Y_1 + \left(\frac{ml^3}{3EI} - \frac{1}{\omega^2} \right)Y_2 = 0$$

将上式各项乘以 $\dfrac{EI}{ml^3}$，得

$$\left.\begin{aligned}\left(\frac{4}{3}-\frac{EI}{ml^3\omega^2}\right)Y_1+\frac{1}{2}Y_2=0\\\frac{1}{2}Y_1+\left(\frac{1}{3}-\frac{EI}{ml^3\omega^2}\right)Y_2=0\end{aligned}\right\} \tag{a}$$

令

$$\eta=\frac{EI}{ml^3\omega^2} \tag{b}$$

代入式（a），经整理，得

$$\left.\begin{aligned}\left(\frac{4}{3}-\eta\right)Y_1+\frac{1}{2}Y_2=0\\\frac{1}{2}Y_1+\left(\frac{1}{3}-\eta\right)Y_2=0\end{aligned}\right\} \tag{c}$$

系数行列式应为零，有

$$\begin{vmatrix}\dfrac{4}{3}-\eta & \dfrac{1}{2}\\[2mm]\dfrac{1}{2} & \dfrac{1}{3}-\eta\end{vmatrix}=0$$

行列式展开，得

$$\eta^2-\frac{5}{3}\eta+\frac{7}{36}=0$$

解方程，得

$$\eta_1=1.540,\quad \eta_2=0.126$$

将 η_1、η_2 代入式（b）得自振频率，为

$$\omega_1=0.806\sqrt{\frac{EI}{ml^3}},\quad \omega_2=2.815\sqrt{\frac{EI}{nl^3}}$$

将 η_1、η_2 分别代入式（c）中的第一式（或第二式），得振型为

$$\frac{Y_{11}}{Y_{21}}=2.414,\quad \frac{Y_{12}}{Y_{22}}=-0.414$$

振型图如图 8-41 所示。

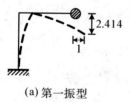

(a) 第一振型　　　　　　　　　　　(b) 第二振型

图 8-41

4. 振型的正交性

振型具有一个很重要的性质，即正交性质，在多自由度体系的动力分析中起到很关键的作

217

用。在介绍振型正交性之前,先分析一下体系按振型振动时的运动规律。

当图 8-42(a) 所示体系按第一振型振动时,体系上质点的位移为

$$y_1(t) = Y_{11}\sin(\omega_1 t + \alpha_1)$$
$$y_2(t) = Y_{21}\sin(\omega_1 t + \alpha_1)$$

质点的加速度为

$$\ddot{y}_1(t) = -\omega_1^2 Y_{11}\sin(\omega_1 t + \alpha_1)$$
$$\ddot{y}_2(t) = -\omega_1^2 Y_{21}\sin(\omega_1 t + \alpha_1)$$

质点上的惯性力为

$$F_{11}(t) = -m_1\ddot{y}_1(t) = m_1\omega_1^2 Y_{11}\sin(\omega_1 t + \alpha_1)$$
$$F_{12}(t) = -m_2\ddot{y}_2(t) = m_2\omega_1^2 Y_{21}\sin(\omega_1 t + \alpha_1)$$

可见,当质点位移达到最大值时,质点上的惯性力也达到最大值。若质点位移达到最大值时,在质点上加惯性力,则可认为此时结构处于平衡状态,如图 8-42(b) 所示。即振型可看成是将体系按振型振动时的惯性力幅值作为静荷载所引起的静位移。

第二振型也同样,如图 8-42(c) 所示。

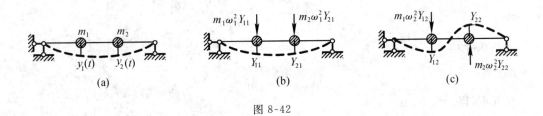

图 8-42

由虚功互等定理,状态(b) 上的外力在状态(c) 位移上做的虚功等于状态(c) 上的外力在状态(b) 位移上做的虚功,于是有

$$m_1\omega_1^2 Y_{11} \cdot Y_{12} + m_2\omega_1^2 Y_{21} \cdot Y_{22} = m_1\omega_2^2 Y_{12} \cdot Y_{11} + m_2\omega_2^2 Y_{22} \cdot Y_{21}$$

移项后,整理得

$$(\omega_1^2 - \omega_2^2)(m_1 Y_{11} Y_{12} + m_2 Y_{21} Y_{22}) = 0$$

若 $\omega_1 \neq \omega_2$,则有

$$m_1 Y_{11} Y_{12} + m_2 Y_{21} Y_{22} = 0 \tag{8-72}$$

此即振型具有的对质量正交的关系。

若将振型和质量分别用振型向量和质量矩阵表示,即

$$\boldsymbol{Y}_1 = \left\{\begin{matrix} Y_{11} \\ Y_{21} \end{matrix}\right\}, \quad \boldsymbol{Y}_2 = \left\{\begin{matrix} Y_{12} \\ Y_{22} \end{matrix}\right\}, \quad \boldsymbol{M} = \begin{bmatrix} m_1 & 0 \\ 0 & m_2 \end{bmatrix}$$

则振型对质量的正交关系式(8-72) 可以表示为

$$\left\{\begin{matrix} Y_{11} \\ Y_{21} \end{matrix}\right\}^{\mathrm{T}} \begin{bmatrix} m_1 & 0 \\ 0 & m_2 \end{bmatrix} \left\{\begin{matrix} Y_{12} \\ Y_{22} \end{matrix}\right\} = 0$$

或

$$\left\{\begin{matrix} Y_{12} \\ Y_{22} \end{matrix}\right\}^{\mathrm{T}} \begin{bmatrix} m_1 & 0 \\ 0 & m_2 \end{bmatrix} \left\{\begin{matrix} Y_{11} \\ Y_{21} \end{matrix}\right\} = 0$$

简记为

$$Y_i^{\mathrm{T}} M Y_j = 0 \qquad (i \neq j) \tag{8-73}$$

对于二自由度体系,式中的 i 和 j 为 1 和 2;对于自由度多于 2 的体系,i 和 j 为体系任意两个振型的序号。

将振型方程(8-64)写成矩阵形式

$$\begin{bmatrix} k_{11} & k_{12} \\ k_{21} & k_{22} \end{bmatrix} \begin{Bmatrix} Y_1 \\ Y_2 \end{Bmatrix} = \omega^2 \begin{bmatrix} m_1 & 0 \\ 0 & m_2 \end{bmatrix} \begin{Bmatrix} Y_1 \\ Y_2 \end{Bmatrix}$$

简记为

$$KY = \omega^2 MY$$

因为振型是从振型方程求出的,故任意振型均满足振型方程。将 j 振型代入振型方程,有

$$KY_j = \omega_j^2 MY_j$$

上式等号两端同时左乘 i 振型的转置矩阵,得

$$Y_i^{\mathrm{T}} K Y_j = \omega_j^2 Y_i^{\mathrm{T}} M Y_j$$

根据式(8-73),上式右端等于零,因此有

$$Y_i^{\mathrm{T}} K Y_j = 0 \qquad (i \neq j) \tag{8-74}$$

此为振型对刚度正交的表达式。

振型对质量、刚度的正交性质在结构动力分析中有许多应用。这里仅说明利用振型的这个性质验算振型计算的结果。

例题 8-11　验算例题 8-8 所求出的振型是否满足振型正交性条件。

解　由例题 8-8,质量矩阵、刚度矩阵及振型分别为

$$M = \begin{bmatrix} m & 0 \\ 0 & m \end{bmatrix}, \quad K = \begin{bmatrix} 4 & -1 \\ -1 & 7 \end{bmatrix} \frac{EI}{h^3}, \quad Y_1 = \begin{Bmatrix} 1 \\ 0.305 \end{Bmatrix}, \quad Y_2 = \begin{Bmatrix} -1 \\ 3.305 \end{Bmatrix}$$

验算时,根据式(8-73)、式(8-74)质量矩阵中各元素的公因子可提出消去,刚度矩阵类似。消去质量矩阵中的 m 和刚度矩阵中的 EI/h^3 后,验算如下:

$$\begin{Bmatrix} 1 \\ 0.305 \end{Bmatrix}^{\mathrm{T}} \begin{bmatrix} 1 & 0 \\ 0 & 1 \end{bmatrix} \begin{Bmatrix} -1 \\ 3.305 \end{Bmatrix} = -1 + 0.305 \times 3.305 = 0.008 \approx 0$$

$$\begin{Bmatrix} 1 \\ 0.305 \end{Bmatrix}^{\mathrm{T}} \begin{bmatrix} 4 & -1 \\ -1 & 7 \end{bmatrix} \begin{Bmatrix} -1 \\ 3.305 \end{Bmatrix} = \begin{Bmatrix} 1 \\ 0.305 \end{Bmatrix}^{\mathrm{T}} \begin{Bmatrix} -7.305 \\ 24.135 \end{Bmatrix}$$

$$= -7.305 + 0.305 \times 24.135 = 0.0561 \approx 0$$

满足正交性条件。

学习指导:通过本节内容的学习,要理解振型、频率的概念,掌握计算振型和自振频率的方法。理解振型的正交性质。请做习题:8-11 ~ 8-13,8-30 ~ 8-34,8-40 ~ 8-44。

8-5　多自由度体系在简谐荷载作用下的强迫振动

本节仅讨论结构上作用的动荷载为简谐荷载,并且结构上各简谐荷载的频率和相位相同的情况。当荷载频率远离结构自振频率时,可以不计阻尼影响。

下面分运动方程按刚度法和柔度法两种情况进行介绍。

1. 柔度法

以图 8-43(a) 所示体系为例说明。

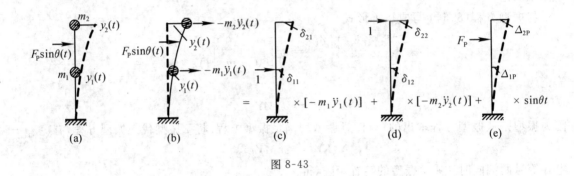

图 8-43

在体系上加惯性力后,体系在图 8-43(b) 位置上处于平衡状态。图 8-43(b) 受力等于图 8-43(c)、(d)、(e) 三种状态受力相加,其引起的位移也等于图 8-43(c)、(d)、(e) 三种状态的位移相加,即

$$\left.\begin{aligned}y_1(t) &= \delta_{11}[-m_1\ddot{y}_1(t)] + \delta_{12}[-m_2\ddot{y}_2(t)] + \Delta_{1P}\sin\theta t\\ y_2(t) &= \delta_{21}[-m_1\ddot{y}_1(t)] + \delta_{22}[-m_2\ddot{y}_2(t)] + \Delta_{2P}\sin\theta t\end{aligned}\right\} \tag{8-75}$$

与单自由度体系一样,多自由度体系在简谐荷载作用下的振动也分为过渡阶段和平稳阶段。因为过渡阶段很短,所以一般仅考虑平稳阶段的振动。设平稳阶段的质点位移为

$$\left.\begin{aligned}y_1(t) &= Y_1\sin\theta t\\ y_2(t) &= Y_2\sin\theta t\end{aligned}\right\} \tag{8-76}$$

将式(8-76) 代入方程(8-75),消去公因子 $\sin\theta t$ 后,得

$$\left.\begin{aligned}(m_1\theta^2\delta_{11}-1)Y_1 + m_2\theta^2\delta_{12}Y_2 + \Delta_{1P} &= 0\\ m_1\theta^2\delta_{21}Y_1 + (m_2\theta^2\delta_{22}-1)Y_2 + \Delta_{2P} &= 0\end{aligned}\right\} \tag{8-77}$$

这是以质点位移幅值为未知量的二元一次方程组,解方程组得质点振幅为

$$Y_1 = \frac{D_1}{D_0}, \quad Y_2 = \frac{D_2}{D_0} \tag{8-78}$$

式中:

$$D_0 = \begin{vmatrix} m_1\delta_{11}-1/\theta^2 & m_2\delta_{12} \\ m_1\delta_{21} & m_2\delta_{22}-1/\theta^2 \end{vmatrix} \tag{8-79a}$$

$$D_1 = \begin{vmatrix} -\Delta_{1P}/\theta^2 & m_2\delta_{12} \\ -\Delta_{2P}/\theta^2 & m_2\delta_{22}-1/\theta^2 \end{vmatrix} \tag{8-79b}$$

$$D_2 = \begin{vmatrix} m_1\delta_{11}-1/\theta^2 & -\Delta_{1P}/\theta^2 \\ m_1\delta_{21} & -\Delta_{2P}/\theta^2 \end{vmatrix} \tag{8-79c}$$

根据式(8-76) ~ 式(8-79),得出下面几点结论:

(1) 平稳阶段,体系按荷载频率作简谐振动。

(2) 当 $\theta \to 0$ 时,由式(8-77) 得

$$Y_1 \to \Delta_{1P}, \quad Y_2 \to \Delta_{2P}$$

Δ_{1P}、Δ_{2P} 为荷载幅值作为静荷载所引起的质点位移(见图 8-43(e))。这时可将动荷载按静荷载计算。

(3) 当 $\theta \to \infty$ 时,由式(8-79)得

$$D_1 \to 0, \quad D_2 \to 0$$

而 D_0 为常数,式(8-78)得

$$Y_1 \to 0 \quad Y_2 \to 0$$

(4) 当 $\theta \to \omega_1$ 或 $\theta \to \omega_2$ 时,将 D_0 表达式(8-79a)与式(8-68)比较可知

$$D_0 \to 0$$

因此

$$Y_1 \to \infty, \quad Y_2 \to \infty$$

一般情况下,荷载频率与任意一个自振频率相等或靠近均会引起共振。N 自由度体系有 N 个频率,就会有 N 个共振区。

以上结论与单自由度体系受简谐荷载作用的情况基本相同。

计算振幅时可以利用式(8-78)、式(8-79),也可以直接解方程(8-77)。

例题 8-12　试求图 8-44(a) 所示体系的稳态振幅。已知:$m_1 = m_2 = m$,$\theta = 0.6\omega_1$。

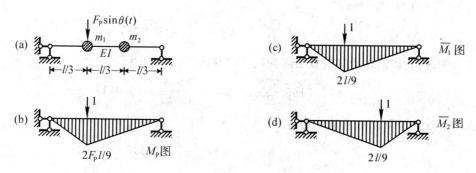

图 8-44

解　(1) 计算柔度系数

在例题 8-9 中已求得柔度系数和基本频率如下:

$$\delta_{11} = \delta_{22} = \frac{4l^3}{243EI}, \quad \delta_{12} = \delta_{21} = \frac{7l^3}{486EI}, \quad \omega_1 = 5.69\sqrt{\frac{EI}{ml^3}}$$

所以荷载频率为

$$\theta = 0.6\omega_1 = 3.414\sqrt{\frac{EI}{ml^3}}$$

(2) 计算荷载幅值引起的静位移

由柔度系数可求得荷载幅值作为静荷载所引起的位移为

$$\Delta_{1P} = F_P\delta_{11} = \frac{4F_Pl^3}{243EI}, \quad \Delta_{2P} = F_P\delta_{21} = \frac{7F_Pl^3}{486EI}$$

(3) 计算振幅

将柔度系数等代入式(8-77),整理得

$$-0.0693I_1 + 0.0144I_2 + 0.0165F_P = 0 \atop 0.0144I_1 - 0.0693I_2 + 0.0144F_P = 0 \Bigg\}$$ (a)

式中：

$$I_1 = m_1\theta^2Y_1, \quad I_2 = m_2\theta^2Y_2$$ (b)

为惯性力幅值。解方程(a)，得

$$I_1 = 0.2936F_P, \quad I_2 = 0.2689F_P$$

将其代入式(b)，得振幅

$$Y_1 = 0.0251\frac{F_Pl^3}{EI}, \quad Y_2 = 0.0230\frac{F_Pl^3}{EI}$$

若用式(8-78)、式(8-79)计算振幅，计算过程为：

(1) 计算 D_0、D_1、D_2

按式(8-79)计算，得

$$D_0 = 0.0046\left(\frac{ml^3}{EI}\right)^2, \quad D_1 = 0.000116F_Pm^2\left(\frac{l^3}{EI}\right)^3, \quad D_2 = 0.000106F_Pm^2\left(\frac{l^3}{EI}\right)^3$$

(2) 计算振幅

按式(8-78)计算，得振幅为

$$Y_1 = \frac{D_1}{D_0} = 0.0251\frac{F_Pl^3}{EI}, \quad Y_2 = \frac{D_2}{D_0} = 0.0230\frac{F_Pl^3}{EI}$$

对于本例，荷载幅值作为静荷载引起的质点位移为

$$\Delta_{1P} = \frac{4F_Pl^3}{243EI} = 0.0165\frac{F_Pl^3}{EI}, \quad \Delta_{2P} = \frac{7F_Pl^3}{486EI} = 0.0144\frac{F_Pl^3}{EI}$$

质点1、2处的位移动力系数分别为

$$\beta_1 = \frac{Y_1}{\Delta_{1P}} = 1.521, \quad \beta_2 = \frac{Y_2}{\Delta_{2P}} = 1.597$$

可见，简谐荷载作用下的多自由度体系不存在统一的动力系数。

2. 刚度法

以图 8-45 所示体系为例说明。体系受简谐荷载作用，即

$$F_{P1}(t) = F_{P1}\sin\theta t, \quad F_{P2}(t) = F_{P2}\sin\theta t$$

用刚度法建立此体系的自由振动方程已在上节讨论过，此体系强迫振动运动方程只需将自由振动方程(8-51)中的惯性力换成动荷载与惯性力的和即可，即

$$F_{P1}\sin\theta t - m_1\ddot{y}_1(t) = k_{11}y_1(t) + k_{12}y_2(t) \atop F_{P2}\sin\theta t - m_2\ddot{y}_2(t) = k_{21}y_1(t) + k_{22}y_2(t) \Bigg\}$$ (8-80)

设质点平稳阶段的位移为

$$y_1(t) = Y_1\sin\theta t \atop y_2(t) = Y_2\sin\theta t \Bigg\}$$

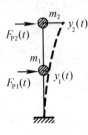

图 8-45

代入方程(8-80)，消去公因子 $\sin\theta t$ 后，得

$$
\left.\begin{array}{r}
(k_{11} - \theta^2 m_1)Y_1 + k_{12}Y_2 = F_{P1} \\
k_{21}Y_1 + (k_{22} - \theta^2 m_2)Y_2 = F_{P2}
\end{array}\right\}
\tag{8-81}
$$

解方程,得

$$
Y_1 = \frac{D_1}{D_0}, \quad Y_2 = \frac{D_2}{D_0}
\tag{8-82}
$$

式中:

$$
\left.\begin{array}{l}
D_0 = (k_{11} - \theta^2 m_1)(k_{22} - \theta^2 m_2) - k_{12}k_{21} \\
D_1 = (k_{22} - \theta^2 m_2)F_{P1} - k_{12}F_{P2} \\
D_2 = (k_{11} - \theta^2 m_1)F_{P2} - k_{21}F_{P1}
\end{array}\right\}
\tag{8-83}
$$

例题 8-13 试求图 8-46(a) 所示体系的稳态振幅。已知:$m_1 = m_2 = m, \theta = 2\sqrt{\dfrac{EI}{mh^3}}$。

解 (1)计算刚度系数

在例题 8-7 中已求出该体系的刚度系数如下:

$$
k_{11} = 48EI/h^3, \quad k_{12} = k_{21} = -24EI/h^3, \quad k_{22} = 24EI/h^3
$$

(2)计算 $D_0 \setminus D_1 \setminus D_2$

荷载幅值为

$$
F_{P1} = F_P, F_{P2} = 0
$$

将荷载幅值、荷载频率、刚度系数代入式(8-83),得

$$
D_0 = 304\left(\frac{EI}{h^3}\right)^2, \quad D_1 = 20F_P\frac{EI}{h^3}, \quad D_2 = 24F_P\frac{EI}{h^3}
$$

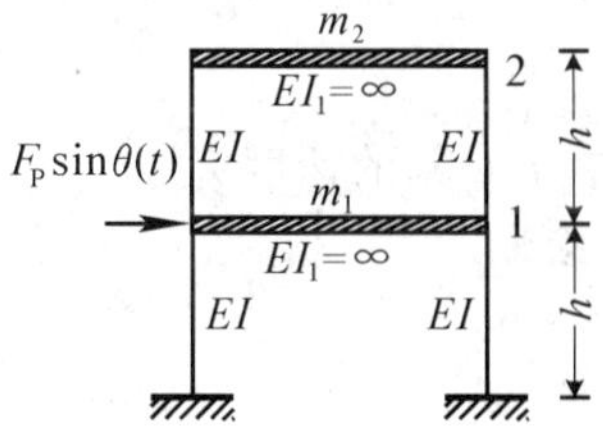

(3)计算振幅

由式(8-82)算得

$$
Y_1 = \frac{D_1}{D_0} = 0.0658\frac{F_P l^3}{EI}, \quad Y_2 = \frac{D_2}{D_0} = 0.0789\frac{F_P l^3}{EI}
$$

图 8-46

计算时可以不利用式(8-82)、式(8-83),直接解方程(8-81) 即可。

学习指导:通过本节内容的学习,要了解简谐荷载作用下平稳阶段的振动规律,会计算稳态振幅。请做习题:8-14,8-35,8-45,8-46。

8-6 用能量法计算结构的基本频率

8-4 节中所介绍的求体系自振频率和振型方法是求体系所有振型和频率的精确方法,当自由度很多时计算工作量很大。在实际工程中,一般并不需要求所有自振频率和振型,有时只要一批,有时只要前两三个,甚至只要一个基本频率就够了。如在结构抗震设计中,确定有些结构的抗震作用时只需要结构的基本周期。计算结构前若干阶自振频率和振型有许多实用方法,本节仅介绍用能量法计算结构的基本频率。

计算结构的自振频率和振型时不计阻尼,那么结构按振型做自由振动时无能量损失,振动过程中的能量保持不变,即能量守恒。根据能量守恒可以推出计算频率的计算公式。

设图 8-47(a) 所示体系按振型 1 做自由振动,那么质点在 t 时刻的位移为

$$
\left.\begin{array}{l}
y_1(t) = Y_{11}\sin(\omega_1 t + \alpha_1) \\
y_2(t) = Y_{21}\sin(\omega_1 t + \alpha_1)
\end{array}\right\}
\tag{8-84}
$$

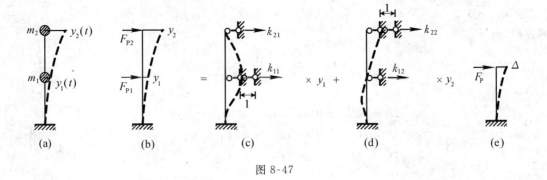

图 8-47

或用矩阵表示为

$$\begin{Bmatrix} y_1(t) \\ y_2(t) \end{Bmatrix} = \begin{Bmatrix} Y_{11} \\ Y_{21} \end{Bmatrix} \sin(\omega_1 t + \alpha_1)$$

简记为

$$\boldsymbol{y} = \boldsymbol{Y}_1 \sin(\omega_1 t + \alpha_1)$$

质点在 t 时刻的速度为

$$\left. \begin{aligned} \dot{y}_1(t) &= Y_{11}\omega_1\cos(\omega_1 t + \alpha_1) \\ \dot{y}_2(t) &= Y_{21}\omega_1\cos(\omega_1 t + \alpha_1) \end{aligned} \right\}$$

或

$$\dot{\boldsymbol{y}} = \boldsymbol{Y}_1 \omega_1 \sin(\omega_1 t + \alpha_1)$$

体系在 t 时刻的动能 $T(t)$ 等于各质量动能之和,即

$$T(t) = \frac{1}{2}m_1\left[Y_{11}\omega_1\cos(\omega_1 t + \alpha_1)\right]^2 + \frac{1}{2}m_2\left[Y_{21}\omega_1\cos(\omega_1 t + \alpha_1)\right]^2$$

$$= \frac{1}{2}(m_1 Y_{11}^2 + m_2 Y_{21}^2)\omega_1^2\cos^2(\omega_1 t + \alpha_1)$$

或

$$T(t) = \frac{1}{2}\boldsymbol{Y}_1^{\mathrm{T}}\boldsymbol{M}\boldsymbol{Y}_1\omega_1^2\cos^2(\omega_1 t + \alpha_1)$$

式中:$\boldsymbol{M}$ 为质量矩阵。

下面计算体系在 t 时刻的弹性势能。

图 8-47(e) 所示结构在静荷载 F_P 作用下,产生位移 Δ。结构中的弹性势能 U 等于外力所做的实功,即

$$U = \frac{1}{2}F_P\Delta$$

当结构上有两个外力作用时,如图 8-47(b) 所示,结构的弹性势能等于这两个外力做的实功,即

$$U = \frac{1}{2}F_{P1}y_1 + \frac{1}{2}F_{P2}y_2 = \frac{1}{2}\begin{bmatrix} y_1 & y_2 \end{bmatrix}\begin{Bmatrix} F_{P1} \\ F_{P2} \end{Bmatrix} \tag{8-85}$$

由图 8-47(b)、(c)、(d) 可见,引起位移 y_1、y_2 的力 F_{P1}、F_{P2} 可用刚度系数表示,即

224

$$F_{P1} = k_{11}y_1 + k_{12}y_2$$
$$F_{P2} = k_{21}y_1 + k_{22}y_2$$

用矩阵表示为

$$\left\{\begin{matrix} F_{P1} \\ F_{P2} \end{matrix}\right\} = \begin{bmatrix} k_{11} & k_{12} \\ k_{21} & k_{22} \end{bmatrix} \left\{\begin{matrix} y_1 \\ y_2 \end{matrix}\right\}$$

将上式代入式(8-85),可得

$$U = \frac{1}{2}\left\{\begin{matrix} y_1 \\ y_2 \end{matrix}\right\}^{\mathrm{T}} \begin{bmatrix} k_{11} & k_{12} \\ k_{21} & k_{22} \end{bmatrix} \left\{\begin{matrix} y_1 \\ y_2 \end{matrix}\right\}$$

体系在 t 时刻的位移由式(8-84)确定,则体系在 t 时刻的势能 $U(t)$ 为

$$U(t) = \frac{1}{2}\left\{\begin{matrix} y_1(t) \\ y_2(t) \end{matrix}\right\}^{\mathrm{T}} \begin{bmatrix} k_{11} & k_{12} \\ k_{21} & k_{22} \end{bmatrix} \left\{\begin{matrix} y_1(t) \\ y_2(t) \end{matrix}\right\}$$

将式(8-84)代入上式,得

$$U(t) = \frac{1}{2}\left\{\begin{matrix} Y_{11} \\ Y_{21} \end{matrix}\right\}^{\mathrm{T}} \begin{bmatrix} k_{11} & k_{12} \\ k_{21} & k_{22} \end{bmatrix} \left\{\begin{matrix} Y_{11} \\ Y_{21} \end{matrix}\right\} \sin^2(\omega_1 t + \alpha_1)$$

或

$$U(t) = \frac{1}{2}\boldsymbol{Y}_1^{\mathrm{T}}\boldsymbol{K}\boldsymbol{Y}_1 \cos^2(\omega_1 t + \alpha_1)$$

由能量守恒,最大动能等于最大势能,即

$$U_{\max} = T_{\max}$$

结构的最大动能和最大势能分别为

$$T_{\max} = \frac{1}{2}\boldsymbol{Y}_1^{\mathrm{T}}\boldsymbol{M}\boldsymbol{Y}_1\omega_1^2, \quad U_{\max} = \frac{1}{2}\boldsymbol{Y}_1^{\mathrm{T}}\boldsymbol{K}\boldsymbol{Y}_1$$

因此有

$$\boldsymbol{Y}_1^{\mathrm{T}}\boldsymbol{M}\boldsymbol{Y}_1\omega_1^2 = \boldsymbol{Y}_1^{\mathrm{T}}\boldsymbol{K}\boldsymbol{Y}_1$$

即

$$\omega_1^2 = \frac{\boldsymbol{Y}_1^{\mathrm{T}}\boldsymbol{K}\boldsymbol{Y}_1}{\boldsymbol{Y}_1^{\mathrm{T}}\boldsymbol{M}\boldsymbol{Y}_1} \tag{8-86a}$$

或写成

$$\omega_1^2 = \frac{K_1}{M_1} \tag{8-86b}$$

式中:$K_1 = \boldsymbol{Y}_1^{\mathrm{T}}\boldsymbol{K}\boldsymbol{Y}_1$ 称为第一振型的广义刚度;$M_1 = \boldsymbol{Y}_1^{\mathrm{T}}\boldsymbol{M}\boldsymbol{Y}_1$ 称为第一振型的广义质量。这样,式(8-86b)就在形式上与单自由度体系频率计算公式相同。

用式(8-86)求体系基本频率需事先已知体系的基本振型,而基本振型是未知的。一般工程结构的基本振型可凭经验近似给定。通常将重力作为荷载所引起的位移作为近似的基本振型。这样通过式(8-86)算出的频率是近似的。

例题 8-14 试用能量法计算图 8-48(a) 所示体系的基本频率。已知:$m_1 = m_2 = m$。

解 刚度系数已在例题 8-7 中求出如下:

$$k_{11} = 48EI/h^3, \quad k_{12} = k_{21} = -24EI/h^3, \quad k_{22} = 24EI/h^3$$

刚度矩阵为

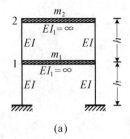 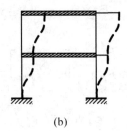 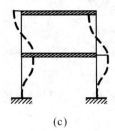

(a)　　　　　　　　　　　(b)　　　　　　　　　　(c)

图 8-48

$$K = \begin{bmatrix} k_{11} & k_{12} \\ k_{21} & k_{22} \end{bmatrix} = \begin{bmatrix} 48 & -24 \\ -24 & 24 \end{bmatrix}\frac{EI}{h^3}$$

质量矩阵为

$$M = \begin{bmatrix} m_1 & 0 \\ 0 & m_2 \end{bmatrix} = \begin{bmatrix} 1 & 0 \\ 0 & 1 \end{bmatrix}m$$

结构为二自由度体系,有两个振型,大致形状如图 8-48(b)、(c) 所示。基本振型是各振型中最容易激起的振动形状,因此基本振型应为图 8-48(b)。假设基本振型为

$$Y_1 = \begin{Bmatrix} Y_{11} \\ Y_{21} \end{Bmatrix} = \begin{Bmatrix} 1 \\ 2 \end{Bmatrix}$$

据此算出体系的广义刚度为

$$K_1 = Y_1^{\mathrm{T}} K Y_1 = \begin{bmatrix} 1 & 2 \end{bmatrix} \begin{bmatrix} 48 & -24 \\ -24 & 24 \end{bmatrix}\frac{EI}{h^3} \begin{Bmatrix} 1 \\ 2 \end{Bmatrix} = \begin{bmatrix} 1 & 2 \end{bmatrix} \begin{Bmatrix} 0 \\ 24 \end{Bmatrix}\frac{EI}{h^3} = 48\frac{EI}{h^3}$$

体系的广义质量为

$$M_1 = Y_1^{\mathrm{T}} M Y_1 = \begin{bmatrix} 1 & 2 \end{bmatrix} \begin{bmatrix} 1 & 0 \\ 0 & 1 \end{bmatrix}m \begin{Bmatrix} 1 \\ 2 \end{Bmatrix} = \begin{bmatrix} 1 & 2 \end{bmatrix} \begin{Bmatrix} 1 \\ 2 \end{Bmatrix}m = 5m$$

由式(8-86)得

$$\omega_1^2 = \frac{K_1}{M_1} = \frac{48}{5}\frac{EI}{mh^3}$$

开平方,得结构基本频率的近似值为

$$\omega_1 = 3.098\sqrt{\frac{EI}{mh^3}}$$

在例题 8-7 中算得的精确解为 $\omega_1 = 3.028\sqrt{\dfrac{EI}{mh^3}}$,近似解的误差为 $+2.3\%$。

用能量法也可计算无限自由度体系的基本频率。无限自由度体系具有无穷多个自振频率和振型,每一个振型均是体系按自振频率做自由振动时杆件的弹性变形曲线,用杆件截面位置 x 的函数表示,称为振型函数。设体系按基本振型做自由振动时的位移为

$$y(x,t) = Y_1(x)\sin(\omega_1 t + \alpha_1)$$

式中:$Y_1(x)$ 为结构的基本振型。按照与本节前面类似的分析,可得

226

$$\omega_1^2 = \frac{\int_0^l EI[Y''_1(x)]^2\, \mathrm{d}x}{\int_0^l \overline{m}[Y_1(x)]^2\, \mathrm{d}x} \tag{8-87}$$

利用此式求体系基本频率时需假设基本振型的形状。所假设的基本振型形状要满足位移边界条件,通常采用自重引起的弹性变形曲线,这样的曲线一定满足位移边界条件。

例题 8-15 试用能量法计算图 8-49(a) 所示体系的基本频率。

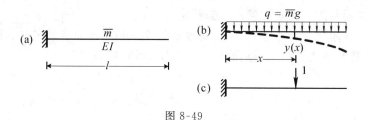

图 8-49

解 取图 8-49(b) 所示的自重引起的弹性曲线作为假设的基本振型。作出图 8-49(b)、(c) 两种情况的弯矩图,图乘得

$$y(x) = \frac{\overline{m}gl^2x^2}{24EI}\left(6 - \frac{4}{l}x + \frac{1}{l^2}x^2\right)$$

取

$$Y_1(x) = x^2\left(6 - \frac{4}{l}x + \frac{1}{l^2}x^2\right)$$

代入式(8-87),得

$$\omega_1 = 3.529\sqrt{\frac{EI}{ml^4}}$$

精确解为 $\omega_1 = 3.515\sqrt{\dfrac{EI}{ml^4}}$,误差为 $+0.4\%$。

图 8-49(a) 所示体系的前三阶振型如图 8-50 所示,可见基本振型是最容易发生的振动形状。现取与基本振型相近的函数

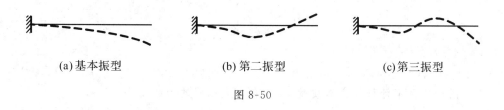

(a)基本振型   (b)第二振型   (c)第三振型

图 8-50

$$y(x) = 1 - \cos\frac{\pi}{2l}x$$

在支座处有

$$y(0) = 0, \quad y'(0) = 0$$

满足固定端支座处截面的位移和转角均为零的条件,可作为假设振型,即

$$Y_1(x) = 1 - \cos\frac{\pi}{2l}x$$

将其代入式(8-87),得

$$\omega_1 = 3.68\sqrt{\frac{EI}{ml^4}}$$

误差为 $+4.7\%$。

从以上几个算例中可发现,用能量法算出的基本频率近似值均比实际的大一些。这不是偶然的,是由方法本身决定的,是可以证明的。因为证明过程要用到振型线性无关定理等知识,超出了要求,故不做进一步说明,感兴趣的读者可参考其他书籍。如果所选函数正是体系的真实振型,则用能量法得到的一定是精确的自振频率。

学习指导:通过本节内容的学习,了解能量法计算结构基本频率的方法、特点,理解能量法计算基本频率的计算公式。请做习题:8-15,8-16,8-17,8-47,8-48。

习 题 8

一、选择题

8-1 体系的动力自由度是指( )。

A. 体系中独立的质点位移个数

B. 体系中结点的个数

C. 体系中质点的个数

D. 体系中独立的结点位移的个数

8-2 下列说法中错误的是( )。

A. 质点是一个具有质量的几何点

B. 大小、方向作用点随时间变化的荷载均为动荷载

C. 阻尼是耗散能量的作用

D. 加在质点上的惯性力,对质点来说并不存在

8-3 图示体系 $EI =$ 常数,不计杆件分布质量,动力自由度相同的为( )。

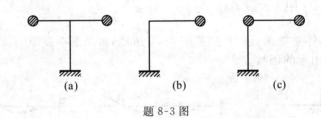

(a)   (b)   (c)

题 8-3 图

A. (a)、(b)、(c)   B. (a)、(b)   C. (b)、(c)   D. (a)、(c)

8-4 图示体系不计杆件分布质量,动力自由度相同的为( )。

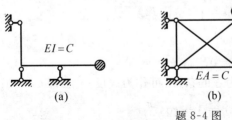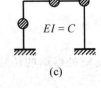

(a)   (b)   (c)

题 8-4 图

A. (a)、(b)、(c)　　　　　B. (a)、(b)　　　　　C. (b)、(c)　　　　　D. (a)、(c)

8-5　若要提高单自由度体系的自振频率,需要(　　　)。

A. 增大体系的刚度　　　　　　　　　　B. 增大体系的质量

C. 增大体系的初速度　　　　　　　　　D. 增大体系的初位移

8-6　不计阻尼影响时,下面说法中错误的是(　　　)。

A. 自振周期与初位移、初速度无关

B. 自由振动中,当质点位移最大时,质点速度为零

C. 自由振动中,质点位移与惯性力同时达到最大值

D. 自由振动的振幅与质量、刚度无关

8-7　若结构的自振周期为 T,当受动荷载 $F_P(t) = F_0 \sin\theta t$ 作用时,其自振周期 T(　　　)。

A. 将延长　　　　　　　　　　　　　　B. 将缩短

C. 不变　　　　　　　　　　　　　　　D. 与荷载频率 θ 的大小有关

8-8　若图(a)、(b) 和(c) 所示体系的自振周期分别为 T_a、T_b 和 T_c,则它们的关系为
(　　　)。

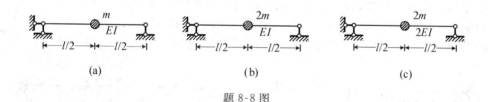

题 8-8 图

A. $T_a > T_b > T_c$　　　　　　　　　　B. $T_a > T_c > T_b$

C. $T_a < T_c < T_b$　　　　　　　　　　D. $T_a = T_c < T_b$

8-9　振幅计算公式 $A = y_{st}\beta$ 中的 y_{st} 为(　　　)。

A. 结构上的静荷载引起的位移　　　　　B. 动荷载幅值作为静荷载引起的位移

C. 惯性力幅值引起的位移　　　　　　　D. 结构上的动荷载引起的位移

8-10　对于简谐荷载作用情况,下面说法正确的是(　　　)。

A. 动力系数一定大于 1

B. 计阻尼时的动力系数比不计阻尼时的大

C. 动力系数等于振幅除以荷载幅值作为静荷载引起的静位移

D. 增大频比会使动力系数减小

8-11　多自由度体系的自振频率和振型取决于(　　　)。

A. 体系的初位移　　　　　　　　　　　B. 体系的初速度

C. 体系的初位移和初速度　　　　　　　D. 体系的质量和刚度

8-12　下面说法中,正确的一项是(　　　)。

A. 与单自由度体系一样,多自由度体系中也有这样的关系 $k_{11} = 1/\delta_{11}$

B. 对称体系的振型均为对称振型

C. 按振型作自由振动时,各质点速度的比值与各质点位移的比值相同

D. 多自由度体系做自由振动时,各质点的位移比值不随时间变化

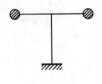

题 8-13 图

8-13　图示对称体系有（　　　）

A. 一个对称振型和一个反对称振型

B. 一个对称振型和两个反对称振型

C. 两个对称振型和一个反对称振型

D. 两个对称振型和两个反对称振型

8-14　下面说法中,错误的一项是（　　　）。

A. 两个自由度体系有两个发生共振的可能状态

B. 受同频同相位的简谐荷载作用的多自由度体系（不计阻尼）,在平稳阶段动荷载与位移同时达到幅值

C. 分析多自由度体系在简谐荷载作用下的动力反应时可不计阻尼影响

D. 简谐荷载作用下,多自由度体系上各点的位移动力系数不同

8-15　下面说法中,错误的一项是（　　　）。

A. 能量法得到的基本频率一定大于或等于基本频率的精确值

B. 用满足位移边界条件的位移函数代入能量法求基频的公式中一定会得到基频的近似值

C. 能量法是基于能量守恒原理得到的

D. 若已知体系的振型,由能量法公式可求自振频率的精确解

8-16　图示简支梁,质量分布集度为 $\overline{m}$,抗弯刚度为 EI,跨度为 l。基本振型为（　　　）。

A. 图(a)　　　　B. 图(b)　　　　C. 图(c)　　　　D. 图(d)

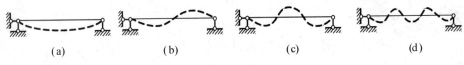

(a)　　　　　　(b)　　　　　　(c)　　　　　　(d)

题 8-16 图

8-17　若求题 8-16 中简支梁的基本频率,应选用的位移函数为（　　　）。

A. $1-\cos\dfrac{\pi}{2l}x$　　　　B. $\cos\dfrac{\pi}{l}x$　　　　C. $\sin\dfrac{\pi}{2l}x$　　　　D. $\sin\dfrac{\pi}{l}x$

二、填充题

8-18　在动荷载作用下,_____力不容忽视,内力和位移是_____的函数。

8-19　一台转速为 300r/min 的机器,开动时对结构的作用相当于一个简谐荷载 $F_P(t)=F_0\sin\theta t$,荷载频率为_____。

8-20　图示体系的刚度系数为_____。

8-21　质量为 m,刚度系数为 k 的单自由度体系,初位移 y_0 引起的自由振动（不计阻尼）的振幅为_____。

8-22　图示体系竖向振动的自振频率为_____。

8-23　图示体系的自振频率为_____。

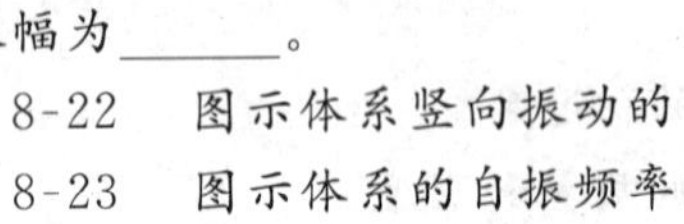

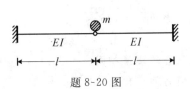

题 8-20 图

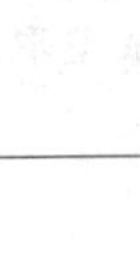

题 8-22 图

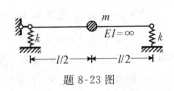

题 8-23 图

8-24 已知图示体系中的弹簧刚度系数 $k = 3EI/l^3$，体系的自振周期为_____。

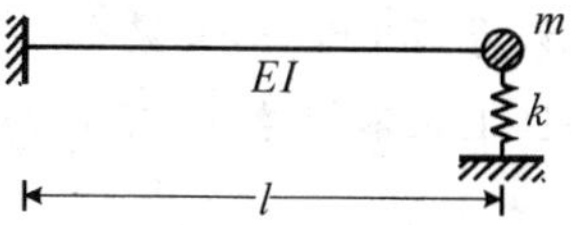

题 8-24 图 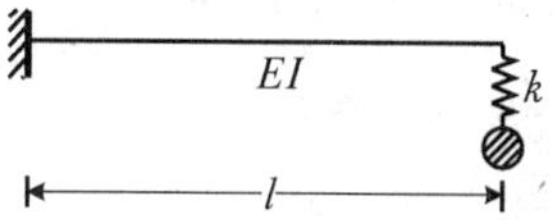   题 8-25 图

8-25 已知图示体系中的弹簧刚度系数 $k = 3EI/l^3$，体系竖向振动的自振周期为_____。

8-26 阻尼对单自由度体系自由振动的_____影响小，可以不计阻尼；对_____影响较大。

8-27 图示体系受静力荷载 F_P 作用。当荷载被突然撤去时，结构开始振动。若不计阻尼，则质点的振幅为_____。

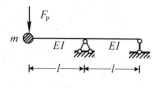

题 8-27 图

8-28 某单自由度体系受简谐荷载作用，已知荷载频率为结构自振频率的0.5倍，不计阻尼时的动力系数为_____。

8-29 简谐荷载作用时，阻尼在_____情况下对动力系数的影响不容忽视。

8-30 体系按振型作自由振动时，各质点的振动频率_____，各质点振幅_____。

8-31 振型对质量正交的表达式为_____；对刚度正交的表达式为_____。

8-32 刚度矩阵与柔度矩阵的关系为_____。

8-33 体系按某一振型作自由振动时，各质点位移的大小、方向均随_____变化，但它们的_____不变。

8-34 图示体系的质量矩阵为_____。

8-35 简谐荷载作用下，体系的平稳振动阶段是指_____。

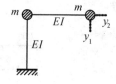

题 8-34 图

三、计算题

8-36 试求图示体系的自振频率和自振周期。

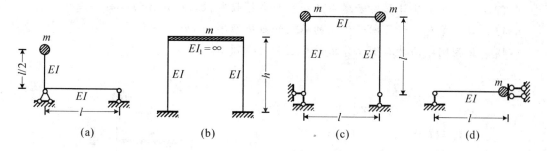

(a)   (b)   (c)   (d)

题 8-36 图

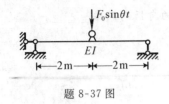

题 8-37 图

8-37　图示简支梁上装有一台重量为 35kN 的电机,电机开动时产生的离心力在竖向的分力为 $F_P(t) = F_0 \sin\theta t$。已知: $F_0 = 10$kN,电机转速为 500r/min;梁的惯性矩 $I = 8800$cm^4,弹性模量 $E = 21$GPa。不计梁重,不计阻尼,试求梁的振幅和最大动弯矩。

8-38　在图示结构的梁上装有电机,试求电机开动时柱端最大水平位移和最大柱端弯矩。已知:集中于梁上的结构重量(包括梁、电机以及柱的一部分)为 $W = 20$kN, $F_0 = 250$N,电机转速 $n = 550$r/min,柱子的线刚度 $i = 5.88 \times 10^8$N·cm。不计阻尼。

题 8-38 图　　　　　　　　　题 8-39 图

8-39　图示结构受简谐荷载 $F_P(t) = F_0 \sin\theta t$ 作用。已知: $m = 300$kg, $EI = 9.0 \times 10^3$kN·m^2, $F_0 = 20$kN, $\theta = 80$s^{-1}。试求:(1)$\xi = 0$,(2)$\xi = 0.05$ 时平稳阶段质点的最大位移及最大动弯矩图。

8-40　试用柔度法计算图示体系的振型和自振频率。已知: $l = 1$m, $m_1 = m_2 = m$, $mg = 1$kN, $I = 68.82$cm^4, $E = 2 \times 10^5$MPa。

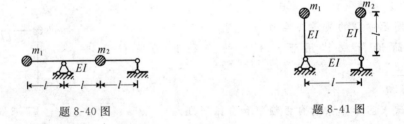

题 8-40 图　　　　　　　　　题 8-41 图

8-41　试用柔度法计算图示体系的振型和自振频率。已知: $m_1 = m$, $m_2 = 2m$。

8-42　试用柔度法计算图示体系的振型和自振频率。

8-43　试用刚度法计算图示体系的振型和自振频率。

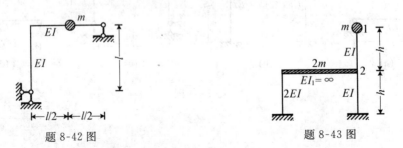

题 8-42 图　　　　　　　　　题 8-43 图

8-44　试求图示体系的振型和自振频率。已知体系的柔度矩阵为 $\begin{bmatrix} 5/84 & 0 \\ 0 & 1/96 \end{bmatrix} \dfrac{l^3}{EI}$。

题 8-44 图　　　　　　　　　　题 8-45 图

8-45　图示悬臂梁的长度为 3m，惯性矩 $I = 2.4 \times 10^4\,\mathrm{cm}^4$，弹性模量 $E = 2.1 \times 10^4\,\mathrm{kN/cm}^2$。梁上装有两台电机，重量均为 30kN，转速为 300r/min，产生的离心力为 $F_0 = 5\mathrm{kN}$。试求当只有电机 2 运转时的稳态振幅。不计梁重，不计阻尼。

8-46　图示两层框架结构，已知：$m_1 = 100\mathrm{t}$，$m_2 = 120\mathrm{t}$，柱的线刚度 $i_1 = 14\mathrm{MN \cdot m}$，$i_2 = 20\mathrm{MN \cdot m}$。荷载幅值 $F_0 = 5\mathrm{kN}$，机器转速为 150r/min，试求楼层最大位移。

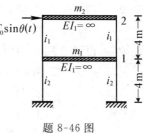

题 8-46 图

8-47　试用能量法计算例题 8-8 中结构的基本频率。

8-48　另选位移函数重做例题 8-15。

【参考答案】

8-1　A　　　8-2　B

8-3　C　(a)3;(b)2;(c)2　　　8-4　C　(a)2;(b)2;(c)3

8-5　A　　8-6　D　　8-7　C　　8-8　D　　8-9　B　　8-10　C　　8-11　D

8-12　C　　8-13　B　　8-14　C　　8-15　B　　8-16　A　　8-17　D

8-18　惯性，时间　　8-19　31.4rad/s　　8-20　$6EI/l^3$　　8-21　y_0

8-22　$\sqrt{\dfrac{k_1 k_2}{m(k_1 + k_2)}}$　　8-23　$\sqrt{2k/m}$　　8-24　$2\pi\sqrt{\dfrac{ml^3}{6EI}}$　　8-25　$2\pi\sqrt{\dfrac{2ml^3}{3EI}}$

8-26　自振周期、频率、振幅

8-27　$\dfrac{2F_{\mathrm{P}}l^3}{3EI}$　　8-28　4/3

8-29　共振或频比接近 1

8-30　相同，比值不变

8-31　$\mathbf{Y}_i^{\mathrm{T}}\mathbf{M}\mathbf{Y}_j = 0$　$(i \neq j)$，$\mathbf{Y}_i^{\mathrm{T}}\mathbf{K}\mathbf{Y}_j = 0 (i \neq j)$

8-32　$\mathbf{k}\boldsymbol{\delta} = \mathbf{I}$

8-33　时间，比值

8-34　$\begin{bmatrix} m & 0 \\ 0 & 2m \end{bmatrix}$

8-35　按荷载频率振动的阶段

8-36　(a) $\omega = \sqrt{\dfrac{8EI}{ml^3}}$，$T = 2\pi\sqrt{\dfrac{ml^3}{8EI}}$

$$(b)\ \omega = \sqrt{\frac{24EI}{mh^3}},\ T = 2\pi\sqrt{\frac{mh^3}{24EI}}$$

$$(c)\ \omega = \sqrt{\frac{3EI}{4ml^3}},\ T = 2\pi\sqrt{\frac{4ml^3}{3EI}}$$

$$(d)\ \omega = \sqrt{\frac{3EI}{ml^3}},\ T = 2\pi\sqrt{\frac{ml^3}{3EI}}$$

8-37 $\delta = 7.215 \times 10^{-7}\,\mathrm{m/N}, \omega^2 = 388/\mathrm{s}^2$,

       $\theta^2 = 2738.78/\mathrm{s}^2, A = 1.19 \times 10^{-3}\,\mathrm{m}$,

       $M = 1.65\mathrm{kN \cdot m}$(注意:质量 $m = W/g$)

8-38 $k = 3.92 \times 10^6\,\mathrm{N/m}, \omega^2 = 1.92 \times 10^3/\mathrm{s}^2, \theta^2 = 3314/\mathrm{s}^2, A = 87.82 \times 10^{-6}\,\mathrm{m}, M =$

       $516.4\mathrm{N \cdot m}$

8-39   (1) $A = 2.824 \times 10^{-3}\,\mathrm{m}$

       (2) $A = 2.820 \times 10^{-3}\,\mathrm{m}$

8-40   设两个质点的位移向下为正。

       $\omega_1 = 35.5\mathrm{rad/s}, \omega_2 = 117.7\mathrm{rad/s}$

       $\boldsymbol{Y}_1 = \left\{ \begin{matrix} -3.6 \\ 1 \end{matrix} \right\},\quad \boldsymbol{Y}_2 = \left\{ \begin{matrix} 0.28 \\ 1 \end{matrix} \right\}$

8-41   设两个质点的位移向右为正。

       $\omega_1 = 0.843\sqrt{\dfrac{EI}{ml^3}}, \omega_2 = 1.30\sqrt{\dfrac{EI}{ml^3}}$

       $\boldsymbol{Y}_1 = \left\{ \begin{matrix} -0.45 \\ 1 \end{matrix} \right\},\quad \boldsymbol{Y}_2 = \left\{ \begin{matrix} 4.45 \\ 1 \end{matrix} \right\}$

8-42 $\omega_1 = 1.22\sqrt{\dfrac{EI}{ml^3}},\quad \omega_2 = 8.21\sqrt{\dfrac{EI}{ml^3}}$

       $\boldsymbol{Y}_1 = \left\{ \begin{matrix} 0.096 \\ 1 \end{matrix} \right\},\quad \boldsymbol{Y}_2 = \left\{ \begin{matrix} 10.43 \\ -1 \end{matrix} \right\}$

8-43   设两个质量的位移向右为正。

       $\omega_1 = 1.65\sqrt{\dfrac{EI}{mh^3}},\quad \omega_2 = 4.45\sqrt{\dfrac{EI}{mh^3}}$

       $\boldsymbol{Y}_1 = \left\{ \begin{matrix} 11.19 \\ 1 \end{matrix} \right\},\quad \boldsymbol{Y}_2 = \left\{ \begin{matrix} -0.18 \\ 1 \end{matrix} \right\}$

8-44 $\omega_1 = 4.10\sqrt{\dfrac{EI}{ml^3}},\quad \omega_2 = 9.80\sqrt{\dfrac{EI}{ml^3}}$

       $\boldsymbol{Y}_1 = \left\{ \begin{matrix} 0 \\ 1 \end{matrix} \right\},\quad \boldsymbol{Y}_2 = \left\{ \begin{matrix} 1 \\ 0 \end{matrix} \right\}$

8-45 $Y_1 = 1.0 \times 10^{-4}\,\mathrm{m},\quad Y_2 = 3.2 \times 10^{-4}\,\mathrm{m}$

8-46 $Y_1 = 1.57 \times 10^{-4}\,\mathrm{m},\quad Y_2 = 1.96 \times 10^{-4}\,\mathrm{m}$

主要参考书目

1. 龙驭球,包世华主编.结构力学教程(Ⅰ)、(Ⅱ).北京:高等教育出版社,1999
2. 包世华主编.《结构力学》学习指导及题解大全.武汉:武汉理工大学出版社,2003

结构力学(二)自学考试大纲

(含考核目标)

全国高等教育自学考试指导委员会　制订

出　版　前　言

　　为了适应社会主义现代化建设事业对培养人才的需要,我国在 20 世纪 80 年代初建立了高等教育自学考试制度。高等教育自学考试是个人自学、社会助学和国家考试相结合的一种高等教育形式,是我国高等教育体系的重要组成部分。实行高等教育自学考试制度,是落实宪法规定的"鼓励自学成才"的重要措施,是提高中华民族思想道德和科学文化素质的需要,也是培养和选拔人才的一种途径。自学考试应考者通过规定的专业课程考试并经思想品德鉴定达到毕业要求的,可以获得毕业证书,国家承认学历,并按照规定享有与普通高等学校毕业生同等的有关待遇。经过 20 多年的发展,高等教育自学考试已成为我国高等教育基本制度之一,为国家培养造就了大批专门人才。

　　高等教育自学考试是标准参照性考试。为科学、合理地制定高等教育自学考试的考试标准,提高教育质量,全国高等教育自学考试指导委员会(以下简称"全国考委")按照国务院发布的《高等教育自学考试暂行条例》的规定,组织各方面的专家,根据自学考试发展的实际情况,对高等教育自学考试专业设置进行了研究,逐步调整、统一了专业设置标准,并陆续制定了相应的专业考试计划。在此基础上,全国考委各专业委员会按照专业考试计划的要求,从培养和选拔人才的需要出发,组织编写了相应专业的课程自学考试大纲,进一步规定了课程学习和考试的内容与范围,使考试标准更加规范、具体和明确,以利于社会助学和个人自学。

　　近年来,为更好地贯彻党的十六大和全国考委五届二次会议精神,适应经济社会发展的需要,反映自学考试专业建设和学科内容的发展变化,全国考委各专业委员会按照全国考委的要求,陆续进行了相应专业的课程自学考试大纲的修订或重编工作。全国考委土木水利矿业交通环境类专业委员会参照全日制普通高等学校相关课程的教学基本要求,结合自学考试建筑工程专业(独立本科段)考试工作的实践,组织编写了新的《结构力学(二)自学考试大纲》,现经教育部批准,颁发施行。

　　《结构力学(二)自学考试大纲》是该课程编写教材和自学辅导书的依据,也是个人自学,社会助学和国家考试的依据,各地教育部门、考试机构应认真贯彻执行。

全国高等教育自学考试指导委员会

二〇〇七年六月

目　　录

一、课程性质与设置目的 ……………………………………………………… 242

二、课程内容与考核要求 ……………………………………………………… 243

第1章　绪　论 ………………………………………………………………… 243
　　自学要求 …………………………………………………………………… 243

第2章　结构的几何组成分析 ………………………………………………… 243
　　（一）自学要求 …………………………………………………………… 243
　　（二）考核要求 …………………………………………………………… 243

第3章　静定结构的内力计算 ………………………………………………… 244
　　（一）考核的知识点 ……………………………………………………… 244
　　（二）自学要求 …………………………………………………………… 244
　　（三）考核要求 …………………………………………………………… 244

第4章　静定结构的位移计算 ………………………………………………… 245
　　（一）考核的知识点 ……………………………………………………… 245
　　（二）自学要求 …………………………………………………………… 245
　　（三）考核要求 …………………………………………………………… 245

第5章　超静定结构的内力与位移计算 ……………………………………… 246
　　（一）考核的知识点 ……………………………………………………… 246
　　（二）自学要求 …………………………………………………………… 246
　　（三）考核要求 …………………………………………………………… 246

第6章　移动荷载作用下的结构计算 ………………………………………… 247
　　（一）考核的知识点 ……………………………………………………… 247
　　（二）自学要求 …………………………………………………………… 247
　　（三）考核要求 …………………………………………………………… 247

第7章　矩阵位移法 …………………………………………………………… 248
　　（一）考核的知识点 ……………………………………………………… 248

（二）自学要求 ·· 248

（三）考核要求 ·· 248

第 8 章　结构动力计算 ·· 249

（一）考核的知识点 ·· 249

（二）自学要求 ·· 249

（三）考核要求 ·· 249

三、有关说明与实施要求 ·· 251

附录：题型举例 ·· 254

后记 ·· 256

一、课程性质与设置目的

结构力学(二)是建筑工程专业的专业基础课,在该专业中占有重要地位。

设置结构力学课程的目的是:在掌握了材料力学或工程力学(理论力学和材料力学)的基础上进一步学习掌握杆件结构的计算原理和计算方法,了解各类结构的受力性能,培养结构分析与计算的能力,为学习相关的后续专业课程,为建筑工程的设计和施工以及科学研究提供必要的理论知识和分析方法。

通过本课程学习,应达到以下要求:

1. 了解结构的组成规律,能根据结构的组成选择相应的计算方法。
2. 熟练掌握静定结构的内力计算方法。
3. 掌握结构位移的计算方法。
4. 掌握超静定结构的内力计算方法。
5. 掌握移动荷载作用下的结构内力计算方法。
6. 掌握结构矩阵分析方法。
7. 掌握结构动力计算的基本理论和基本方法。

本课程的重点为静定结构和超静定结构的内力计算。难点是矩阵位移法和结构动力计算。

本课程的先修课程为工程力学(理论力学、材料力学)或结构力学(一),工程数学(线性代数)。

本课程内容兼顾没有学过结构力学(一)但学过工程力学(理论力学、材料力学)的自学者,因此课程内容包括结构力学(一)的内容,但在内容上有所扩展,在要求上有所提高。后三章为结构力学(一)中没有的内容。

本课程的知识将在钢筋混凝土结构、钢结构等后续课程中得到直接应用,并为学习建筑结构抗震设计和学习使用结构分析的计算机程序奠定基础。

二、课程内容与考核要求

第 1 章 绪 论

自学要求

本章讲授结构力学的研究对象、任务和结构的计算简图。通过本章学习，了解本课程要学习的内容，了解结构力学的研究对象和内容，理解结构的计算简图，理解各种支座和结点的约束特点，了解结构的类型。

第 2 章 结构的几何组成分析

（一）自学要求

本章讲授结构的几何组成，它是确定结构分析方法的基础。通过本章学习，理解静定结构和超静定结构的静力特征和几何特征，理解静定结构的组成规则，掌握杆件体系的几何组成分析方法。本章重点为杆件体系的几何组成分析方法。

（二）考核要求

本章不单独命题，但本章自学要求中提到的内容在后续章节中将有所应用，会反映在后续章节的考核知识点中。

第3章　静定结构的内力计算

（一）考核的知识点

多跨静定梁的内力计算，刚架的内力计算，桁架的内力计算，组合结构的内力计算，三铰拱的内力计算，静定结构的性质。

（二）自学要求

本章讲授静定结构的内力计算方法，它是本门课程的基础。通过本章学习要熟练掌握多跨静定梁、刚架的内力图绘制方法，熟练掌握桁架的内力计算方法，掌握组合结构的内力计算方法，理解三铰拱的内力计算方法并了解其受力特点，理解静定结构的性质。本章重点为梁和刚架的内力图绘制方法。

（三）考核要求

1.多跨静定梁与刚架的内力计算，要求达到"简单应用"的层次。

（1）了解多跨静定梁的组成，会区分基本部分和附属部分。

（2）掌握支座反力的计算。

（3）掌握指定截面的内力计算。

（4）熟练掌握弯矩图的绘制方法。

（5）掌握剪力图的绘制方法。

（6）掌握轴力图的绘制方法。

2.桁架的内力计算，要求达到"简单应用"的层次。

（1）掌握"零杆"的判别方法。

（2）熟练掌握结点法。

（3）熟练掌握截面法。

（4）熟练掌握指定杆件的内力计算。

3.组合结构的内力计算，要求达到"简单应用"的层次。

（1）了解组合结构的组成。

（2）掌握组合结构的内力图绘制。

4.三铰拱的内力计算，要求达到"领会"的层次。

（1）理解三铰拱的受力特点。

（2）会计算三铰拱的支座反力。

（3）会计算三铰拱指定截面内力。

（4）理解三铰拱的合理拱轴。

5.静定结构的性质,要求达到"识记"层次。

（1）了解无荷载就无内力,内力与荷载之外的因素无关。

（2）了解局部平衡性。

（3）了解构造变换性。

（4）了解荷载的等效变换性。

（5）了解内力解答的唯一性。

第4章 静定结构的位移计算

（一）考核的知识点

荷载引起的位移计算,支座位移引起的位移计算,温度变化引起的位移计算,互等定理。

（二）自学要求

本章讲授静定结构的位移计算方法,它是第5章和第8章的基础。通过本章学习要熟练掌握荷载引起的位移计算方法,掌握支座位移和温度变化引起的位移计算方法,理解互等定理。本章重点为图乘法计算梁及刚架由荷载引起的位移。难点为变形体虚功原理的理解。

（三）考核要求

1.荷载引起的位移计算,要求达到"简单应用"的层次。

（1）掌握单位力状态的确定方法。

（2）会用单位荷载法计算桁架的位移。

（3）理解图乘法及适用条件。

（4）熟练掌握用图乘法计算梁及刚架的位移。

2.支座位移引起的位移计算,要求达到"简单应用"的层次。

（1）理解支座位移引起的位移计算公式。

（2）掌握支座位移引起的位移计算。

3.温度变化引起的位移计算,要求达到"简单应用"的层次。

（1）理解温度变化引起的位移计算公式。

(2) 掌握温度变化引起的位移计算。

4.互等定理,要求达到"领会"的层次。

(1) 理解虚功互等定理及适用体系。

(2) 理解位移互等定理。

(3) 理解反力互等定理。

第5章　超静定结构的内力与位移计算

（一）考核的知识点

力法计算超静定结构的内力,位移法计算超静定结构的内力,力矩分配法计算超静定结构内力,超静定结构的位移计算,对称条件的利用,超静定结构的特性。

（二）自学要求

本章讲授超静定结构的内力与位移的计算方法,它是本课程的核心内容。通过本章学习要熟练掌握力法和位移法,掌握力矩分配法,掌握利用对称条件简化计算,理解超静定结构的位移计算方法。本章重点为力法和位移法。难点为位移法。

（三）考核要求

1.力法计算超静定结构,要求达到"综合应用"的层次。

(1) 会判断超静定次数。

(2) 熟练掌握用力法计算荷载作用下梁及刚架的内力。

(3) 掌握用力法计算荷载作用下桁架的内力。

(4) 会计算支座位移引起的内力。

(5) 会计算温度变化引起的内力。

2.位移法计算超静定结构,要求达到"综合应用"的层次。

(1) 会确定位移法基本未知量和基本结构。

(2) 熟练掌握用位移法计算荷载作用下梁及刚架的内力。

3.力矩分配法计算超静定结构,要求达到"简单应用"的层次。

(1) 理解转动刚度、分配系数、传递系数、约束力矩的概念。

(2) 掌握用力矩分配法计算连续梁在荷载作用下的内力。

(3) 掌握用力矩分配法计算无侧移刚架在荷载作用下的内力。

4.利用对称条件,要求达到"综合应用"的层次。

（1）知道对称结构在对称荷载或反对称荷载作用下的内力、位移特点。

（2）会将一般荷载分解为对称荷载与反对称荷载。

（3）掌握利用对称条件取出半边结构计算的方法。

5.超静定结构的位移计算,要求达到"综合应用"的层次。

（1）知道用单位荷载法求超静定结构位移时可将单位力加在力法基本结构上。

（2）掌握荷载引起的超静定结构的位移计算。

6.超静定结构的特性,要求达到"领会"的层次。

（1）了解超静定结构的内力分布与刚度的关系。

（2）了解非荷载因素一般会使超静定结构产生内力。

第6章　移动荷载作用下的结构计算

（一）考核的知识点

影响线的概念,做影响线的静力法,做影响线的机动法,影响线的应用。

（二）自学要求

本章讲授移动荷载作用下的结构内力和支座反力的计算方法,本章引入影响线的概念,利用前面章节的方法来解决移动荷载作用下的内力计算问题,是相对独立的一章。通过本章学习要理解影响线的概念,掌握作影响线的静力法,理解作影响线的机动法,掌握利用影响线计算固定荷载作用下结构的内力及支座反力,掌握最不利荷载位置的确定方法。重点为做影响线的静力法,难点为做影响线的机动法。

（三）考核要求

1.影响线的概念,要求达到"领会"的层次。

（1）理解影响线的概念。

（2）会计算影响线的竖标值。

2.做影响线的静力法,要求达到"简单应用"的层次。

掌握用静力法做单跨静定梁的影响线。

3.做影响线的机动法,要求达到"简单应用"的层次。

（1）会用机动法做单跨静定梁的影响线。

（2）会用机动法做多跨静定梁的影响线。

（3）会用机动法做连续梁的影响线形状。

4.影响线的应用,要求达到"综合应用"的层次。

（1）掌握利用影响线求固定荷载作用下的结构内力及支座反力。

（2）掌握利用影响线确定可以任意分布的均布荷载的最不利分布。

（3）掌握行列荷载作用下具有三角形影响线的内力或支座反力的最不利荷载位置的确定。

第 7 章　矩阵位移法

（一）考核的知识点

结构的离散化,单元分析,整体分析,内力计算。

（二）自学要求

本章讲授结构矩阵分析方法之一的矩阵位移法,是编制计算机程序所采用的方法,它以第5章中位移法为理论基础,是相对独立的一章。通过本章学习要理解矩阵位移法中的一些基本概念,掌握矩阵位移的分析过程,包括离散化、单元分析和整体分析,能用它计算连续梁和刚架的内力。重点为结构刚度矩阵的集成、结点荷载矩阵的集成;难点为结构刚度矩阵的集成。

（三）考核要求

1.结构的离散化,要求达到"领会"的层次。

（1）会将结构离散成单元,会为单元、结点、结点位移编码。

（2）理解整体坐标系和单元局部坐标系。

（3）理解结构结点力、结点位移,单元杆端力、杆端位移,及它们的正号规定。

2.单元分析,要求达到"领会"的层次。

（1）理解单元杆端力与杆端位移的关系。

（2）理解局部坐标系单元刚度矩阵中元素的物理意义。

（3）理解局部坐标系单元杆端力和整体坐标系单元杆端力之间的关系。

（4）理解局部坐标系单元刚度矩阵和整体坐标系单元刚度矩阵之间的关系。

（5）理解坐标转换矩阵。

（6）理解单元刚度矩阵的性质。

（7）掌握单元固端力和单元等效结点荷载的计算。

3.整体分析，要求达到"简单应用"的层次。

（1）掌握单元定位向量。

（2）能用刚度集成法形成结构刚度矩阵。

（3）理解结构刚度矩阵中元素的物理意义。

（4）能利用结构刚度矩阵中元素的物理意义计算结构刚度矩阵中的指定元素。

（5）理解结构刚度矩阵的性质。

（6）掌握结构等效结点荷载、结构综合结点荷载的计算方法。

4.内力计算，要求达到"综合应用"的层次。

（1）掌握用矩阵位移法计算连续梁，作内力图。

（2）掌握由已知的结点位移计算刚架的杆端力，作内力图。

第8章　结构动力计算

（一）考核的知识点

动力自由度的确定，单自由度体系的自由振动计算，单自由度体系在简谐荷载作用下的强迫振动计算，多自由度体系的自由振动计算，多自由度体系在简谐荷载作用下的强迫振动计算，基本频率的近似计算。

（二）自学要求

本章讲授结构动力计算方法，是结构力学的专题之一，它以前5章结构静力计算为基础讨论结构在动荷载作用下的结构分析问题，是相对独立的一章。通过本章学习要掌握动力自由度的确定，掌握单自由度体系的自由振动计算，掌握单自由度体系在简谐荷载作用下的强迫振动计算，掌握多自由度体系的自由振动计算，掌握多自由度体系在简谐荷载作用下的强迫振动计算，了解基本频率的近似计算。重点为单自由度体系的自由振动计算，难点为多自由度体系的自由振动计算。

（三）考核要求

1.动力自由度的确定，要求达到"领会"的层次。

（1）理解体系的动力自由度。

（2）会确定体系的动力自由度。

2.单自由度体系的自由振动计算,要求达到"简单应用"的层次。

(1)掌握自振频率和自振周期的计算。

(2)理解自振频率和自振周期与外界因素无关。

(3)理解阻尼对自振频率和周期的影响。

3.单自由度体系在简谐荷载作用下的强迫振动计算,要求达到"综合应用"的层次。

(1)理解动力系数的概念。

(2)理解动力系数与频比的关系。

(3)理解阻尼对振幅的影响。

(4)掌握无阻尼体系在简谐荷载作用下的动位移、动内力幅值的计算。

4.多自由度体系的自由振动计算,要求达到"综合应用"的层次。

(1)理解振型概念。

(2)掌握计算两个自由度体系的自振频率和振型的方法。

(3)理解振型的正交性。

5.多自由度体系在简谐荷载作用下的强迫振动计算,要求达到"综合应用"的层次。

(1)了解简谐荷载作用下的两个自由度体系在平稳振动阶段的振动规律。

(2)掌握两个自由度体系在简谐荷载作用下的稳态振幅计算。

6.自振频率的近似计算,要求达到"领会"的层次。

(1)理解能量法计算自振频率的计算公式。

(2)了解能量法近似计算多自由度体系和无限自由度体系基本频率的方法、特点。

三、有关说明与实施要求

（一）制订自学考试大纲的目的及其作用

本课程自学考试大纲是根据建筑工程专业考试计划的要求，结合自学考试的特点而制定的。其目的是对个人自学、社会助学和课程考试命题进行指导和规定。

本课程自学考试大纲明确了结构力学（二）课程学习的内容以及深广度，规定出该课程自学考试的范围和标准，是编写自学考试教材《结构力学（二）》的依据，也是进行该课程自学考试命题的依据。

（二）关于自学教材

《结构力学（二）》由全国高等教育自学考试指导委员会组编，张金生主编，武汉大学出版社2007年出版。

（三）关于自学要求

自学要求中指明了课程的基本内容，以及对基本内容要求掌握的程度。

属于自学要求中的知识点，构成了课程内容的主体部分。因此，自学要求中的内容是自学考试中考核的主要内容。自学要求中对内容掌握程度的要求是依据专业考试计划和专业培养目标确定的。因此，在自学考试中将按自学要求中提出的掌握程度对基本内容进行考核。

在自学要求中，对其各部分内容掌握程度的要求由低到高分为四个层次，其表达用词是：了解、知道；理解、会；会用、掌握；熟练掌握。

为有效地指导个人自学和社会助学，在各章的自学要求中都指明了基本内容中的重点内容和难点内容。

本课程共6学分。

（四）关于考核知识点及考核要求

课程中各章的内容均由若干知识点组成。在自学考试命题中知识点就是考核点。因此，课程自学考试大纲所规定的考试内容是以分解为考核知识点的形式给出。

因各知识点在课程中的地位、作用及知识自身的特点不同，自学考试中将对各知识点分别按四个认知层次确定其考核要求。这四个认知层次从低到高依次是：

"识记"——能对考试大纲中的定义、定理、公式、性质等有清晰准确的认识并能做出正确选择和判断。

"领会"——要求对大纲中的概念、定理、公式、性质等有一定的理解，清楚它与有关知识点的联系和区别，并能给出正确的表达和解释。

"简单应用"——会用大纲中各部分的少数几个知识点解决简单的计算、证明或应用问题。

"综合应用"——在对大纲中的概念、定理、公式理解的基础上，会运用多个知识点经过分析，计算或推导解决稍复杂一些的问题。

需要特别说明的是，试题的难易与认知层次的高低虽有一定的联系，但二者并不完全一致，在每个认知层次中都可以有不同的难度。

（五）学习方法指导

结构力学（二）是一门实践性很强的应用学科，主要内容是结构的各种计算方法。掌握它主要从两个方面着眼，一是充分理解计算方法的实质和过程，二是使用这些方法来解题，在解题过程中提高对方法的掌握程度并加深对方法的理解。在学习时请注意下面一些问题：

1. 在开始学习某一章时，应先阅读考试大纲的相关章节，了解该章各知识点的考核要求，做到心中有数。

2. 学完一章后，应对照大纲检查是否达到了大纲所规定的要求。

3. 由于结构力学（二）各部分内容的关系紧密，前面知识是学习后面知识的基础，只有掌握了一个章节的内容后才能进行下一个章节的学习。特别是静定结构的内力计算部分是后续部分的基础，非常重要，不熟练掌握不要进行下一阶段内容的学习。

4. 不做一定量的习题不可能掌握结构力学（二），但也不能盲目多做题。要善于在做题中发现问题，找出规律，提高分析和解决问题的能力。

（六）对社会助学的要求

1. 要熟知考试大纲对本课程总的要求和各章的知识点，准确理解对各知识点的要求达到的认知层次和考核要求，并在辅导过程中帮助考生掌握这些要求，不要随意增删内容和提高或降低要求。

2. 要结合典型例题，讲清楚基本概念、基本方法，要突出重点不回避难点，使学生系统地掌握大纲所规定的学习内容。不要猜题、押题。

3. 要使学生了解，结构力学（二）的学习中，做练习是非常重要的学习环节，即使听懂了不做练习题也是不行的。应要求考生课后认真地做一定量的习题。

4. 助学单位在安排本课程辅导时，授课时间建议不少于 110 学时。若在学完结构力学（一）后讲授，可酌情减少学时。各章授课学时分配和布置作业习题数的建议见下表。

章　次	内　容	学时数	习题数
一	绪论	1	
二	结构几何组成分析	5	10
三	静定结构内力计算	26	30
四	静定结构位移计算	12	15
五	超静定结构内力与位移计算	24	30
六	移动荷载作用下的结构计算	8	20
七	矩阵位移法	16	25
八	结构动力计算	18	20
总计		110	150

（七）关于试卷结构及考试的有关说明

1.“识记”、“领会”、“简单应用”、“综合应用”四个认知层次的试题分数在试卷中所占比例约为:20:20:24:36。

2.试题的难度分为:易,较易,较难,难;相应的试题分数在试卷中所占比例约为:2:5:2:1。

3.试题的题型有:单项选择题、填空题、计算题、分析计算题。

4.考试方式为笔试,闭卷;考试时间为 150 分钟;60 分为及格线。考试时允许带钢笔、铅笔、三角板、橡皮等文具用品和无存储功能的计算器,不允许带任何参考资料。

附录:题型举例

一、单项选择题

1.图示结构的 A 支座向下、向左分别发生微小位移 a,则结点 C 的水平位移等于(   )。

    A. $2a(\leftarrow)$ B. $2a(\rightarrow)$

    C. $a(\leftarrow)$ D. $a(\rightarrow)$

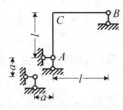

                          题 1 图   题 2 图

2.图示梁的线刚度为 i,给定杆端位移如图所示,则 M_{AB}、M_{BA}(顺时针为正)分别等于(   )。

    A. $-2i, -2i$ B. $0, 0$

    C. $2i, 2i$ D. $6i, 6i$

二、填空题

3.图示结构各杆 $EI=$ 常数,在均布荷载作用下,AB 杆的 A 端剪力 $F_{QAB}=$ _____。

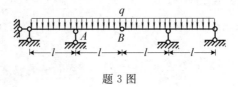

                                   题 3 图

  4.可以证明,矩阵位移法中的坐标转换矩阵是一个正交矩阵,其逆矩阵等于其_____矩阵。

三、计算题

  5.图示体系受简谐荷载作用,已知荷载频率 $\theta=\sqrt{\dfrac{EI}{ma^3}}$,不计阻尼,不计柱的质量,试求横梁最大动位移。

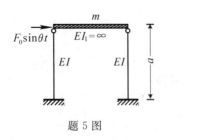
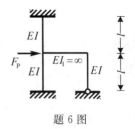

题 5 图   题 6 图

6.试用位移法计算图示结构,作弯矩图。

四、分析计算题

7.试求图示连续梁的结构刚度矩阵与结构综合结点荷载矩阵。已知:$E = 3 \times 10^7 \text{kN/m}^2$,$I = \dfrac{1}{24}\text{m}^4$。

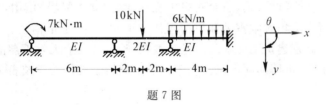

题 7 图

8.计算图示结构,作弯矩图,并求 A 点水平线位移。$EI =$ 常数。

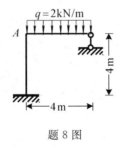

题 8 图

后　　记

　　《结构力学（二）自学考试大纲》是根据全国高等教育自学考试土木水利矿业交通环境类专业委员会修订的建筑工程专业考试计划的要求及全国高等教育自学考试指导委员会五届二次会议精神编写的。

　　《结构力学（二）自学考试大纲》提出初稿后，由土木水利矿业交通环境类专业委员会组织专家在哈尔滨工业大学召开了审稿会，并根据审稿意见作了认真修改。嗣后，由土木水利矿业交通环境类专业委员会主任、哈尔滨工业大学沈世钊院士，副主任兼秘书长、哈尔滨工业大学邹超英教授进行通审、定稿。

　　《结构力学（二）自学考试大纲》适合建筑工程专业（独立本科段）使用，由哈尔滨工业大学张金生教授负责编写。清华大学雷钟和教授担任主审，并主持了审稿会。参加本大纲审稿并提出修改意见的还有北京建筑工程学院刘世奎教授、哈尔滨工业大学王淑清教授。

　　对参加本大纲编写、审稿的同志以及在审稿会期间给予支持的学校表示感谢。

全国高等教育自学考试指导委员会
土木水利矿业交通环境类专业委员会
2007 年 6 月